# 像 C # 高手一样编程

[美]Jort Rodenburg 著

毛鸿烨 吴晓梅 译

U0245557

北京航空航天大学出版社

**图书在版编目(CIP)数据**

像 C#高手一样编程 /（美）乔特・罗登堡
(Jort Rodenburg)著；毛鸿烨，吴晓梅译. -- 北京：
北京航空航天大学出版社，2022.6
书名原文：Code like a Pro in C#
ISBN 978 - 7 - 5124 - 3688 - 6

Ⅰ. ①像… Ⅱ. ①乔… ②毛… ③吴… Ⅲ. ①C 语言
—程序设计—教材 Ⅳ. ①TP312

中国版本图书馆 CIP 数据核字(2022)第 007713 号

**像 C#高手一样编程**

［美］Jort Rodenburg　著

毛鸿烨　吴晓梅　译

策划编辑　董宜斌　　责任编辑　董宜斌

\*

**北京航空航天大学出版社出版发行**

北京市海淀区学院路 37 号(邮编 100191)　http://www.buaapress.com.cn
发行部电话：(010)82317024　传真：(010)82328026
读者信箱：copyrights@buaacm.com.cn　邮购电话：(010)82316936
艺堂印刷（天津）有限公司印装　各地书店经销

\*

开本：710×1 000　1/16　印张：24　字数：540 千字
2022 年 6 月第 1 版　2022 年 6 月第 1 次印刷
ISBN 978 - 7 - 5124 - 3688 - 6　定价：129.00 元

# 前　　言

　　我第一次接触 C# 语言是 2016 年在富士胶片医疗系统公司工作时。我之前曾使用过 Java 和 Python，但自从开始使用 C# 语言，我便沉迷其中不能自拔。我喜欢它的入门容易以及清晰的编写方式（尽管最初是极度令人气愤的）的特点。当时，在公司工作期间，我多次向我的同事咨询有关 C# 的问题。入门虽然很容易，但是达到熟练使用却是另外一回事。例如，每个人，无论知识背景如何，都可以在 10 分钟之内编写一个 "Hello，World!" 程序，但是充分应用一门编程语言的最大功能以及明白为什么却需要相当长的时间。学习和使用一段时间之后，我很快遇到了瓶颈，于是就开始寻找能够提升我 C# 水平的资料。我发现与 .NET 和 C# 相关的书籍有三种类型：第一种是超出语言本身的主题（整洁代码，架构，基础），却恰巧使用了 C# 语言的书籍；第二种是有关如何使用 C# 入门编程的书籍；第三种是非常高级的，你阅读之后可能都有资格成为微软公司 CTO 的书籍。而我希望有一本书可以介于这三种类型之间，即一本可以从处理代码开始，能引领读者从初步认识逐步了解高级主题的书，而市场上这样的书之前并不存在，因此我就写了本书。

　　如果您是软件工程师（开发者、码农或者其他），之前具有一定的编程经验（最好是面向对象的），并且想要更深入地学习 C#，那么这本书非常适合您。您不必学习怎样编写一个条件语句，本书也不会向您解释什么是对象。这本书中包含的技能和主题，都会帮助读者深入学习 C# 语言及其平台。当然，我不能保证本书中的每一个知识点都是新知识，但是在这本书有限的内容中，会尽可能尝试多讲解新知识。非常希望你们能够喜欢这本书，并且能够从中学到一些新知识，有新的收获。当然，如果本书中提到的知识都是您所熟知的，那么复习一遍也是不错的。

# 致　谢

当第一次与 Manning 出版社讨论关于编写这本书的时候，我其实并没有意料到它会占用我一年的时间。实际上，我曾经被多次提醒作者通常会低估写书所消耗的时间，而我固执地认为我会是例外的那一个，我确实没有成为例外。从 2019 年 12 月到 2021 年 3 月，我写这本书中投入了许多的时间，我曾多次想："这次肯定能结尾"，但是除了最后一次，都没能成功结尾。

幸运的是，我有一位非常耐心的妻子，她一直在陪伴我，支持我。因此我首先要感谢我的妻子，没有她坚定不移的支持，我不可能完成这本书，她是我这本书诞生的基石。我还要感谢其他家人，他们总是关心我的进展。在本书的商业案例中，我将外祖父的名（Aljen）与祖母的姓（van der Meulen）结合起来，作为公司 CEO 姓名。

我还要感谢 Manning 出版社的朋友。特别感谢 Marina Micheal，她作为本书的编辑，为本书出版做了很多工作，多亏了 Marina 使我现在不太敢在编写书时使用 *will* 这个词。我还有一个由 Jean-François Morin、Tanya Wilke、Eric Lippert、Rich Ward、Enrico Buonanno 和 Katie Tennant 组成的重量级团队。这个由超级英雄/忍者/摇滚明星组成的洲际团队成员为本书反馈了很多意想不到的意见，以及技术错误。我还要感谢所有在出版之前阅读本书草稿并给出细致反馈的审核人员，他们对本书的细小错误也毫不含糊，你们的努力付出使得这本书质量更好。虽然我并没有将这本书视为自己的杰作，但是我希望读者可以从中学到一些尽可能多且有用的知识。

感谢所有的审核人员：Arnaud Bailly、Christian Thoudahl、Daniel VásquezEstupiñan、Edin Kapic、Foster Haines、George Thomas、Goetz Heller、Gustavo FilipeRamos Gomes、Hilde Van Gysel、Jared Duncan、Jason Hales、Jean-François Morin、JeffNeumann、Karthikeyarajan Rajendran、Luis Moux、Marc Roulleau、Mario Solomou、Noah Betzen、Oliver Korten、Patrick Regan、Prabhuti Prakash、Raymond Cheung、Reza Zeinali、Richard B. Ward、Richard DeHoff、Sau Fai Fong、Slavomir Furman、Tanya Wilke、Thomas F. Gueth、Víctor M. Pérez 和 Viktor Bek。

最后，我还要感谢几个人，他们不仅在我的职业生涯中扮演着非常重要的角色，还帮助我完成了本书的部分编写工作。首先是 David Lavielle 和 Duncan Handerson，感谢你们给我机会，为我提供了第一份软件开发工作；然后是 Jerry Finegan，感谢您带我了解 C# 语言，并为我解答疑惑，非常感谢您的耐心和回复。Michael Breecher：感谢您参与编写本书中有关的内容(在大半夜回复我一些有关符号的奇怪数学问题)，这本书因为您的参与而变得更完美。Szymon Zuberek，第二章的初稿是在您纽约的公寓里完成的，非常感谢您提供了很多聊天话题。我还要感谢 Acronis 和 Workiva 公司的优秀同事，他们常常认真听我絮叨这本书，他们真的很有耐心。

# 本书内容简介

这本书内容是基于现有的编程技能，又可帮助大家进一步提高编程实践技能，或者帮助您从对 Java 或其他面向对象的编程语言认知过渡到对 C# 认知。本书将教您学习如何编写对于企业开发至关重要、地道的 C# 代码。书中会讨论一些重要的后端方面的技能，以及在典型情形(重构一个代码库，以确保其安全、整洁和可读)中如何练习并应用这些技能。在完成书中这些练习之后，您将对 C# 语言具有更深刻的理解，并且具有学习更高水平内容的基础。

本书中并不会介绍"Hello,World!"或者计算机基础，而是会引导大家通过重构一个过时的代码库来进行学习，教您尝试采用新技术、新工具和最佳实现方式将这个代码库升级到现代 C# 的标准。在本书中，我们将以一个现有的(.NET 框架下编写的)代码库为例，使用简化的 API 将其重构为.NET5 框架。

## 本书读者群体

如果您是一名精通面向对象编程语言的开发人员，无论您会的是 Java、Dart、C++，还是其他语言，本书都可以帮助您快速掌握 C# 和 .NET。您之前拥有的知识完全可以应用上，不必花费时间重新学习编写一个 if 语句

同样，如果您精通一些类似于 Go、C、JavaScript、Python 或其他一些主流编程语言，通过认真学习本书内容，您将能够编写完整、地道的 C# 代码。如果您想要学习一些有关面向对象的设计知识，学习 C# 也没有坏处(提示一点，如果您之前使用的是 Go 语言，请在使用接口时一定要特别小心，因为它们的工作方式并不相同)。

还有一种情况，如果您已经使用过 C#，并且想要知道如何"提升"您的 C# 知识，这本书会很适合您，本书中有很多学习高级 C# 的知识，本书将会帮您想要弥补的知识。

## 本书主要结构

与其他普通技术书籍相比，本书的结构有些非常规。大部分的技术书籍都属于参考性书，读者可以以任何顺序来阅读，而这本书并不是参考书，需要按照顺序阅读。如图 0-1 所示，本书围绕以下 6 个部分构成：

(1)"C# 和 .NET"，在第 1 章中会讨论这本书是什么样的书，这本书会教什么，不

教什么。第 2 章主要是对 C# 语言和 .NET 生态的简单回顾，重点介绍 .NET 的优越性，以及 C# 是如何编译的。

（2）"现有代码仓库"，在这部分，会指导探索我们目前已有的代码库。这部分介绍现有代码库，并讨论代码库的设计缺陷和潜在改进方案。

（3）"数据库访问层"，这部分开始重写整个服务。在第 3 部分中，将专注于介绍创建全新的 .NET Core 项目，并教大家学习如何使用 Entity Framework Core 连接到云（或本地）数据库。另外，本部分讨论的内容还包括存储/服务（repository/service）模式、虚方法（virtual method）、属性（property）和密封类（sealed class）。

（4）"存储层"，在第 4 部分，将教大家进一步了解存储/服务模式，如何实现五个存储库类。您将了解到依赖注入（dependency injection）、多线程（包括 lcok 锁、mutex 互斥锁和 semaphore 信号量）、自定义相等比较（custom equality comparison）、测试驱动开发（test-driven development）、泛型（generic）、扩展方法（extension method）和 LINQ 这些知识。

（5）"服务层"，就是实现服务层的类。在这部分中，将介绍从头开始时编写的服务层，讨论反射（reflection）、模拟（mocking）、耦合（coupling）、运行时断言（runtime assertion）、类型检查（type check）、错误处理（error handling）、结构体（struct）和生成式返回（yield return）。

（6）"控制器层"，第 6 部分是重写代码仓库的最后一步。在这部分中，将介绍如何编写两个控制器类，以及执行验收测试。除了这些内容，还将介绍 ASP. NET Core 中间件（middleware）、HTTP 路由、自定义数据绑定、数据序列化和反序列化，以及在运行时生成的 OpenAPI 说明书。

本书的很多章节（包括章节中的很多小节）中，都包含了测试您知识水平的小练习，这些练习可以很快地完成。我真诚建议您完成这些练习时，同时记得复习您觉得自己理解不透彻的知识点。

图 1 为建议阅读本书的流程图。按照这个流程图阅读本书，认真学习，可以达到理想的阅读效果。该流程图的灵感来自 *The Art of Computer Programming series*（Donald Knuth）一书。

## 本书中介绍的相关代码

在编写代码的时候，可以将 .NET 分为 3 个主要分支：.NET 框架 4. x，.NET Core3. x 和 .NET5。除了第 3 章和第 4 章（阅读之后您会明白为什么），本书均以 .NET5 为对象进行编写。

本书以 C# 语言版本中 C# 3 和 C# 9 为例进行讲解（如您使用的是 C# 8 也是可以

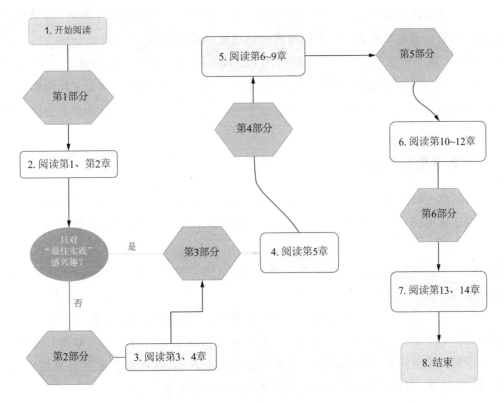

图 1　流程图（全书）

的）。C#语言是向下兼容的，您只要安装最新版本的 C#（在撰写本书时，最新版本为 C#8 或 C#9 预览版）对照学习就可以。介绍源代码的章有第 2 章、第 3 和 4(合并)章、第 5 章、第 6 章、第 7 章、第 8 章、第 9 章、第 10 章、第 11 章、第 12 章、第 13 章和第 14 章。

如要练习运行这些源代码，需要安装高于 3.5 版本的.NET 框架(如果想要运行第 3 章和第 4 章的代码)和.NET5。如果想要"本地运行"本书中所提到的数据库，或是在实际安装时遇到困难，可以参考附录 C("安装指南")中的安装说明。本书主要使用 Visual Studio 作为 IDE，但是您也可以使用任何自己喜欢的、支持 C#语言的 IDE。Visual Studio 2019 有一个免费的社区版本供我们使用，当必须使用 Visual Studio 的情况时，本书会有提示。代码和.NET5 应当在 Windows、macOS 或 Linux 上运行。本书中尽可能使用命令行(对于 macOS 用户来说是终端)，以避免大家依赖于任何特定的 IDE 或操作系统。

本书中有很多源代码示例，它们有可能是带有编号的代码示例，也有可能是与常规文本混合在一起的，这两种情况，源代码都采用了固定宽度字体，以将其与普通文本区分开。有时代码名称还会加粗，以突出显示在之前步骤基础上发生修改的代码，比如将新功能添加至现有代码行时，会将新功能名称加粗。

在很多情况下,源代码已经被重新格式化,添加了换行符并修改了缩进,这是为了以尽可能符合书籍的排版。还有些处理得仍然还不够好,代码示例中还会包含行延续标记(➡)。本书中很多代码示例中都包含了代码注释,用以强调重要的概念。另外,请大家注意,新代码块的大括号通常被放置在前一行上,这并不符合 C# 在实际应用中的习惯,但是在本书中,这样做可以有效节约空间,本书提供的源代码本身并不会使用这一形式。

## 与本书相关的论坛

购买本书的读者可以免费访问 Manning 出版社运营的网络论坛,您可以在论坛上发表关于本书的评论,询问技术问题,以获得帮助。如要访问论坛,请登录 https://livebook.manning.com/book/code-like-a-pro-in-c-sharp/welcome/v-9/。您还可以在 https://livebook.manning.com/#!/discussion 中了解更多有关 Manning 论坛的信息以及行为准则。

Manning 出版社仅为读者提供一个环境平台,让读者与读者,读者与作者能够方便沟通。对于论坛,作者并没有承诺在论坛中的参与程度,其对论坛的贡献是自愿和无偿的。我们希望读者尽可能询问一些具有建设性的问题,这样作者也更有兴趣解答。本书一经出版,出版社的论坛和相关资料都可以访问和查询。

# 目　　录

1

## 第 3 部分　数据库访问层

# 第 4 部分　存储层

## 第 5 部分　服务层

# 第1部分 使用 C＃和 .NET

本书的第一部分对 C＃语言进行了简单的介绍,并探讨它的特色功能。其中,第 1 章包括了 C＃和.NET 是什么、为什么(不)在项目中使用的问题。第 2 章中,进一步介绍.NET 的各个版本,并且以具体的 C＃编程为例,依次阐述其编译过程。

虽然这部分内容仅仅是简单性的介绍,但是也会为您提供很多学习 C＃的有用信息,即这两章中会介绍一些您在学习后面章节内容时所需要了解的基本知识。

# 第1章　C#和.NET相关概念及使用说明

本章包含以下内容：

- 什么是 C# 和 .NET；
- 为什么(不)要在项目中使用 C#；
- 使用 C# 应从何入手。

这是一本特别的 C# 书吗？对！之前很多人都写过有关 C# 和 .NET 的书，但是我写的这本书与那些书有一个根本的区别：我写这本书是为了帮助您在开发整洁、地道的 C# 代码。本书并不是一本理论参考性书，而是一本实用指南书。本书不会告诉您怎么编写一个 if 语句，也不会介绍什么是方法签名和对象，不关心语法，而是专注于教您学习概念和想法。仅知道编程语言的语法与能够编写整洁、地道的代码是有一些差别的，而在阅读本书之后，您就能够编写这样的代码。无论您的技术背景怎样，无论您之前学过哪种编程语言，只要您懂得面向对象编程，本书就可以帮助您轻松学习 C# 和 .NET，本书结构如图 1-1 所示。

Part 1: Using C# and .NET
+ Introducing C# and .NET: 1
+ .NET and how it compiles: 2

Part 2: The existing codebase
+ How bad is this code?: 3
+ Manage your unmanaged resources!: 4

Part 3: The database access layer
+ Setting up a project and database using Entity Framework Core: 5

Part 4: The repository layer
+ Test-driven development and dependency injection: 6
+ Comparing objects: 7
+ Stubbing, generics, and coupling: 8
+ Extension methods, streams, and abstract classes: 9

Part 5: The service layer
+ Reflection and mocks: 10
+ Runtime type checking revisited and error handling: 11
+ Using IAsyncEnumerable⟨T⟩ and yield return: 12

Part 6: The controller layer
+ Middleware, HTTP routing, and HTTP responses: 13
+ JSON serialization/deserialization and custom model binding: 14

图 1-1　进度图(帮助您快速确定您学习到什么地方)

微软、谷歌和美国政府等组织都在使用 C#，理由是什么呢？C# 只是一种编程语言，它与 Java 和 C++ 相似，允许面向对象和函数式编程，并且受广大开源社区的充分支持。很好,那为什么大家要使用 C# 呢? 在本章中,我们将深入探讨这个问题,请允许我向您透露一个重要原因:C# 非常适合创建可扩展软件。在开始编写 C# 之前,您只需要选择合适的 .NET SDK(第 2 章中会进行更多的介绍)和一个 IDE。编程语言和运行时环境都是开源的。

无论您何时上网搜索 C#,都很有可能会看到. NET 框架。其实可以把. NET 框架想象成冬天温暖的毛毯、火炉或一杯热巧克力,它提供了您所需要的一切:它包含了封装了底层 Windows API 的库,公开常用的数据结构以及复杂算法的包装类。C# 的日常开发几乎都会涉及. NET 框架、. NET Core 或. NET5,本书会在恰当的时候介绍这些框架。

图 1-2 展示了本书的内容与. NET 网络架构相匹配的情况。它还展示了我们之后完全重写现有应用程序所使用的架构,这项任务我们将从第五章开始执行(按照虚线箭头所示路径)。

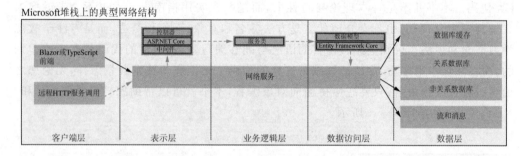

图 1-2　Microsoft 堆板上的典型网络结构

图 1-2 为 Microsoft 堆栈上典型网络服务器架构的示例,图 1-2 将本书后面部分采用了虚线箭头所示其路径和方法。另外,本书覆盖了表示层、业务逻辑和数据访问层

本书内容深浅程度介于初级和高级水平之间,如果您之前已有 C# 的使用经验,通过学习这本书所教的技能,可以弥补知识上的漏缺,并为学习高级内容打下基础。前两章可以说是很基础的知识,但我建议不要绕过这些内容,多复习一遍加深印象总是很好的。

# 1.1　C# 的优势

如果您之前已熟练掌握 C# 以外的编程语言,并且自我感觉良好,那为什么还要学习 C# 呢? 理由可能是您现在就职于一家只使用 C# 的公司,又或者您只是想看看它有什么与众不同的地方。

这里,我再强调一次,C# 是一种"强类型的面向对象编程的语言,允许可扩展企业级软件的跨平台开发"。您可能也已经意识到了,没有人愿意反复听这些,本书在之后不再提及。在本节中,接下来将专注于介绍以下内容:

（1）C#（和. NET 生态）能够让大家以非常经济实惠的方式开发软件。经济实惠非常重要，因为企业开发 C# 可能是其营利的主要谋生之道。

（2）C# 可以提高代码稳定性，并且由于其支持自文档化（高可读性）代码，高可靠性的库，以及易于使用的特点，C# 代码可以方便地进行维护。

（3）对开发人员 C# 友好且易于使用。再也没有比您发现想要使用的编程语言（友好的支撑比如一个稳定的包管理器，对单元测试的良好支持，还有跨平台运行时环境）没有完善的功能支持更让人感觉糟糕的了。

当然，在大多数（并非全部）编程语言中，我们都可以编写可扩展、易维护、开发者友好的"整洁代码"，它们的区别主要在于开发人员的体验上。有些语言非常友好地引导您编写完整的代码，而另外一些语言对此并不友好，C# 也并不完美，但是它确实在此方面已经能最大限度让使用者感觉良好。

### 1.1.1　C#的经济性

大家都可以自由地使用 C#，其语言和平台都是完全开源的，所有文档都是免费的，并且大多数工具都有免费的选项。比如，常用的 C# 配置包括安装 C#8，. NET5 和 Visual Studio Community，这些都是可以免费使用的，我们会在本书中以此进行内容讲解。使用运行时环境也无需支付许可费用，您可以随时随地设计最终的软件成品。

### 1.1.2　C#的可维护性

在这本书中，当我们讨论可维护性能时，指的是在不产生意外的情况下，修复错误、更改功能和解决其他问题的能力。这不是所有编程语言都可满足此明显的要求，实际上实现这一点是很难的。C# 的特色在于它能够提高大型代码库的可维护性（同时也有安全扩展的能力），比如，它提供了泛型（generic）和语言集成查询（Language Integrated Query，LINQ）。我们会在整本书中讨论这两项功能，提醒一下，它们只是编程平台用来帮助您编写更好代码的部分功能。

对于公司，代码的可维护性可能并不是头等大事，但是如果能够开发出具有可维护性的代码（即易于扩展，并且通过测试的整洁代码），成本就会大大降低，这听起来似乎有悖常理：可维护代码的编写和构建需要的时间相对较长，是会增加初始成本的。但相比之下，如果代码不具可维护性，用户发现错误或者需要附加功能时，需增加的成本。远超过时间成本。如果我们编写可维护代码，就可以轻松、快速地找到错误并将其修复，而添加功能就更简单了——代码库是可扩展的，那么后续的开发成本会大大降低。

**开闭原则**

1988 年，法国计算机科学家 Bertrand Meyer（Eiffel 编程语言的创始人）出版了一本名为"*Object-Oriented Software Construction*"（"面向对象的软件构建"，Prentice Hall 出版社，1988 年）的书。这本书的发行，是面向对象编程和设计历史上的关键事件，因为在这本书中，他首次引入了开闭原则（Open/Closed Principle，OCP）。Meyer 指出，开闭原则意味着"软件实体（类、模块、函数等）应该对扩展开放，对修改关闭"。

但是,OCP 在实际操作中意味着什么呢?以"类"为例,如果我们可以在不修改现有功能(因为有可能会破坏代码的某些部分)的情况下向"类"中添加功能,那我们就称这个"类"对扩展开放,对修改关闭。如果遵守该原则,那么代码产生倒退(或新错误)的概率比在不考虑可维护性和可扩展性的情况下强行修复 bug 或添加新功能时要小得多。当您需要处理更加复杂的代码(甚至带有耦合,具体将在第 8 章讨论)时,更有可能会由于对代码修改产生的副作用的不了解而引入新的错误,这是一定要避免的。

### 1.1.3　C#的易于操作性

企业开发可促进 C# 技术发展,也能使 C# 和 .NET 发挥其最大应用性。企业环境下的理想代码库应该是什么样子的呢?也许您会希望代码库是可导航的、具有稳定的包管理,并且支持测试(单元、集成或者冒烟测试)。而使用 C#,除了这些功能特点之外,我们还可以加入优秀的文档和跨平台支持。

自文档化代码(self - documenting code)指的是写得足够清楚以至于不需要用注释解释逻辑的代码。代码可以作为其自身的文档供开发人员阅读。例如,您有一个名为 DownloadDocument 的方法,别人就大概知道这个方法是做什么的。这种情况下就没有必要专门添加注释,标题已经说明其方法里的逻辑是下载文档。

很不错的是,我们还可以使用 C# 与云服务进行交互,实现持续集成和交互(continuous integration and delivery,CI/CD)。当然,现实中,能找到这样代码库的概率不是很大,很多代码在大多数场景下都达不到这些条件。但是,如果想要达成其中一部分条件(激进一点说,全部条件),C# 并不是不可能的。它提供了现成的工作流、功能和原生库,能够帮助您达到大部分的条件。

使用过 Java 等语言的开发人员应该能够看出,C# 与其他语言项目结构的一些相似之处,有一些差异,但是差异并不是很大。本书将在后面内容中深入讨论 C# 项目结构。

.NET 还可支持几个流行的测试框架。微软提供了 Visual Studio 单元测试框架,其中包含了 MSTest,MSTest 只是 Visual Studio 单元测试框架的命令行执行器,其他比较常用的测试框架如 xUnit 和 NUnit。您还可以找到对模拟框架(mocking framework)的支持,比如 Moq(Moq 类似于 Java 语言的 Mockito 或者 Go 语言的 GoMock,我们将在第 10.3.3 小节中学习使用 Moq 进行单元测试)、SpecFlow(行为驱动开发,类似于 Cucumber),NFluent(一个使断言更加流利可读的库)和 FitNesse 等。

另外,您还可以在主机平台上运行 C#,尽管存在某些限制(某些比较老旧的平台仅可使用旧版本的 C# 和 .NET 框架)。.NET5 使您可以在 Windows 10、Linux 和 macOS 上运行相同的代码,跨平台特性是因为在创建 .NET5 时,结合了 .NET Core 以及其他 .NET 框架,甚至可以在 iOS 和 Android 上通过 Xamarin,或在 PlayStation、Xbox 和 Nintendo Switch 平台上通过 Mono 运行 C# 代码。

# 1.2 为什么有时不使用 C#

C# 并非适用于任何环境,使用时需要为特定的工作选择最合适的工具。尽管 C# 在大多数情况下都可以发挥其用途,但是在一些特定情况下,可能 C# 和 . NET 并不太适用:

- 操作系统开发;
- 实时操作系统驱动代码(嵌入式开发);
- 数值计算。

下面我们简要地说明一下为什么 C# 不适用于这些情况。

## 1.2.1 操作系统开发

操作系统(Operating System,OS)开发是软件工程中非常重要的环节,但是实际上开发操作系统的人并不多。开发操作系统需要大量的时间和成本投入,如所需代码库通常高达数百万行,需要几年甚至几十年的时间进行深入开发和维护。

具体来说,C# 不适用于操作系统开发的主要原因有两点:①对手动内存管理(非托管代码)的支持不足,且 C# 的编译过程不适合进行操作系统开发。尽管 C# 允许通过不安全模式使用指针,但是它并不能在手动内存管理支持方面与 C 语言这类编程语言相提并论。②使用 C# 进行操作系统开发时要面临的另一个问题就是它部分依赖于即时(just-in-time,JIT)编译器(第 2 章中会详细介绍)。设想一下,如果必须通过虚拟机运行操作系统,这将带来一定的性能损失,因为虚拟机需要在运行 JIT 编译的代码时全程运行,这与 . NET 代码在您电脑上的运行过程类似,即意味着完全静态编译的语言才更适合操作系统的开发。

当然,确实有一些操作系统采用了高级编程语言进行开发。比如,Pilot - OS(由 Xerox PARC 于 1977 年构建)就是由 Mesa* (Java 的前辈)编写而成的。

如果您想要了解更多有关操作系统开发的内容,可以查询 wiki 百科的 osdev.org 社区:wiki.osdev.org。在那里,您可以找到相关入门指南、教程和阅读建议。学习 C 语言的资源,包括 Jens Gustedt 的 *Modern C*(Manning 出版社,2019)和另一本经典书籍,Brian Kernighan 和 Dennis Ritchie 编写的 *The C Programming Language*(Prentice Hall,1988 年)。

## 1.2.2 嵌入式开发

类似于上一节中所介绍的操作系统开发,实时操作系统(real-time operating system,RTOS)驱动代码(也就是通常使用在嵌入式系统中的代码)如通过虚拟机运行

---

* "Mesa"实际上是一个双关语,是指编程语言在当时更高级,就像一座孤立的高出地面的平定山丘。

也会遇到较大的性能问题。RTOS 会实时按顺序执行代码,并且以配置好的时间间隔(从每秒一次操作到每毫秒数次操作不等)执行指令,具体情况取决于开发人员的设计情况以及微控制器或可编程逻辑控制器(programmable logic controller,PLC)的性能。由于运行时带来的延迟和性能开销,虚拟机并不适合需要实时操作系统执行的任务。

如果想要了解更多有关 RTOS 驱动的代码和嵌入式开发的知识,可以阅读几本备受大家推崇的书籍,比如 David E. Simon 的 *An Embedded Software Primer*(Addison-Wesley Professional,1999 年),或者 Elecia White 的 *Making Embedded Systems*: *Design Patterns for Great Software*(O'Reilly Media,2011 年)。

### 1.2.3　数值计算

数值计算(也称为数值分析)涉及算法的学习、开发和分析。从事数值计算工作的人(通常是计算机科学家或数学家)可以使用数值近似解决科学和工程领域的大部分的问题。从编程语言的角度看,数值计算有特别需要考虑的因素,每种编程语言都可以计算数学表达式和方程,但是有些编程语言却只为专门为此设计的。

在绘制图形方面,C# 确实可以加以处理,但是相比于 MATLAB 之类的编程语言(MATLAB 既是一种计算环境,又是一种编程语言),C# 有什么性能或者易用性优势呢? 显然,它并没有什么优势。C# 允许使用 WPF(使用 Direct3D)、OpenGL、DirectX或者任何第三方图形库(通常设计用于电子游戏)进行绘图,而 MATLAB 可提供与编程语言深度绑定的绘图环境,能够轻松呈现复杂的 3D 图像,可以非常自如地调用 plot(x,y),帮助您把图像绘制出来。

因此,C# 可以进行数值计算,但是在易用性方面却无法与使用高级库和专注于绘图的 MATLAB 相提并论。如果您对 MATLAB 感兴趣或者想要了解更多有关MATLAB 或数值计算的资料,可以阅读 Richard Hamming 的 *Numerical Methods for Scientists and Engineers*(Dover Publications,1987 年)、Amos Gilat 的 *MATLAB*: *An Introduction with Application*(Wiley,2016 年)以及 Cody 社区的 MATLAB 教程(https://www.mathworks.com/matlabcentral/cody)。

# 1.3　C# 使用入门

由于语言的相似性,熟练掌握 Java 虚拟机语言(最常见的包括 Java,Scala 和Kotlin)或 C++语法的开发人员可能比掌握非类 C 语言、非虚拟机式语言或 Web 开发语言(Dart、Ruby 或 Go)的人更容易阅读和理解这本书的内容。但是并不意味着之前掌握非类 C 语言的人就无法理解 C#,只是可能会需要对某些内容多读几遍,最终您也同样能够很好地掌握 C#。

如果您之前使用的是 Python 那样的解释性语言,那么在.NET 的编译过程可能会有些不适应。.NET 的语言的编译过程需要两步,第 1 步,代码被静态编译为较低级别的语言，被称为通用中间语言（Common Intermediate Language，简称为 CIL、IL 或 MSIL，这里 MS 指的是微软 Microsoft——对于了解 Java 的开发者来说，它和 Java 字节码有些类似）；第 2 步，当这些 CIL 将被主机上的.NET 运行时，在执行代码时使用 JIT（just-in-time）编译器将其依次编译为本地代码（native code）。这听起来似乎很难理解，但是在后面其他章节中，您会逐渐明白这个过程。

如果您之前使用的是类似于 JavaScript 的脚本语言，那么静态类型可能会产生一些限制。一旦习惯了查看固定的类型，我想您会喜欢上这种方式的。

如果您之前使用的是 Go 或者 Dart 这样的编程语言（这些语言的原生库有时很难找到），那么，.NET5 可能会为您带来惊喜，因为它会提供大量的库文件。.NET 的库支持和完成您所能想象到的很多功能。它会是您实现功能的主要工具，许多使用.NET 编写的应用程序从来不使用其他第三方库。

为了之后不出现莫名其妙的问题，我们接下来讨论一下工具的问题。我们不会在本章中深入探讨如何安装 IDE 或 .NET SDK。如果您未安装 .NET SDK 或 IDE，并且需要一些帮助，那么您可以在附录 C 中查看相应的快速安装指南。如果要跟随本书内容一同学习，您需要安装.NET 框架和.NET5 的最新版本。在这本书中，会先从使用.NET 框架的旧代码库开始介绍，逐渐转到介绍.NET5。

正如之前所介绍的，C# 是开源的，并且由微软支持社区维护。您不需要为运行时环境、SDK 或者 IDE 许可证付费。至于 IDE，Visual Studio（在本书的例子中使用的 IDE）有一个免费的社区版本，您可以用它来开发个人项目和开源软件。如果您想要使用您正使用的 IDE，那么可以为您的 IDE 寻找 C# 插件加以实现。另外，也可以使用命令行来编译、运行和测试 C# 项目，但我还是希望您考虑使用专用的 C# 工具（Visual Studio），因为它提供了编写符合语言习惯的 C# 代码的最流畅的体验和最简单的路线。

您在学习和使用其他语言中学到的很多概念和技术都可以转用到 C# 中，但是有些概念和技术却不能用于 C# 。C# 在后端应用上比前端应用更加成熟，因为 C# 主要被用于后台开发。但是这并不意味 C# 的前端体验很差，所以可以在 C# 中编写完整的全栈应用程序，而无需使用 JavaScript。虽然本书内容侧重于后端开发，但是书里教授的很多知识也可用于前端开发。

不知大家有没有见过一些"魔鬼"方法，嵌套了 5 层 for 循环，还有一大堆硬编码的数字（所谓的魔法数字，magic number），以及比代码还要长的注释。假如您刚刚加入一个团队，启动 IDE，拉取源代码并看到这个"魔鬼"方法，会有什么感觉？可能感觉不仅是绝望。那再想象一下，把"魔鬼"方法中的每个单独操作拆开，放到它们各自的小魔法（大约 5～10 行代码）中，那么整个这个"魔鬼"方法看起来怎么样呢？那么代码阅读起来就像是在读一个故事，而不是一堆难以找到头绪、必须具备特定知识、否则就无法清楚理解的条件和任务。如果能够很好地命名那种"方法"，那么其读起来会像是一本大部人都能流畅阅读的文本。

当我提及"整洁代码"时，我指的是如 Robert C. Martin 在他的视频（https://

cleancoders. com/videos）和著作 *Clean Code*（Prentice Hall，2008 年），*Clean Architecture*（Prentice Hall，2017 年），以及与 Micah Martin 共同编写的 *Agile Principles*，*Patterns*，*and Practices in C#*（Pearson，2006 年），还有他对"SOLID"原则（Single Responsibility Principle 单一职责原则、Open/Closed Principle 开闭原则、Liskov Substitution Principle 里氏替换原则、Interface Segregation Principle 接口隔离原则、Dependency Inversion Principle 依赖倒置原则）的总结中体现出来的代码。当本书中提到这些代码的原则时，会有相应解释，告诉您实际如何使用它们的相关信息。

还有一个问题，就是要花费心思写整洁的代码的原因。整理代码的过程就像是一台能够洗出 bug 和错误功能的洗衣机。如果把我们的代码放到这个"洗衣机"中，如图 1-3 所示，一旦将代码库重构得非常完整，那么 bug 和异常就会无所遁形。当然，重构生产代码也是有风险的，往往会带来意外的副作用。这也是通常管理层不会允许您在不添加功能的情况下进行大规模重构。但是，您可以通过使用正确的工具，从一开始就提高代码库的质量，尽可能地减少负面或异常产生的机会。

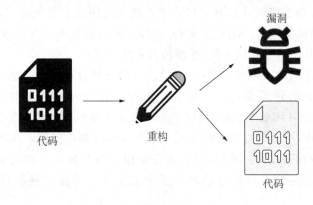

**图 1-3 整理代码的过程展示**

图 1-3 整理代码的过程就像是把代码扔进了一台洗衣机。首先需要将脏衣服（代码）放入洗衣机，添加肥皂和水（整洁代码原则），然后洗衣机就会将污物和衣物分离开（将 bug 从代码中分离出来）。它最后得到的干净衣服（代码）的污垢比开始时的污垢（bug）要少。

本书书后的侧边栏中包含了一些与整洁代码相关的信息。如果侧边栏与整洁代码相关，会解释具体概念以及如何将其应用于实际开发。附录 B 中包含了一个整洁代码检查表，您可以使用这个检查表确定是否需要重构现有的代码。检查表可以用来提醒大家注意一些很容易遗忘（但是仍然很重要）的概念。

# 1.4 本书涉及 C# 的主要内容

这本书会教大家编写地道的、整洁的 C# 代码，不会教授 C# 、.NET5 或是零基础编程知识。我们会遵循一种实用性的学习路线:在业务场景中,一步步练习重构旧 API 使之更加整洁和安全。在这个学习过程中,您将会学到很多东西,比如:

(1) 获取旧的代码库并重构,以获得更好的安全性、性能和整洁度。

(2) 编写可以通过任何代码审查的自文档化代码。

(3) 使用测试驱动的开发,在实现现代码的同时编写单元测试。

(4) 通过 Entity Framework Core 安全地连接云数据库。

(5) 将整洁代码原则引入现有代码库。

(6) 读取通用中间语言(CIL)并解释 C# 的编译过程。

那么,需要您具备哪些基础知识才能顺利读懂这本书呢? 希望您已经了解面向对象编程的基本原则(inheritance 继承、encapsulation 封装、abstraction 抽象、polymorphism 多态),并且熟悉另一种支持面向对象开发的编程语言(无论是 C++、Go、Python 还是 Java)。

认真阅读本书之后,您将能够编写整洁、安全、可测试、很好地遵循面向对象设计原则的 C# 代码。此外,您还可以做好准备通过其他更高级资源进一步了解 C# 相关知识。这里给出一些阅读建议:Jon Skeet 的 *C# in Depth* 第四版(Manning,2019 年),Jeffrey Richter 的 *CLR via C#* 第四版(Microsoft Press,2012 年),Bill Wagner 的 *Effective C#* 第二版(Microsoft Press,2016 年),Dustin Metzgar 的 *.NET Core in Action*(Manning,2018 年),John Smith 的 *Entity Framework Core in Action* 第二版(Manning,2021 年)以及 Andrew Lock 的 *ASP.NET Core in Action* 第二版(Manning,2021 年)。

# 1.5　本书不涉及的 C# 内容

这本书旨在填补初学者与更高级别 C# 资源之间的知识空白。在此定位下,会假定您已经对 C# 语言和编程有了一定的了解。正如前面所提的那样,在阅读本书之前希望您是有一些专业的编程经验,并且习惯于使用 C# 或其他面向对象的编程语言。

这里想表达的意思是,为了您能够充分理解这本书的内容,您应先了解面向对象的原则,并且能够在熟悉的编程语言中开发基本应用程序或 API。因此,本书不会教授一些经常出现在入门编程书中常见的问题,比如:

(1) 关于 C# 语言本身的知识。这不是一本 C# 语言的入门书,而且会帮助您从现有的 C# 或面向对象编程知识水平提升到一个新的水平。

(2) 非 C# 所独有的条件和分支语句(比如 if、for、foreach、while、do-while 等)。

(3) 多态、封装和继承等相关概念(尽管我们将在这本书中经常使用这些概念)。

(4) 类的概念,以及我们如何通过类对真实世界对象进行建模。

(5) 变量的概念,如何向变量赋值。

如果您是编程初学者,强烈推荐您在阅读本书之前首先阅读 Jennifer Greene 的 *Head First C#* 第四版(O'Reilly,2020 年)或者 Harold Abelson、Gerald Jay Sussman

和 Julie Sussman 的 *Structure and Interpretation of Computer Programs* 第二版
(The MIT Press, 1996)*。

本书也不会包含下面这些更专业的使用 C# 的方法：

(1) 微服务架构。这本书不会深入探讨什么是微服务以及如何使用它们。微服务
架构是大的趋势，并且被广泛应用在很多场景中，但是这与 C# 或者本书关系不大。建
议您可以通过下面三本书来进一步了解微服务架构：Chris Richardson 的
*Microservices Patterns*（Manning, 2018 年）、Prabath Siriwardena 和 Nuwan Dias 的
*Microservices Security in Action*（Manning, 2019 年）、Christian Horsdal Gammelgaard
的 *Microservices in .NET Core*（Manning, 2020 年）。

(2) 如何在容器化环境（比如 Kubernetes 和 Docker）中使用 C#。虽然容器化环境非
常实用，并且被应用于很多企业开发环境中，但是知道如何使用 Kubernets 或者 Docker 并
不能保证您可以像专家一样使用 C#。如要进一步了解相关技术，建议可以参阅 Marko
Lukša 的 *Kubernetes in Action* 第二版（Manning, 2021 年）、Elton Stoneman 的 *Learn
Docker in a Month of Lunches*（Manning, 2020 年）和 Ashley Davis 的 *Bootstrap ping
Microservices with Docker, Kubernetes, and Terraform*（Manning, 2021 年）。

(3) 除了多线程和锁（我们将在第 6 章讨论）之外的 C# 开发。我们通常会在使用超
多线程或者对性能要求非常苛刻的条件下用到这个主题。大多数开发人员都不会遇到这
种情况。如果您发现自己所在的岗位对此有要求，可以通过 Joe Duffy 的 *Concurrent
Programming on Windows*（Addison-Wesley, 2008 年）了解更多有关 C# 的开发编程。

(4) CLR 或.NET 框架本身的深层内部细节。虽然 CLR 和.NET 很有意义，但是
了解它们的每一个细微之处对大多数开发人员没有什么实际价值。本书介绍了 CLR
和.NET 的其中一部分细节，但是对于没有实际用途的细节，本书不会进行介绍。更多
相关内容，建议可以阅读 CLR 和.NET 框架的"圣经"：Jeffrey Richter 的 *CLR in C#*
第四版（Microsoft Press, 2012 年）。

建议您可以使用两种方式来阅读这本书：①从头到尾依次阅读整本书；②如果您只
对重构和最佳实践感兴趣，也可以只阅读第 3 至第 6 部分。

# 1.6  总  结

(1) 这本书不包含 C# 入门知识。它定位读者已经掌握面向对象编程的相关知
识，这使得我们能够专注于实用性的学习。

(2) C# 和.NET5 擅长可扩展性开发，并且比较注重于稳定性和可维护性。这使
得 C# 和.NET 成为公司和个人开发者的最优选择。

(3) C# 和.NET5 在操作系统开发、RTOS 嵌入式开发或数值计算（分析）方面的
应用并不擅长，而 C 语言或者 MATLAB 更加适合用于这些任务的应用。

---

* 可以通过 The MIT Press 网站免费获取：https://mitpress.mit.edu/sites/default/files/sicp/index.html。

# 第 2 章 　.NET 及其编译

本章包含以下内容：

- 将 C# 编译为本地代码；
- 阅读并理解中间语言。

2020 年，微软发布了.NET5 框架，它是一个包罗万象的软件开发平台。在此之前，20 世纪 90 年代末到 21 世纪初，微软创建了.NET 框架，也是.NET5 的前身，最开始的.NET 框架被用于开发企业的 Windows 应用程序。事实上，我们确实要使用.NET 框架如在第三章和第四章中检查现有的代码库。.NET 框架实际上是由大量的库组合而成的。虽然.NET 框架通常会和 C# 语言一同使用，但是我们确实遇到过不使用 C# 的.NET 框架的案例（值得注意的是，其使用的是.NET 语言）。.NET 框架最重要的两个组成部分是框架类库（Framework Class Library，FCL；一个庞大的类库，也是.NET 框架的骨干）和通用语言运行时（Common Language Runtime，CLR；.NET 的运行时环境，包含了 JIT 编译器、垃圾回收器和基本数据类型等内容）。也就是说，FCL 包含了您可能会用到的所有库，而 CLR 则会执行您所编写的代码。后来，微软推出了.NET Core，旨在用于进行跨平台开发。本章在全书架构中的位置如图 2-1 所示。

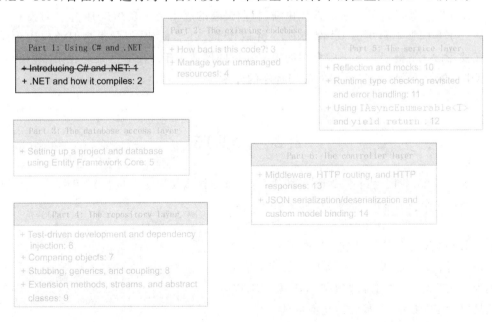

图 2-1　进度图

到目前为止,您已经了解这本书的编写目的。在这一章中,我们将深入讨论.NET及其特点。通过讨论.NET 生态,使您对.NET 有基本的了解,也将帮助大家更好地理解本书的其余部分。

在本章中,会讨论.NET5 的几个功能,并将其与其他编程平台(如 Java、Python 和Go)中的实现(有时甚至无法实现)进行对比。之后,会展示 C# 方法从 C# 语言翻译为通用中间语言(CIL),进而转换为本地代码(native code)的过程,并借此了解 C# 的编译过程。这些基本的知识将使得大家在学习 C# 和.NET 生态时有坚实的专业知识基础。假如您已经非常熟悉 C# 和.NET 了,那么本章会出现您早已掌握的内容。如果您时间充足,建议您通读第 2.3 节,本节对 C# 编译过程的讨论要比您在其他很多资料中看到的更加深入,并且这是某些高级水平 C# 学习资料会有的知识。本书为了测试您对相关主题的理解程度,第 2.2 节和第 2.3 节为您准备了一些习题以供练习。

## 2.1  .NET 框架

.NET 框架是什么?.NET 框架由微软于 21 世纪初推出,开发人员可以使用 C#语言编写企业桌面应用程序。由于微软对 Windows 系统的偏爱,因此,当时的.NET框架仅应用在 Windows 中,并且依赖于许多 Windows API 执行图形操作。如果您是在 2020 年后期(.NET5 推出的时间)之前使用过 C# 编写的桌面应用程序,那么您使用的一定是.NET 框架。

.NET 框架经过了很多次迭代更新,目前最新的版本为 4.8.0(2019 年 7 月发布)。之后.NET 框架不再更新,尽管.NET5 并取代了.NET 框架,但是很多旧的应用程序仍在使用.NET 框架。本书中介绍的很多知识同样适用于.NET 框架。在第 3 章和第4 章中大家会看到.NET 框架的应用程序的介绍。

## 2.2  .NET5

在本节中,我们会讨论.NET5 是什么,以及为什么要用它。自 2016 年以来,.NET主要有两个分支:.NET 框架(Framework)和.NET Core。新的.NET5 将这两个分支结合起来(同时包含很多其他分支,比如 Xamarin 和Unity),如图 2-2 所示。实际上,.NET5 可以视为.NET Core 的重新"包装",因为,.NET5就是以.NET Core 为基础构建而成的。但是,我们不应将.NET5 视为.NET 框架或.NETCore 的另一次迭代,而应该将其看作是对以前

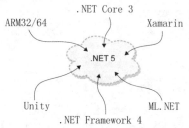

图 2-2  .NET5 结构组成

技术的重组。

将所有的.NET 技术集成在一起,使得我们可以根据自己所需选择使用所有的工具。您可以开发企业软件、网站、电子游戏、物联网(IoT)、运行在 Windows/macOS/Linux 甚至 ARM 处理器(ARM32/64)的嵌入式应用程序、机器学习服务(ML.NET)、云服务和手机 APP 中,所有这些应用程序都可共享同一个框架。并且由于.NET 框架符合.NET 标准,因此,所有的现存代码库和包都应与.NET5 兼容(只要.NET5 支持代码库所使用的依赖包和功能)。

如图 2-2 所示.NET5 将 ARM32/64 平台的.NET 框架 4、Xamarin、.NET Core3、Unity 和 ML.NET 结合在一起。这使得我们可以在同一个应用程序中通过.NET5 任意使用这些特色功能。

.NET5 类似于 .NET Framework 和 .NET Core,同样也是.NET 标准(一种用于开发各种.NET 实现的标准)的一个具体实现。.NET,.NET5,.NET Framework,.NET Core,Mono(一种跨平台技术,.NET Core 以此为基础),Unity(电子游戏开发)和 Xamarin(iOS 和 Android 开发),他们有不同的使用环境,但是其本质上是非常类似的。根据.NET 标准进行开发,意味着应用这些不同工具所编写的代码很有可能可以无缝结合。

.NET 标准包含了与 CLR(C# 所依赖的运行时环境)交互时所能够使用的 API 信息。在.NET 标准提出之前,除了使用便携式类库(Portable Class Library,PCL)之外,我们无法确保我们的代码或者库能够在不同的.NET 框架上实现正常工作。PCL 可以在项目间进行共享,并且可针对不同的.NET 实现版本(或配置文件)进行构建。现在,我们称这些 PCL 叫作"基于配置的 PCL"。如果某个库是针对符合.NET 标准的.NET 具体实现而编写的,那么这个库也可以被称为 PCL,只是这个库不是针对某个.NET 实现进行编译,而是可以针对.NET 标准的版本进行编译。为了与"基于配置的PCL"进行区别,我们称之为"基于.NET 标准的 PCL"。.NET 标准封装了大量的Windows API,这些 Windows API 在.NET 标准提出之前被广泛应用于各种库中(也就是我们所说的"基于配置的 PCL")。在.NET 标准提出后,我们可以在任何.NET 标准的具体实现中使用相同的.NET 库,且不会出现任何问题。应用.NET 标准的第一个.NET 框架是 4.5 版本。

微软注重于推动开源社区发展,.NET5 及其所有的相关库都是开源的,并且可以在 GitHub 上获得(https://github.com/dotnet )。有关.NET 新版本及新功能的更多相关信息,请参阅位于 https://github.com/dotnet/corefx/milestones 的 CoreFX 路线图。您可以在 https://github.com/dotnet/standard 查看.NET 标准。

## 2.3　兼容 CLI 的语言的编译

在本节中,您将深入了解 C# 以及(其他兼容 CLI 架构的编程语言,具体请看

2.3.2节)其是如何编译的。了解整个编译过程可以让您更好地利用 C# 语言的所有特性,并且避免与内存和执行出现相关的一些陷阱。关于 C# 的编译过程,主要需要知道三种状态(C#,中间语言,本地代码)和两个阶段,如图 2-3 所示:从 C# 代码到通用中间语言(CIL)以及从中间语言到本地代码。

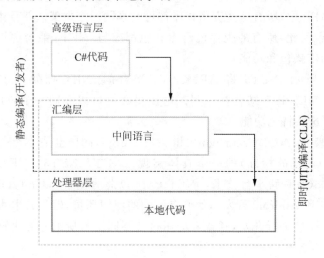

**图 2-3　C# 完整编译过程**

图 2-3 为完整的 C# 编译过程,其中包含了从 C# 代码到通用中间语言,再到本地代码的全过程。了解编译过程可以帮助我们了解 C# 和.NET 的一些内部选项。

**注意**:本地代码(native code)通常指的就是机器代码(machine code)。

您可通过查看高级 C# 代码如何被一步一步被编译器和 CLR 编译为低级的可以执行的本地代码,并对 C# 和.NET5 这个复杂的机器做一些了解。这个过程往往不会在初学者教程资源中涉及,但是作为过渡学习需要您对此有一定的认识和理解。

使用静态编译与 JIT 编译结合的方式将 C# 编译为本地代码的具体过程如下:

(1) 开发人员编写了一段 C# 代码后,编译器将编译代码。这将产生一个存储有通用中间语言的便携式可执行(Portable Executable,32 位为 PE,64 位为 PE+)文件,比如 Windows 的.exe 和.dll 文件,这些文件将被分发或提供给用户。

(2) 启动.NET 程序,操作系统将调用通用语言运行(CLR)。CLR 即时将 CIL 编译为适合其运行平台的本地代码。这使得兼容 CLI 的语言可以在很多平台或编译器上运行。但是,这个过程同样产生性能问题,静态编译的程序在这个过程中性能往往更好,这是因为不需要等待运行环境编译代码。

**定义**:静态编译和 JIT 编译是两种常用的代码编译方式。C# 使用了静态编译与 JIT 编译结合的方式。这就要求代码尽可能地被编译为字节码,而静态编译会提前编译所有源代码。

### 2.3.1　C#代码(高级语言)的编译

这里先讲一个小插曲,我第一次接触毕达哥拉斯定理(勾股定理)是在 2008 年,当时我在荷兰上高中,从数学书本中看到我们那一年要学习毕达哥拉斯定理。之后的一个晚上,我和父亲一起坐在车里聊天,我问父亲:"什么是毕达哥拉斯定理?"这个问题让他大吃一惊,因为他了解我当时对学术几乎不感兴趣,尤其是数学方面。在接下来的 10 分钟里,他试图向我这种几乎不擅长数学学习的人解释什么是毕达哥拉斯定理,我很惊讶自己竟然能够明白他在说什么。提到这件事,是想说,毕达哥拉斯很适合用展示 C#编译过程的第一步。

在本节中,会教您查看 C#编译的第一步:编译 C#代码,如图 2-4 所示。编译过程中会使用一个与毕达哥拉斯定理相关的程序。使用这个程序教授 C#编译过程的原因很简单:可以将毕达哥拉斯定理浓缩为几行代码,只要您具有高中数学知识水平,就能看懂这些代码。此做法将使我们关注编译过程,而不是程序的具体实现细节。

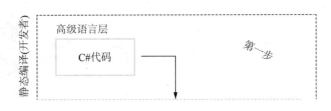

**图 2-4　C#编译第 1 步**

图 2-4C#编译阶段第 1 步:C#代码,这是静态编译阶段。

**注意**:这里我们快速地复习一遍毕达哥拉斯定理:$a^2 + b^2 = c^2$。我们通常使用毕达哥拉斯定理求直角三角形第三边的长度,即为两直角边平方之和的平方根。

我们首先写一个简单的方法证明毕达哥拉斯定理,这个方法需要两个参数,如下面的代码示例所示:

### 1. 用代码示例 2-1:毕达哥拉斯定理(高级语言)

*//↓我们使用 public 访问修饰符声明了一个名为 Pythagoras 的方法,这个方法需要两个浮点数(double)作为参数,并返回一个浮点数:*

```
public double Pythagoras(double sideLengthA, double sideLengthB) {
    //↓我们执行毕达哥拉斯定理并将结果返回到一个名为 squaredLength 的变量中
    double squaredLength = sideLengthA * sideLengthA + sideLengthB * sideLengthB;
    return squaredLength;
}
```

如果我们运行这段代码,并传入参数[3,8],我们就会得到结果 73。另外,由于我们使用了 64 位浮点数(double),所以还可以测试一些带小数的参数。

### 2. 访问修饰符、程序集和命名空间

C# 拥有 6 种访问修饰符（从最开放到最严格）：public，protected internal，internal，protected，protected private 和 private。我们最常使用的两个是 public 和 private。public 表示所有的类和项目都可以访问这个方法（这是从某些语言"导出"的概念；与部分变成语言不同，C# 中方法名称的大小写与访问修饰符无关），而 private 表示仅当前类可以看到这个方法。

其他 4 个访问修饰符的使用频率较低，可仅了解一下。internal 允许方法所在程序集中的所有类进行方法问，而 protected 则限制仅方法所在的类及其派生类可以访问。internal protected 则是 internal 和 protected 这两个修饰符的结合，方法在所有程序集中的派生类以及所在的程序集中的所有类都可以对其进行访问。而 private protected 则限制仅程序集内部的、方法所在的类及其派生类可以进行访问。

图 2-5 展示了 C# 访问修饰符是从最开放到最严格的顺序。使用正确的访问修饰符有助于封装我们的数据并保护我们的类。

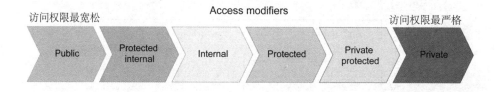

**图 2-5　C# 访问修饰符顺序**

假设代码示例 2-1 中是一个名为 HelloPythagoras 类的一部分，这个类被包含在一个同名的项目和解决方案中。要将一段 .NET5（或者 .NET 框架/.NET Core 解决方案）编译为存储在 PE/PE+ 文件中的中间语言，您可以在 IDE 中使用构建（build）或者编译（compile）按钮，或者在命令行中执行以下命令：

```
dotnet build [solution file path]
```

解决方案文件将会为扩展名 .sln 命名。创建解决方案的命令如下所示：

```
dotnet build HelloPythagoras.sln
```

在我们运行命令之后，编译器就会被启动。首先，编译器会通过 NuGet 包管理器恢复所有所需的依赖包。然后，命令行工具编译项目并将输出存储在一个名为 bin 的新文件夹中。在 bin 文件夹中，有两个用于进一步选项的文件夹，debug（调试）和 release（发布），具体输出文件会存储在哪个文件夹中，取决于我们所设置的编译器模式（当然还可以定义自己的模式）。默认情况下，编译器将以调试模式进行编译。调试模式包含了所有的调试信息（存储在 .pdb 文件中），您可以使用这些信息创建断点并进行单步调试。

如果要通过命令行以发布(release)模式进行编译,您可以向命令行中添加 Configuration release 参数,或者在 Visual Studio 中,通过下拉列表选择调试或发布模式,这是编译代码的最简单、最快并且最合适的方式。

### 3. 调试模式与发布模式

在日常使用中,调试模式和发布模式的主要区别在于其性能和安全性。调试模式构建的输出代码中包含了对. pdb 文件的引用,运行时环境必须执行更多的代码才能实现与发布模式(其中不包含这些引用)相同的逻辑处理。因此,与发布模式相比,调试模式构建出来的中间语言更多、更大,并且需要更多的时间来进行编译。

另外,如果程序文件中包含了调试信息,那么其他人有可能会利用这些信息轻松地进入您的代码库,但这并不是意味着利用发布模式编译就一定可以确保程序安全。中级语言(无论使用的是调试模式还是发布模式)都可以被轻易地反编译为类似源代码的形式。建议如果想要更好地保护源代码,请考虑使用混淆器(Dotfuscator,. NET Reactor)和威胁模型。

较好的办法是使用调试模式进行开发,并同时使用调试和发布模式进行测试。通常,我们会在调试模式下进行本地测试,然后使用发布模式在特定使用环境下进行测试。由于不同模式构建出来的代码略有不同,因此我们有可能会在发布模式中发现在调试模式中没有的错误。您肯定不想在 deadline 之前从发布模式中发现一个已经在调试模式中屏蔽的 bug。

此时,C# 的高级代码已经被编译为包含中间语言代码的可执行文件。

### 2.3.2　通用中间语言(汇编层)的编译

完成调试与发布后,从日常使用的角度看,您的工作已经完成。代码将以可执行文件的形式执行,用户已经可以正常使用您开发的软件。但是从技术的角度看,工作才刚刚开始。当 C# 代码被静态编译为通用中间语言时,如图 2-6 所示,但是操作系统并不能执行中间语言。

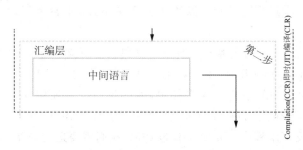

图 2-6　C# 编译过程(第 2 步)

如图 2-6 所示 C# 编译过程第 2 步:中间语言,到这里我们完成了静态编译,并将进行即时编译。

但是,中间语言是如何转为本地代码的呢? 缺失的这块拼图就是通用语言运行时

(CLR),. NET5 的这部分将通用中间语言翻译为本地代码,被称为. NET 的"运行时"
(runtime)。我们可以将 CLR 与 Java 虚拟机(Java Virtual Machine,JVM)进行比较,
实际上 CLR 从一开始就是. NET 的一部分。我们还可以注意到,随着. NET Core 和
. NET5 的发展,CLR 的新实现(CoreCLR)正在逐步取代旧的 CLR。本书中关于 CLR
的解释对于传统 CLR 和 CoreCLR 同样适用,CLR 一词也可以同时指代通用语言运行
时或 CoreCLR。

使用通用语言基础结构(Common Language Infrastructure,CLI)技术标准的语言
(比如. NET5)编写的任何代码都可以被编译为通用中间语言。CLI 描述了. NET 背后
的基础结构,为语言的类型系统提供了基础。由于 CLR 可以执行任何中间语言代码片
段,并且. NET 编译器可以从任何兼容 CLI 的语言生成中间语言(IL),因此,我们可以
使用混合源代码生成中间语言。C# 、Visual Basic 和 F♯是最常见的. NET 编程语言,
但是您也可以找到更多的类似编程语言。. net 缩略词的汇总,如表 2-1 所列。

表 2-1 . net 缩略词汇总

| 缩　写 | 全　称 | 中　文 | 描　述 |
|---|---|---|---|
| CLR | Common Language Runtime | 通用语言运行时 | . NET 虚拟机运行时环境。CLR 将会完成关键的代码执行、垃圾回收、线程和内存分配等任务 |
| CLI | Common Language Infrastructure | 通用语言基础架构 | 描述. NET 生态中可执行代码的特征以及如何执行的规范 |
| CIL | Common Intermediate Language | 通用中间语言 | 可以被 CLR 即时编译、以执行兼容 CLI 代码的一种语言。C# 代码在第一阶段被编译为 CIL |
| IL | Intermediate Language | 中间语言 | CIL 的另一种说法 |
| MSIL | Microsoft Intermediate Language | 微软中间语言 | CIL 的另一种说法 |

截止到 2017 年,微软还支持 J♯——一种兼容 CLI 的 Java 实现。从理论上讲,您
可以下载兼容的编译器并使用 J♯,以使其能够在. NET 平台上开发,但是这将失去一
些 Java 新的功能。

注意:CLR 是一个非常复杂的软件。如果想要了解更多有关 CLR 的相关内容,请
参阅 Jeffrey Richter 的 *CLR via C♯* 第 4 版(Microsoft Press,2012 年)。

由于编译器会将中间语言嵌入文件中,因此我们需要使用反汇编程序查看 CIL。
所有的. NET 种类都附带了微软自己的、名为 ILDASM(Intermediate Language
Disassembler)的反汇编程序。要使用 ILDASM,我们需要运行与 Visual Studio 一同安
装的开发者命令提示符。这是一个命令提示符环境,能够帮助我们访问. NET 工具。
但应注意,ILDASM 仅在 Windows 上可用。

我们一旦进入开发者命令提示符,就可以对已经编译的文件调用 ILDASM,并输
出到指定文件,具体命令如下:

```
>\ ildasm HelloPythagoras.dll/output:HelloPythagoras.il
```

如果我们不指定输出文件,命令行工具就会启动 ILDASM 的 GUI。在图形界面中,可以查看可执行文件反汇编出的中间语言,可以为输出文件指定的任意文件扩展名后缀,因为它就是一个简单的二进制文本文件。请注意,在．NET 框架中,ILDASM 只能反汇编．exe 文件,而在．NET5 和．NET Core 中,除．exe 文件外,ILDASM 还可以反汇编．dll 文件。

当我们在文本编辑器中打开 HelloPythagoras.il 或者在 ILDASM GUI 中进行查看时,我们就会见到一个神秘代码的文件——中间语言代码。我们之前(以调试模式)编译的毕达哥拉斯计算方法如代码示例 2－2 所示:

代码示例 2－2:毕达哥拉斯定理(通用中间语言)。

```
.method private hidebysig static float64
Pythagoras(float64 sideLengthA,
           float64 sideLengthB) cil managed {
    .maxstack 3
    .locals init ([0] float64 squaredLength,
                  [1] float64 V_1)
    IL_0000:    nop
    IL_0001:    ldarg.0
    IL_0002:    ldarg.0
    IL_0003:    mul
    IL_0004:    ldarg.1
    IL_0005:    ldarg.1
    IL_0006:    mul
    IL_0007:    add
    IL_0008:    stloc.0
    IL_0009:    ldloc.0
    IL_000a:    stloc.1
    IL_000b:    br.s          IL_000d
    IL_000c:    ldloc.1
    IL_000e:    ret
}
```

如果您曾使用过或见过汇编级的编程,可能会看出一些相似性。通用中间语言绝对比普通的 C# 代码更难理解,更加接近机器语言,但是它实际上并不像看起来那么神秘。仔细浏览中间语言,会发现,它只是与其他编程语言不同而已。不同计算机编译生成的中间语言代码可能看起来略有不同(尤其是 ldarg 操作码中所使用的数字),但是操作码的功能和类型应该都是相同的。

我们最先看到的就是如下所示的方法说明:

```
.method private hidebysig static float64
Pythagoras(float64 sideLengthA,
```

```
float64 sideLengthB) cil managed {
```

由此可以看到,该方法是私有的(private),静态的(static),并且会返回一个 64 位浮点数(在 C# 中为 double)。我们还可以看到,该方法被命名为 Pythagoras,读取两个浮点数作为参数(分别名为 sideLengthA 和 sideLengthB)。还有两个看起来很奇怪的术语 hidebysig 和 cil managed。

首先,hidebysig 告诉我们毕达哥拉斯方法隐藏了所有相同方法签名的其他方法。然后,cil managed 意味着此代码是通用中间语言,并且我们运行在托管模式下。有托管模式就有非托管模式,这里取决于 CLR 是否可以执行该方法,是否有手动内存管理,是否具有 CLR 所需的所有元数据。在默认情况下,除非您通过启用不安全"unsafe"标志明确告知编译器代码不安全,否则您的所有代码均会以托管模式执行。

提到方法,我们可以将方法分为两部分:设置(构造器)和执行(逻辑)。首先,让我们看构造器,如下所示:

```
.maxstack 3
.locals init ([0] float64 squaredLength,
              [1] float64 V_1)
```

这里也有一些不常见的术语。首先,.maxstack 3 告诉我们,在执行过程中,内存堆栈上允许的最大元素个数为 3 个。静态编译器会自动生成此数字,并提示 CLR 即时编译器应该为该方法保留多少元素。这一部分代码非常重要,想象一下,假如我们无法告知 CLR 我们需要多少内存,那么 CLR 可能决定保留系统上所有可用的堆栈空间,或者根本不保留任何堆栈空间。这两种情况都将是一场灾难。

接下来是:

```
.locals init (…)
```

当我们使用兼容 CLI 的编程语言声明变量时,编译器会分配变量并在编译时将变量的值初始化为默认值。locals 关键字将告诉我们,此代码块中声明的是局部变量(范围为方法,而不是类),而 init 意味着我们将声明的变量初始化为默认值。编译器将这些变量赋值为 null 或者零值,具体取决于变量是引用类型还是数值类型。

扩展一下 .locals init (…) 代码块,以查看我们声明和初始化的变量:

```
.locals init (
    [0] float64 squaredLength,
    [1] float64 V_1
)
```

这时,中间代码声明了两个局部变量(squaredLength 和 V_1),并将其初始化为零值。

您可能会问,为什么是两个变量?我们在 C# 代码中仅声明了一个本地变量:squaredLength,V_1 是从哪里来的?请查看下面的 C# 代码:

```
public double Pythagoras(double sideLengthA, double sideLengthB) {
    double squaredLength =
➡   sideLengthA * sidelengthA + sideLengthB * sideLengthB;
    return squaredLength;
}
```

我们确实只声明了一个本地变量。然而,我们以数值形式(而不是引用形式)返回了
squaredLength。这意味着,我们不经意间声明、初始化并赋值了一个新变量——V_1。

总结一下,至此,我们学习查看了方法签名和设置,接下来我们可以深入学习逻辑
部分了。我们把以下中间语言代码分为两部分,毕达哥拉斯定理的计算以及计算结果
的返回:

```
IL_0000：    nop
IL_0001：    ldarg.0
IL_0002：    ldarg.0
IL_0003：    mul
IL_0004：    ldarg.1
IL_0005：    ldarg.1
IL_0006：    mul
IL_0007：    add
IL_0008：    stloc.0
```

首先,我们看到一个名为 nop 操作(我们也可称这些操作为操作码 opcode),这个
操作也被称为"不做任何操作"(Do Nothing Operation)或"没有操作"(No Operation),
因为它本身确实"不做任何事情"。它被广泛应用于中间语言和汇编代码编程中,使得
断点调试可以正常进行,再通过使用调试模式生成的 PDB 文件,CLR 可以注入指令并
在 nop 操作时暂停程序中执行,使得我们在程序运行时"步入"代码。

接下来,我们看一下关于毕达哥拉斯定理本身的计算,如下所示:

```
double squaredLength =
➡ sideLengthA * sideLengthA + sideLengthB * sideLengthB;
```

下面两个操作都有 double 的标头 ldarg.0 操作。第一个操作(IL_0001)将出现的
第一个 sideLengthA 加载到堆栈上;第二个操作(IL_0002)将出现的第二个
sideLengthA 再次加载到堆栈上。

在我们把第一个数学计算步骤的两个参数加载到堆栈之后,中间语言代码调用以
下乘法进行操作:

```
IL_0003：    mul
```

此操作使得 IL_0001 和 IL_0002 期间加载的两个参数进行相乘,并将结果存储到
堆栈上的新元素中,此时垃圾回收器会将之前的(现在无用的)堆栈元素从堆栈中清除。

如下所示,我们重复这个过程,对 sideLengthB 参数进行平方:

```
IL_0004:    ldarg.1
IL_0005:    ldarg.1
IL_0006:    mul
```

于是,堆栈中会含有两个元素,分别包含了 sideLengthA$^2$ 的值和 sideLengthB$^2$ 的值。然后我们需要将这两个值相加并保存到 squaredLength 变量中。这一操作在 IL_0007 和 IL_0008 中进行,如下所示:

```
IL_0007:    add
IL_0008:    stloc.0
```

与 mul 操作(IL_0003 和 IL_0006)相似,add 操作(IL_0007)将之前存储的两个数值作为参数相加,并将结果存储到堆栈里。中间语言会取出这个元素,然后通过 stloc.0 命令(IL_0008)将其存储在我们之前初始化过的([0] float64) squaredLength 变量中。stloc.0 操作将从堆栈中弹出一个值,然后将其存储在索引为 0 的变量中。

现在,我们已经根据毕达哥拉斯定理进行了计算并将计算结果存储到一个变量中。接下来就是将值从方法中返回,按照我们在最初方法签名中承诺的那样,如下面代码段所示:

```
IL_0009:    ldloc.0
IL_000a:    stloc.1
IL_000b:    br.s        IL_000d
IL_000c:    ldloc.1
IL_000e:    ret
```

首先,我们将位置 0 处的变量加载到内存中(IL_0009)。在前面,我们已将毕达哥拉斯定理的计算结果(即 squaredLength)存储到这里。但是,之前我们也提到了,我们返回的是数值变量(而不是引用变量),所以我们需要创建 squaredLength 的副本变量,以便将结果传递到方法之外。幸亏我们在初始化阶段提前在索引 1 的位置处声明了一个变量 V_1([1] float64 V_1)。我们通过 stloc.1 操作(IL_000a)将值存储到索引 1 的位置。

接下来,我们会看到下面的操作过程:br.s IL_000d(IL_000b)。这是一个分支运算符(branching operator),表示返回值被计算并存储起来,以待返回。中间语言使用分支运算符进行调试。分支运算符类似于 nop 操作,当 return 被调用时,代码中的所有不同分支(带有其他返回值的情况)都将跳转到 br.s 运算符。br.s 运算符占用两个字节(一个操作码通常只占用一个字节),因此占据了两个 IL 位置(IL_000b 和 IL_000d)。这允许调试器能够在加载存储的返回值时暂停程序的执行,并在必要时可进行操作。

此时,我们已经准备好通过 IL_000c 和 IL_000e 返回结果,并结束这个方法,中间语言代码如下:

```
IL_000c:    ldloc.1
```

IL_000e: 　ret

　　ldloc.1 操作(IL_000c)加载之前存储返回值,后面紧跟着 ret 运算符,可以将我们在 IL_000c 中加载的值从方法中返回。下面的代码示例 2-3 中是对每个步骤进行了解释。

　　代码示例 2-3:毕达哥拉斯定理方法的中间语言源代码。

//方法的开头部分就是声明 private,static,返回 double 浮点数,隐藏其他具有相同签名的方法:
.method private hidebysig static float64
Pythagoras(float64 sideLengthA,
　　float64 sideLengthB) cil managed {//方法叫作 Pythagoras,期望传入两个 float64
(double)类型的参数,这是一个运行在托管模式下的 CIL 方法。
　　.maxstack 3//堆栈上的最大元素个数为 3
　　.locals init ([0] float64 squaredLength,
　　　　　　　　　　[1] float64 V_1)
//声明两个 float64 类型的局部变量(索引 1:squareLength,索引 2:V_1)并初始化
IL_0000: 　nop
//"do nothing operator",用于调试器下断点。
IL_0001: 　ldarg.0
//将第一个 sideLengthA 参数加载到内存中。
IL_0002: 　ldarg.0
IL_0003: 　mul
//内存中加载的两个 sideLengthA 相乘并存储到堆栈中。
IL_0004: 　ldarg.1
//将第一个 sideLengthB 参数加载到内存中。
IL_0005: 　ldarg.1
IL_0006: 　mul
//内存中加载的两个 sideLengthB 相乘并存储到堆栈中。
IL_0007: 　add
//将 sideLengthA$^2$ 与 sideLengthB$^2$ 相加,并存储到堆栈中。
IL_0008: 　stloc.0
//之前存储的平方和被存储到索引 $\theta$ 的变量(squaredLength)中。
IL_0009: 　ldloc.0
//将 squaredLength 的值加载到内存中。
IL_000a: 　stloc.1
//之前加载到内存的值(squaredLength)被存储到索引 1 的变量(V_1)中。
IL_000b: 　br.s　　　　IL_000d
//分支运算符;标志着方法的完成以及返回值的存储。
IL_000c: 　ldloc.1
//返回值(变量 V_1 被加载到内存中)。
IL_000e: 　ret
//我们返回 V_1 的值并离开该方法。
}

　　至此,本节内容就结束了,希望您现在对 C# 和.NET 的静态编译部分有了更加深入的了解。

### 2.3.3 本地代码(处理器层)的处理

编译过程的最后一步就是将通用中间语言转变为本地代码(处理器真正运行的代码),如图 2-7 所示。到目前位置,代码的静态编译过程已经完成。当.NET5 执行应用程序时,CLR 启动并扫描可执行文件,寻找 IL 代码。然后,CLR 调用 JIT 编译器,在执行时将 IL 转换为本地代码。本地代码(某种程度上)是人类可以阅读的最低级别的代码。处理器可以直接执行本地代码,因为其中包含了预先定义的操作(操作码,opcode),这与通用中间语言包含的 IL 操作代码相似。

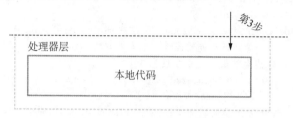

**图 2-7 C#编译过程(第 3 步)**

图 2-6 C#编译过程第 3 步,本地代码的即时编译阶段虽然即时编译代码会伴随带来系统的性能问题,但我们更想要可以在任何支持 CLR 和编译器的平台上执行基于.NET 的代码。这一点我们可以在使用.NET Core 和新的 CoreCLR 时看到。CoreCLR 可以即时编译中间语言到 Windows,macOS 和 Linux,如图 2-8 所示。

**图 2-8 CoreCLR 可以在 Linux,Windows,macOS 上即时编译**

图 2 – 8CoreCLR 可以在 Linux，Windows，macOS 上即时编译，使得 C＃代码能够跨平台执行。

因为此编译步骤的即时性质，所以查看确切的本地代码有些困难。查看从中间语言生成的本地代码的唯一途径就是使用一个名为 ngen 的命令行工具，在.NET5 中该工具已经有预装。这个工具允许提前从 PE 文件存储的通用中间语言中生成本地代码。CLR 将输出的本地代码存储在％SystemRoot％/Assembly/NativeAssembly 的子文件夹中（仅 Windows 可用）。但是，请注意，不能使用常规的文件资源管理器导航到这里，而且生成的输出文件也是不可读的。在执行 ngen 之后，CLR 认为该 IL 已经完全静态编译为本地代码，并且将根据这个本地代码执行，这伴随着可以预期的性能提升。但是，当软件版本再更新，本地代码和 IL 代码可能就会不同步。如果 CLR 决定使用静态编译的、较旧的版本，而不是重新编译，就会产生这种性能方面问题。

在日常操作中，您可能不会接触这么多 IL 相关问题，也不会关心太多由 IL 转到本地代码的编译过程情况。但我们都需要对编译过程多一些基本的了解，因为它会让我们了解.NET5 的很多设计理念，我们将在本书的之后部分进行介绍。

# 2.4　练　习

练习 2 – 1

.NET5 不支持以下哪种操作系统？

（1）Windows

（2）macOS

（3）Linux

（4）AmigaOS

练习 2 – 2

"CLR"一词的全称是什么？

（1）Creative License Resources

（2）Class Library Reference

（3）Common Language Runtime

练习 2 – 3

填空：.NET 标准是一种＿＿＿＿＿＿，它规定了所有.NET 平台的具体实现细节，以达到各个平台代码共享的效果。

（1）具体实现

（2）前驱体

（3）工具

（4）标准

练习 2 – 4

.NET 编译过程的步骤和顺序是什么？

（1）.NET code →Intermediate Language →Native code

（2）Intermediate Language →.NET code →Native code

（3）.NET code →Native code

（3）Java →JVM

练习 2 - 5

填空：____编译器在需要使用代码之前进行编译，而____编译器将提前编译所有代码。

（1）静态

（2）JIT

（3）动态

练习 2 - 6

中间语言存储在哪里？

（1）DOCX 文件

（2）Text 文件

（3）HTML 文件

（4）Font 文件

（5）PE 文件

练习 2 - 7

填空：如果我们必须创建一个堆栈元素的副本才能传递变量，则该变量是一个____类型。

（1）引用

（2）私有

（3）数值

（4）可空

练习 2 - 8

填空：如果我们可以通过指向堆栈元素的指针操作变量值，那么这个变量是____类型。

（1）引用

（2）私有

（3）数值

（4）可空

## 2.5  总  结

（1）NET5 吸收并重塑了 .NET Core、.NET 框架以及其他 .NET 实现，.NET5 可

以被看做 . NET Core 4。

（2）NET 使用静态编译与 JIT（即时）编译相结合的形式，这使得其拥有比完全 JIT 语言更快的执行速度，并且允许跨平台执行。

（3）C#编译过程中代码有三种存在状态：C#代码、中间语言代码和本地代码。

（4）C#编译过程有两步：C#转变为中间语言（静态编译），中间语言转变为本地代码（JIT 编译）。

（5）中间语言储存在便携式可执行文件（比如 Windows 平台的 . exe 和 . dll 文件）中。CLR 扫描这些文件，并寻找嵌入的 IL 并执行，JIT 将其编译为恰当的本地代码。

（6）. NET 应用程序启动时，会调用通用语言运行时（CLR），然后将中间语言代码即时编译为本地代码。

（7）64 位浮点数在 C#中指的就是 double 类型。

（8）C#有 6 个独立的访问修饰符：public、protected internal、internal、protected、protected private 和 private。这些用于控制方法的访问。

（9）命令行中可以使用 dotnet build [solution file path]命令编译 C#。您也可以通过类似于 Visual Studio 的 IDE 进行编译。

（10）通用语言架构是一个标准，为所有 . NET 相关的语言提供了一个基础，使得我们可以同时使用 C#与 F♯和 VB. NET 等语言。

（11）中间语言中命令基本上被翻译为字节码和操作码。

# 第 2 部分　现有代码库

在阅读了第 1 部分内容之后,您已经熟悉了 C#语言以及.net 框架的各种风格,知道了 C#语言是如何被编译的,以及为什么想要(或者不想)在自己的项目中使用这种语言。而在第二部分中,将向您介绍飞翔荷兰人航空公司(Flying Dutchman Airlines)相关知识,且都将使用这家公司作为商业案例进行说明。

在接下来的两章中,我们将研究一个现有的代码库,并对其进行深入研究,评估我们可以改进的地方以及改进的原因。

# 第3章 这个代码有多糟糕

本章包含以下内容：

- HTTP 路由（routes）、资源（resources）及终端地址（endpoints）；
- 自动属性（auto-properties）和仅初始化可用的设置器（init-only setters）；
- 配置 ASP. NET 服务。

在本章中，假设飞翔荷兰人航空公司委托我们重构他们遗留的代码库，并且满足他们的业务需求以及他们对重构的要求。需要重构的程序是在 . NET 平台上依据模型-视图-控制器（Model-View-Controller，MVC）模式开发后端 web 服务。我们将在本章（以及第 4 章）中对其进行这些研究。下面这段代码有很多的可读性和安全性问题，如果本章中有一些您觉得不熟悉的代码，请不要太惊讶。本章的重点是找出代码中需要修改的部分。在本章中，我们将深入研究这个（混乱的）代码库的模型、视图以及配置，以便我们在之后的内容能够顺畅介绍重构代码。图 3 - 1 展示了这部分在本书体系中的位置。

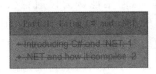

图 3 - 1　进度图

从本章开始，我们将开始介绍第二部分——现存的代码库。将在本书的其余部分查看程序需要满足哪些要求，以及现有代码仓库中包含的模型和视图。

飞翔荷兰人航空公司（图 3 - 2 为商标），是一个总部设在荷兰格罗宁根（Groningen，the Netherlands）的低价位航空公司。该公司有 20 条航线，可以前往伦敦、巴黎、布拉格和米兰等地。1977 年，公司成立时，他们纠结于自身的市场定位是否合适，如今，飞翔荷兰人航空公司已经以"超低成本航空公司"而闻名。现在，其管理层决定革新他们的业务，这在本节中，我们将通过新老板获知我们需要帮助其创建的产品的规格。我们将在本书中以为飞翔荷兰人航空公司工作应用为例进行相关介绍。

*Flying Dutchman* Airlines

图 3 - 2　飞翔荷兰人航空公司的商标

# 3.1　飞翔荷兰人航空公司简介

这里简单介绍一下，假如您工作的第一天，提前 10 分钟到达了停车场，整理好了自己的衣着，在填写了必要的人力资源资料以及提交了员工卡所需的照片后，需要做的第一件事就是与公司的首席执行官（CEO）会面。您的身份是他们雇佣的一位内部软件工程师。

CEO 指了指一张椅子，示意您坐下。开始谈话，他首先进行了自我介绍，他的名字叫作 Aljen van der Meulen，最近才加入飞翔荷兰人航空公司，但是他认为该航空公司在很多方面，尤其是技术部门，有许多潜在的改进空间。虽然飞翔荷兰人航空公司的网站能够正常运行，但是客户却不能通过搜索聚合器（search aggregator，一种从特定来源收集或汇总信息的搜索引擎类型）预定航班。在本例中，FlyTomorrow 会汇总航空公司的可预订航班，因此，Aljen 与航班聚合器 FlyTomorrow.com 签订了一份合同。FlyTomorrow 是荷兰去年访问量最大的与航线相关的网站，对于想要加入其搜索引擎的航空公司，FlyTomorrow 会提出一些具体的要求。目前，航空公司内部系统的代码库中确实具备用于搜索和预定航班的 API，但是其系统很不好用，需要彻底重构。Aljen 拿出一份文件，指出几行向您示意。如图 3 - 3 所示，这是 FlyTomorrow 公司与飞翔荷兰人航空公司签订的合同的一部分，列出了履行合同所需的技术要求。

这份合同包含了有关我们需要做的和满足的终端地址信息。

1. →GET/Flight。
2. →GET/Flight/{FlightNumber}。
3. →POST/Booking/{FlightNumber}。

其中，最重要的一点要求就是需要在当前 API 中使用 HTTP GET 和 HTTP POST 终端地址。FlyTomorrow 将使用这些终端地址查询可用航班（GET）以及预定航班（POST）。此外，API 还必须能够在恰当时候返回错误代码。

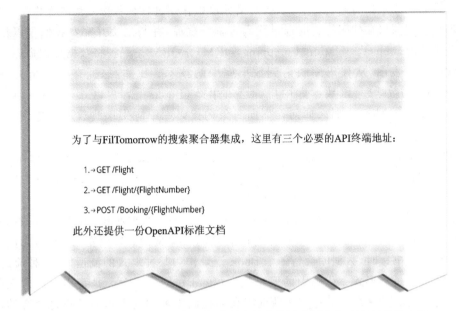

为了与FilTomorrow的搜索聚合器集成，这里有三个必要的API终端地址：

1.→GET /Flight

2.→GET /Flight/{FlightNumber}

3.→POST /Booking/{FlightNumber}

此外还提供一份OpenAPI标准文档

**图 3-3  FlyTomorrow 公司与飞翔荷兰人航空公司合同中与 API 相关的内容**

**注意**：如果您不熟悉 HTTP 操作（比如 POST 和 GET），或者通常所说的 HTTP 和 web 开发，那么就需要进一步了解这些内容。推荐查阅 Mozilla 公司有关 HTTP 请求操作的文档，其是很好的学习资料：https://developer.mozilla.org/en-US/docs/Web/HTTP/Methods

# 3.2  应用代码库的基本要求

假如，此时公司的 CTO，也就是 George 走进了办公室，他直接加入了对代码库的讨论。公司现有的代码库虽然规模很小，但是却很混乱。所有的代码都是采用很早之前的 C# 语言（确切地说，是 C# 3.0）编写的，使用的是 4.5 版本的 .NET 框架。数据库运行在本地的 Microsoft SQL 服务器上，会在没有对象关系映射（object-relational mapping，ORM）框架的情况下进行查询。George 希望重构的版本能够在 .NET5 框架下运行，并且使用最新版本的 C# 语言。虽然暂时无法修改数据库的架构，但是它目前能够正常访问，不影响代码的重构。实际上，George 已经着手将数据库部署到 Microsoft Azure 上。

## 3.2.1  映射对象关系

当我们想要对数据库进行修改时，我们经常会使用类似于 SQL 服务器的管理工具（SQL Server Management Studio，SSMS）、MySQL 工作台（MySQL Workbench）或者 Oracle SQL Developer 之类的数据库管理工具。您可以使用这些工具编写 SQL 查询语句并在数据库中执行它们，还可以执行诸如设置存储过程和备份之类的操作。

那么我们如何在代码运行时通过代码查询数据库，并与之交互呢？我们可以使用对象关系映射(object - relational mapping, ORM)。ORM 是一种将数据从数据库中映射到代码库中表示、从代码库映射到数据库中的技术。比如，您拥有一个名为书店(BookShop)的数据库，该数据库中可能会有书籍(Books)、客户(Customers)和订单(Orders)等表(tables)。那么如何在面向对象的代码库中应用这些数据构建模型呢？结果是，我们可能就会构建出名为书籍、客户和订单的模型。

**定义**：*实体(entity)* 是数据库中的定义，可以是对真实世界数据的建模；而*模型(model)* 是指这些模型(或其他真实世界的对象)的类表示。要区别它们，我们只需要记住，实体是针对数据库而言的，而模型是针对代码而言的。

这里可以有一个合理的假设，即假设开发人员已经将数据库和代码中的字段同步，两者目前是相同的，然而，这并不意味着两者是同一类型的。以书籍(Books)为例，当我们查询特定书籍时，数据库会将一个 Book 记录作为某种形式的流返回，这种流通常是 JSON 或二进制形式。代码中的模型是书(Book)，但是这个类是我们自己定义的，数据库并"不知道"这个类的存在。数据库表和代码库模型的表示并不总是兼容的，但是相互映射关系是存在的，这是一个同构关系，我们将在第 3.3.3 节做进一步探讨。

George 和 Aljen 将与 FlyTomorrow 签订的合同视为修改现有代码库的机会，因为公司打算扩大用户群并增加其可扩展性。FlyTomorrow 为航空公司提供了 OpenAPI 的说明书，以检查终端地址能否正常使用(终端地址将是调用代码库中不同服务的切入点)。FlyTomorrow 要求的 3 个终端地址如下：

(1) GET/flight。

(2) GET/flight/{flightNumber}。

(3) POST/booking/{flightNumber}。

**定义**：OpenAPI(OpenAPI)是特定 API 的行业标准方法。在 OpenAPI 的说明书中，您经常会发现 API 的终端地址定义以及是如何与 API 交互指导的。

### 3.2.2　GET/flight 终端地址——检索所有航班的信息

在此节中，我们将探索第一个终端地址：GET/flight。/flight 终端地址接受一个 GET 请求，并返回数据库中所有航班的信息，图 3 - 4 为对我们终端地址的要求。

终端地址需要接受 GET 请求，并返回 200(同时返回所有可用航班的信息)、404 或 500 的 HTTP 状态。

根据 FlyTomorrow 的 OpenAPI 说明书，GET/flight 终端地址应返回所有可用航班的数据信息列表。航班数据应包括航班编号和两份机场元数据。机场模型包含机场服务的城市和国际航空运输协会(International Air Transport Association, IATA)机场代码。当找不到符合要求的航班(这意味着数据库中没有对应航班)时，我们应返回 HTTP 代码 404(因为未找到)。如果发生错误，无论发生什么错误，都应返回 HTTP 代码 500(内部服务器错误)作为响应。

```
GET /flight
获取所有可用航班
返回所有可用航班

REQUEST
  无请求参数

RESPONSE

STATUS CODE - 200:

  RESPONSE MODEL - application/json
  NAME           TYPE        DESCRIPTION
  ARRAY OF OBJECT WITH BELOW STRUCTURE
  flightNumber   integer
  origin         object
     city        string
     code        string
  destination    object
     city        string
     code        string

STATUS CODE - 404: No flights found

STATUS CODE - 500: Internal error
```

图 3 - 4　OpenAPI 中 GET/flight 终端地址说明书的截图

### 3.2.3　GET/flight/ 终端地址——获取特定航班信息

接入 FlyTomorrow 所需的第二个终端地址是 GET/flight/{flightNumber}。图 3 - 5 展示了 OpenAPI 说明书中该终端地址的预期输入和输出。

该终端地址在给定航班编号的情况下,会返回有关该航班的详细信息。

该终端地址有一个路径参数{flightNumber},它指定了服务器需要将相应航班的详细信息传递给调用者。

. GET/flight/{flight Number}的具体含义如图 3 - 6 所示。

GET:HTTP 操作,是指一个 GET 的 HTTP 操作,允许我们以 HTTP 状态代码(期望返回 200 OK 或 201 Created)与包含服务器返回的信息主体结合的形式进行信息检索。

flight:是指资源(Resource)。资源参数告诉我们正在进行操作的数据类别,在本案例中,我们的资源参数是航班(flight)。

{flightNumber}:路径参数。路径参数允许向服务器传入数据以供服务器使用。在本案例中,我们传入的是航班编号。提示一下,并非所有的 HTTP 路由(route)都具有路径参数。

如果在路径参数中提供了无效的航班编号,API 应当返回 HTTP 代码 400(bad

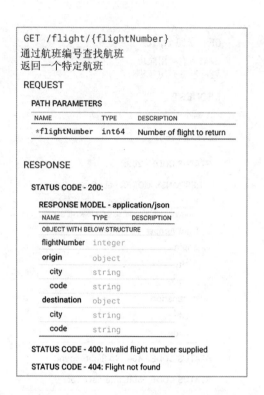

图 3 - 5　OpenAPI 中介绍的 GET/flight/{flightNumber}终端地址说明书截图

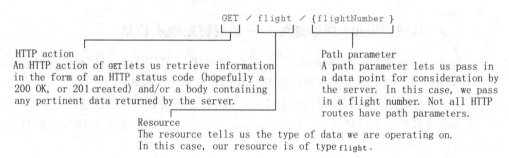

图 3 - 6　GET/flight/{flightNumber}含义

request,错误请求)。无效航班编号可能是一个负数或是仅包含字母的字符串。如果请求的航班编号未能映射到数据库航班中,则 API 需要返回 HTTP 代码 404(因为未找到)。

### 3.2.4　POST/booking/终端地址——预定航班

我们需要实现的最后一个终端地址就是具有/booking/{flightNumber}路径的 POST 终端地址,如图 3-7 所示。

该终端地址要求向服务器传入客户姓名(姓＋名)作为请求主体,以及我们希望预定的航班编号作为路径参数。如果预定成功,该终端地址需要返回 HTTP 状态代码 201 以及成功的预定信息状态。如果终端地址出现故障,服务器将返回 HTTP 状态代

**图 3 - 7 POST/booking/{flightNumber} 终端地址的 OpenAPI 说明书**

码 404 或 500。

该终端地址使用{flightNumber}作为 POST 的路径参数,同时需要在请求主体中包含姓和名两个字段(均为字符串)。终端地址将在请求成功时返回 HTTP 状态码 201(created),在预定失败(由于逻辑错误或数据库错误)时返回 HTTP 状态码 500。如图 3 - 8 所示。

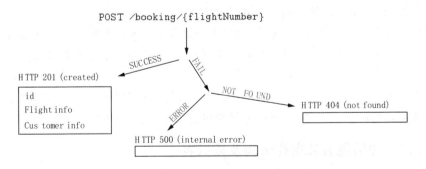

**图 3 - 8 POST/booking/{flightNumber} 终端地址请求的生命周期**

当生命周期请求成功时,终端地址会返回 HTTP 状态码 201 以及预定 ID、航班信息和客户信息。如服务未能找到合适的航班信息,终端地址会返回 HTTP 状态码 404,当出现内部错误时,终端地址会返回 HTTP 状态码 500。

**注意**:OpenAPI 文件的全文(YAML 格式)可以在附录 D 中查看。

FlyTomorrow 搜索和预定航班的整体工作流程如图 3-9 所示：

（1）FlyTomorrow 通过 GET/flight 终端地址查询，并向顾客展示所有航班信息。

（2）当顾客选择了一个航班想要获取详细信息时，FlyTomorrow 即使用 GET/flight/{flightNumber} 终端地址传入航班编号进行查询。

（3）当顾客准备预定航班时，FlyTomorrow 通过 POST/booking/{flightNumber} 终端地址发送 POST 请求预定航班。

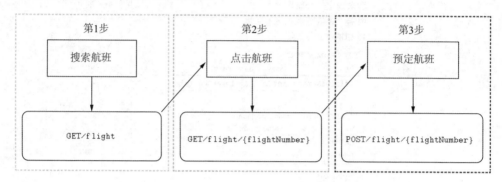

**图 3-9　搜索→单击→预定的工作流程以及 API 的调用**

图 3-9 所示是我们客户端所使用的工作流程，也是我们为代码库构建的工作流程。

# 3.3　保存部分现有代码

在本章的余下部分，我们将检查现有的代码，包括模型、视图以及配置代码，并将讨论代码可以进行哪些改进、如何提高安全性以及清理现有代码。我们还将初步了解数据库架构，并将其与现有代码的模型进行对比。

**提示**：本章的其余部分（以及第 4 章）将介绍部分现有的代码。这意味着大家有可能会看到混乱的、错误的代码以及与要求不符的地方，我们将在之后的章节中处理这些问题。

本章内容是我们构建和改进服务的基础。在阅读本章和第 4 章后，您将会对我们试图修改的代码库非常了解，希望能够尽快进行第 3 部分对代码进行重构的学习。

### 3.3.1　评估现有数据库架构及数据表

至此，我们已经通过 OpenAPI 说明书知道了我们需要实现的功能，现在是时候检查一下现有的代码库和数据库了。现有的代码库中存在很多我们可以改进的问题。George 和 Aljen 允许我们修改除数据库以外的任何内容。因为数据库是目前唯一可靠的模块，所以我们首先来看一下现有的数据库架构。该数据库部署在 Microsoft Azure，是一个常规的普通 SQL 数据库，仅包含以下几个数据表：

（1）机场（Airport）。

（2）预定（Booking）。

（3）顾客（Customer）。

（4）航班（Flight）。

在本小节中，我们会检查现有的数据库架构，如图 3 - 10 所示，并仔细剖析该架构提供的键约束（key constraints）。

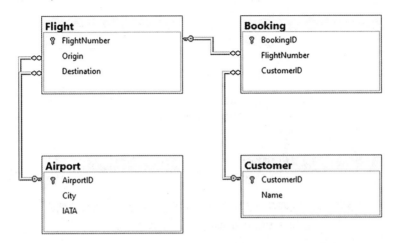

图 3 - 10　托管在 Microsoft Azure 上的飞翔荷兰人航空公司的数据库架构以及外键约束（foreign key constraints）

图 3 - 10 展示了我们在本书中所使用的数据表。George 告诉我们，公司现有代码库中并没有使用对象关系映射，但是即使没有 ORM，您也会希望看到一些对象是根据这些数据表建立的。

**注意：** 如果您不熟悉数据库，或我们通常所说的 SQL，您可能需要阅读一些基础知识。学习数据库有两个很好的资源，分别是康奈尔大学的 *Relational Databases Virtual Workshop*（https：//cvw. cac. cornell. edu/databases/ ）和 Mana Takahashi，Shoko Azuma，Trend - Pro Co. ，Ltd 编写的 *The Manga Guide to Databases*（No Starch Press，2009 年）。

### 3.3.2　现有代码库的网络服务配置文件

通过查看解决方案的结构，我们可以了解到项目是如何布局的。在本小节中，我们将查看与服务配置的有关源文件，如图 3 - 11 所示：

图 3 - 10 就是我们将在本章其余部分进行研究的项目结构。该解决方案仅包含一个项目，项目内包含配置（configuration）、控制器（controller）、对象（object）和视图（view）文件。

C# 是使用分层关系组织代码库解决方案和项目的。解决方案中可以包含很多项目，而一个项目通常只是解决方案的一部分。这个可以形象地理解为父（解决方案）-子（项目）关系，但是，请注意，一个项目中不能再包含子项目。如图 3 - 11 所示帮助我们

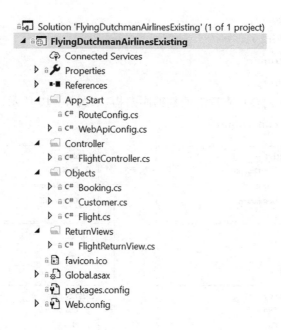

图 3-11　飞翔荷兰人航空公司现有的.sln 项目的文件夹结构

(截图自 Visual Studio 2019 的解决方案浏览器)

清楚地了解到代码库的布局,在此图中我们看到一些具有特定名称的文件夹,比如
App_Start、Controller 和 Objects。尽管名称和专业术语有微小的区别,但是很明显现
有代码库采用了模型-视图-控制器模式。

### 1. 模型-视图-控制器设计模式

模型-视图-控制器(Model-View-Controller,MVC)模式是软件开发中最常用的
设计模式之一,它可以将用户与业务逻辑和存储数据有效分离。由于 MVC 对桌面开
发和 Web 开发都非常有用,因此该模式在近十年中越来越受欢迎。

在 MVC 模式中,模型层会完成大部分的工作。我们会将所有数据存储在模型中,
并在模型中执行最必要的业务逻辑。在业务流程中,我们通常需要某种途径与用户进
行某些交互,这时就需要使用视图和控制器。控制器作为一个通道,将用户请求路由转
发至模型层。视图层由一些对象组成,这些对象代表了模型层中特定数据的"视图",而
控制器将会把这些视图返回给用户。

在本书中,您将逐渐深入了解如何使用类似于 MVC 的模式和模型。阅读本书之
后,您将非常熟悉模型、视图和控制器。

关于 MVC 模式(和其他设计模式)的非常优秀的资源就是 Eric Freeman、
Elisabeth Robson、Bert Bates 和 Kathy Sierra 编写的 *Head First：Design Patterns*
(O'Reilly,2004 年)。

从前面的内容中,我们了解到,解决方案的名称是 FlyingDutchmanAirlinesExisting,
其中包含了一个同名的项目,我们可以看到第一个源代码文件:AssemblyInfo.cs。

这个文件位于项目的根目录,但是 Visual Studio 将其可视化成了一个单独的属性类别。

我们通常并不会使用 AssemblyInfo.cs,这个文件中包含了相关汇编的元数据,比如汇编标题和版本。

与 AssemblyInfo.cs 相比,下面这个文件就重要得多。由于我们正在处理网络服务,因此我们需要为终端地址进行某种路由,这项服务由 App_Start 文件夹中的 RouteConfig 类提供。

### 2. 打开 RouteConfig 文件

如下面的代码示例 3-1 所示,打开 RouteConfig 文件,我们可以看到这个类只包含了一个方法:RegisterRoutes。

代码示例 3-1:RouteConfig.cs。

```
public class RouteConfig {
    public static void RegisterRoutes(RouteCollection routes){
        routes.MapRoute(
        "Default",
        "{controller}/{action}/{id}"
        );
    }
}
```

代码示例 3-1 展示了去除一些常规内容(比如命名空间声明和包含导入)后的 RouteConfig 类。

**注意**:本书中的大部分源代码示例并不包含导入所需包的代码,因为它们将占用书中的大量空间。

RegisterRoutes 方法允许我们指定一个映射 HTTP 请求与代码中终端地址的模式。RegisterRoutes 方法没有返回值(void),并且需要传入 Routecollection 类的一个实例作为参数(Routecollection 是 ASP.NET 框架中的一个类)。

**定义**:ASP.NET 是一个与 .NET Framework、.NET Core 和.NET5 紧密联系在一起的网络框架。ASP.NET 将诸如 WebAPI 支持和网址路由等网络开发功能添加到了 C# 中。由于它与.NET 生态的深度结合,有时大家根本意识不到自己正在调用来自 ASP.NET 的库。在本书中,我们将使用 ASP.NET,但是在使用时不会特意声明。如需了解有关 ASP.NET 的更多相关信息,请参阅 Andrew Lock 的杰作:*ASP.NET Core in Action*(*2nd edition*;Manning,2020 年)。

### 应该避免使用 static 吗?

在无需创建类实例的情况下访问您的方法或字段,这一点是非常有用的。无论什么时候、什么地方,只要您需要使用它们,便可以轻松地访问这些代码(假设您尝试访问的内容也是 public 的)。因此在您将所有函数都标记为 static 之前,建议您认真考虑一下。

当然,您可以在不创建实例的情况下访问静态方法或字段,其他人也可以访问。大部分情况下,我们都是在团体中为某个代码库贡献代码,因此,您无法预测其他人的需求和假设。例如,假设我们在某个视频游戏中找到了下面的代码:

```
public record Player {
    public static int Health;
}
```

如果我们有一个 record 类型的 Player 类和一个代表玩家生命值(health)的公共静态字段,当玩家受到攻击,游戏将会循环如下逻辑:

```
Player.Health--;
```

这个操作会使玩家的生命值减 1。对于单人冒险游戏而言,这样的代码没有任何问题。但是如果我们想要设计一种多人游戏,比如单机合作或者对抗游戏,该怎么办呢? 我们只需要建立另外一个 Player 实例! 但是,我们现在有了两个 Player 实例,却使用同一个静态的生命值(health)字段。也就是说,当某个玩家的生命值降低时,游戏实际上降低了所有玩家的生命值,这是不合理的。总的来说,我们希望可以避免由static 关键字导致的多个实例状态同步改变。

RouteConfig.RegisterRoutes 方法中执行的唯一操作就是调用 MapRoute 方法(作为 RouteCollection 实例的一部分被传入 RegisterRoutes 方法中)。MapRoute 需要两个参数:该路由模式的名称(由个人决定,这里是 Default),以及实际路由模式({controller}/{action}/{id})。这里我们向路由模式匹配中添加了 ID 字段,使它成为了 URL 路径的可变参数。最常见的示例就是使用资源 ID 通过 HTTP GET 请求获取指定资源,具体请参见代码示例 3-2。

代码示例 3-2:设置 HTTP 路由。

```
// MapRoute 方法将会在代码库中寻找匹配的路由
routes.MapRoute(
    "Default",  // 指定路由的名称为 Default
    "{controller}/{action}/{id}"  // 指定要在代码库中查找的路由 );
```

在第 4 章中,大家会看到 Flightcontroller,其中包含了更多类似的路由模式,会具体介绍如何查看它们的工作。

### 3. 查看 WebApiConfig 文件

接下来将介绍查看 WebApiConfig.cs 文件的内容。当我们打开这个文件时,我们会看到一件非常神奇的事情:WebApiconfig 类内部还有另一个类,如下面的代码 3-3 所示:

代码示例 3-3:WebApiConfig.cs 文件及其嵌套 Defaults 类。

```
public class WebApiConfig {
// Defaults 是一个嵌套类
```

44

```
public class Defaults {
    public readonly RouteParameter Id;

    public Defaults(RouteParameter id) {
        Id = id;
    }
}
```

```
// Register 方法是 WebApiConfig 类(而不是 Defaults 类)的一部分
public static void Register(HttpConfiguration config){
    config.MapHttpAttributeRoutes();
    // 调用 MapHttpAttributeRoutes 启用特性路由

    // 按照 API/Controller/ID 设计路由模式
    config.Routes.MapHttpRoute(
        "DefaultApi",
        "api/{controller}/{id}",
        new Defaults(RouteParameter.Optional)
    );

    // 允许返回 JSON 响应
    GlobalConfiguration.Configuration.Formatters.JsonFormatter.Add(
        new System.Http.Formatting.RequestHeaderMapping(
            "Accept",
            "'text/html",
            StringComparison.InvariantCultureIgnoreCase,
            true,
            "application/json"
        )
    );
}
```

　　在 C# 中,您可以使用嵌套类,并像常规类一样进行访问(具体取决于它们的访问修饰符)。创建专用类文件会使整个项目结构混乱,但使用嵌套类可以有效避免这些问题。有时某个类只被一个类调用,那么,使用"用完即扔"的嵌套类要比创建一个新的类文件要整洁很多,本书将在第 5.2.3 节中讨论如何改进这段代码。

　　**定义**:代码示例 3-3 中出现了一个我们之前没有见到过的关键字:readonly。在 C# 中,某个变量被设计为 readonly(只读),就意味着这个变量在分配值后不能再发生改变。

　　要从被嵌套的类外部访问公共嵌套类,可以使用 enclosing class(内部类)进行访问。比如,我们可以通过使用 WebApiConfig.Defaults 访问嵌套的 Defaults 类。使用嵌套类时,通常,除了受嵌套类本身的访问修饰符限制,还会受到外部类(被嵌套的类)的访问修饰符限制。如果外部类的访问修饰符是 internal,嵌套类的是 public,那么在访问嵌套类之前仍需满足外部类的访问条件。

**注意**:之前使用过 Java 的开发人员请特别注意:C# 中的嵌套类没有对外部类的隐式引用,而 C# 允许在一个文件中存在多个非嵌套类,Java 中是不允许这样做的。

Register 方法需要一个 HttpConfiguration 类型的参数,它使用 HttpConfiguration 实例完成以下两件事:

(1) 运行时,扫描和规划所有具有路由方法特性的终端地址。

(2) 运行时,允许带有可选 URL 参数的路由。

方法特性(method attribute,Java 中称之为方法注解)可以对任何方法进行标记,并且可以用于添加元数据。我们使用特性的一些例子有:

(1) 标记哪些字段应当序列化。

(2) 标记哪些方法已经过时。

(3) 标记该方法是否分配了特定的 HTTP 路由。

在现有的代码中,我们看到 FlightRouteConfig 类中的方法路由特性。一个方法特性包含两个封闭括号,就像三明治(比如[MyMethodAttribute])。

config. Routes. MapHttpRoute 与 RouteConfig(代码示例 3 - 1)中的 routes. MapRoute 方法类似。RouteConfig 中的代码为带有 URL 路径参数的终端地址配置路由,但是这时还需要配置路由,使得程序在没有 URL 路径参数时也能够返回数据。我们传入一个名称(DefaultApi)和一个模板(api/{controller}/{id}),但是这一次我们还向 RouteParameter. Optional 的 Id 集合中传入了一个新的 Defaults 对象。这使得我们不仅能够在有参数的情况下对终端地址进行路由,还能在没有参数的情况下正常路由(因为现在参数是一个可选项)。

最后,我们调用 lobalConfiguration. Configuration. Formatters. JsonFormatter. MediaTypeMappings,将接受的 MediaTypeMappings 设置为 application/json 。

### 4. 使用 ASP. NET 和配置文件:GLobal. asax, packages. config, Web. config

我们先跳过名称为 Controller,Objects 和 ReturnViews 的文件夹,直接查看解决方案底部的 3 个源文件:Global. asax、packages. config、Web. config,如代码示例 3 - 4 所示。

代码示例 3 - 4:Global. asax。

```
namespace FlyingDutchmanAirlinesExisting {
    public class WebApiApplication : System.Web.HttpApplication {
        protected void Application_Start() {
            GlobalConfiguration.Configure(WebApiConfig.Register);
            RouteConfig.RegisterRoutes(RouteTable.Routes);
        }
    }
```

```
    }
```

.asax 这个文件扩展名是什么意思呢？我们之前可能从来没有见过这种扩展。一个 .asax 文件指的是一个全局应用程序类。这些类在 ASP. NET 应用程序中被用于响应低级系统时间（比如服务的启动或结束），并执行代码。全局应用程序类中的逻辑是我们在代码执行期间能够操作的第一部分。如代码示例 3 - 4 所示，我们可以在应用程序的开头通过创建 Application_Start 方法执行代码，要在应用程序结束时执行代码，把代码放到 Application_End 方法中。

Application_ Start 方法的访问修饰符是 protected，并且没有返回值。调用 GlobalConfiguration. Configure 可以为 WebApiConfig 注册的路由创建回调（callback）函数。

**定义**：回调（callback）是一种函数，应预定在当前功能完成后执行。可以将其视为一个队列系统，在当前方法处理完成后，回调函数就会被执行。调用者调用函数并为其传入一个回调函数，那么这个被调用的函数就会在执行结束之后调用这个回调函数。

在注册了回调函数后，RouteConfig 的 RegisterRoutes 方法被调用，并传入 RouteTable 中的路由。也就是说 RouteTable 中定义的路由区域（斜线间的内容，比如 "/flight/" 的 flight 就是一个区域）被注册且可用。这时，我们需要注册回调函数并在启动时调用 RouteConfig，否则我们无法执行它们（路由无法被注册，我们就无法触发终端地址进行处理）。

此外，还有两个配置文件：packages. config 和 Web. config。packages. config 是一个与 NuGet 包管理器相关的文件，NuGet 包管理器是 . NET 的默认包管理器，并且与 Visual Studio 深度集成。packages. config 制定了哪些包（以及哪些版本）在解决方案和项目中会被安装和引用，此外其还指定了 ASP. NET 框架的版本。比如，这里有一个调用了 ASP. NET 的应用程序，但是其使用的框架版本与 . NET 版本不同，就会在 packages. config 文件中产生以下引用：

```
<package id = "Microsoft. AspNet. WebApi" version = "5.2.7"
➡ targetFramework = "net45"/>
```

文件 Web. Config 则为我们配置应用程序应如何运行，应使用 . NET 框架的哪个版本（请记住，我们此时使用的这个代码库运行在 . NET 框架上），以及提供一些编译设置。例如，我们使用（默认）调试模式进行编译，将产生如下的代码：

```
<compilation debug = "true" targetFramework = "4.5"/>
```

至此，我们就看完了目前所有的配置文件。现在暂时先跳过 FlightController 类，查看为我们提供模型和视图的文件：Booking. cs、Customer. cs、Flight. cs 和 FlightReturnView. cs。

### 3.3.3　查看现有代码库中的模型和视图

在 MVC 模式中，模型应反映数据库表的结构，而视图则应由客户端驱动。视图承

担了由客户端指定的数据的表达。下面,我们来查看现有代码库中包含的模型和视图,该项目具有以下三种模型:

(1) Booking。

(2) Customerv。

(3) Flight。

另外,此代码库中还包含了一个 FlightReturnView 视图。在理想情况下,模型应当与数据库中的内容表达非常相似,但是此时的代码还做不到这一点。

### 5. 打开 Booking 模型并查看内部细节

模型是网络服务的重要基石,我们可以通过旋转和调整视图角度,查看模型提供的数据。接下来,我们查看的第一个模型就是 Booking 模型。该模型背后的作用就是提供一个对象来保存有关航班预定的数据,如下面的代码所示:

```
namespace FlyingDutchmanAirlinesExisting.Objects {
public class Booking {
    public string OriginAirportIATA;
    public string DestinationAirportIATA;
    public string Name;
    }
}
```

我们可以看到 Booking 模型相当简单,其中包含了 3 个字段(AirportIATA、DestinationAirportIATA 和 Name),所有的访问修饰符都是 public。我们可以为其添加后台字段(backing field)getter 和 setter。

### 6. 为何需要 getter 和 setter(自动属性和仅初始化设置器)

封装(Encapsulation):以前您可能多次听过这个操作,但是真正要执行却是很难的。封装的主要目的是控制对代码的访问,大家可以通过封装调整其他人访问自己代码的权限,可以通过访问修饰符为访问者提供访问指南。也有人反对,认为 getter 和 setter 会导致代码的膨胀,因为开发者需要花费时间为每个属性编写 getter 和 setter。支持者则指出,控制属性的访问不会导致代码膨胀,且从长远看,它将提高编写代码的速度。

设想一下,假如某个代码库有类似的情况。例如,虽然确实可以在 50 个地方通过直接访问获取 Booking. Name 字符串,但是要将原来属性的名字修改为 Booking. NewName,您将不得不在 50 个不同的地方进行同样的修改,这个过程会非常痛苦。某些 IDE 确实可以自动执行此过程,但是会严重依赖于 IDE 来修复代码,而我更喜欢让代码保持整洁,这样我们就不必使用工具帮助我们自动修复。

如果您编写了一个(很多人称之为 Java 风格的)getter(Booking. GetName)和一个 setter(Booking. SetName(string name)),并且使用它们访问和修改属性,只需要在一个地方——最初的类中进行修改即可。

另外,getter 和 setter 还有另外一个作用:即它们可以控制访问属性的权限,决定谁可以对它进行什么操作,使用案例就是使您的属性对外边的类只读(readonly)。如果您向这个字段应用 readonly 修饰符,那么它将对所有类和方法生效。您可以通过调整 getter 和 setter 做到相同的事情,即如果将 setter 设置为私有(private),而把 getter 设置为公共(public),那么被封装的类之外的代码可以访问但是不能编辑该属性。

您还可以在 getter 和 setter 中添加逻辑。比如,如果需要在为属性设置新值之前验证传入参数的有效性,那么向 setter 中添加逻辑就可以了。

在 C# 中,您可以使用 getter 和 setter 做的事情包括:

(1) 传统的双方法技术,即创建两种新方法(专用的 getter 和 setter 方法)并使用。

(2) 自动属性。

(3) 仅初始化设置器(init-only setter)*

使用自动属性,可以将 getter 和 setter 串联起来,并且让编译器在后台执行创建方法的任务,您可以在自己的程序中充分使用这个功能。

我们分别将这两种方法应用于一个 name 字段,并进行对比,传统的双方法选项,如下面所示:

```
private string _name;
public string GetName() {
    return _name;
}


protected void SetName(string value) {
    _name = value;
}
```

包含数据的字段是私有的(在 C# 中,私有字段通常以下划线作为前缀),命名为 *name*。这个字段有时候被称为"后台字段",因为这个字段隐藏在 *getter* 和 *setter* 背后。我们创建了两个方法用于设置和获取 name:GetName 和 SetName。在这个应用例子中,每个人都可以获取 name,但是只有这个类和继承这个类的子类可以设置 name 字段(protected 修饰符的作用)。为了更好地控制访问(并提高可读性),我们可以使用以下自动属性:

```
public string Name { get; protected set; }
```

自动属性仅需要一行代码,但是它与双方法技术达到了相同的效果。如果没有提供访问修饰符,那么 getter 和 setter 会默认设置为属性的访问修饰符,如同本例中 getter 的访问权限是 public。

大家也可以通过大括号为 getter 和 setter 方法编写主体。

---

* init-only setter 是 C# 9 的一部分。仅 .NET5(及之后版本)支持 C# 9。而 .NET 框架或者 .NET Core 并不支持 init-only setter 和 C# 9。

使用 C# 9 时，我们可以引入一种全新的 setter 使用方式：init-only setter。这个技术允许通过 init 关键字创建不可改变的属性（通常被包装在对象中）。我们可以尝试创建一个自动属性，但是使用 init 而不是 getter。这里假设我们一直使用的 Name 属性是 Person 类的一部分，并且使用了一个 init-only setter，如下所示：

```
class Person {
    public string Name { get; init; }
}
```

我们可以很容易地创建一个 Person 的实例，但是由于我们为 Name 字段使用了 init-only setter，因此无法通过以下代码在实例化后修改 Name 字段的值：

```
Person p = new Person();
p.Name = "Sally";
```

这有些为难，除非我们位于对象初始化器、构造器或初始访问器中，否则如果我们试图为 Name 赋值，就会被提示编译器错误，告诉我们无法向 init-only 属性赋值。

我们将在第 6.2.5 节中更加深入地探讨有关对象初始化器的相关内容。这里先提供一个小知识，即我们可以使用对象初始化器通过以下方法为 Person 赋初始值：

```
Person p = new Person() {
    Name = "Sally"
};
```

这段代码在对象初始化时将 Name 字段赋值为"Sally"，而不是尝试在对象创建之后进行赋值。这种限制促使以特定方式使用 init-only setter 为变量赋值，并且阻止在实例创建后覆盖这些值。

### 7. 对比 Booking 模型与数据表

如果我们将 Booking 模型与数据库中的 Booking 表进行对比，就会看到一些差异，包括一些令安全工程师头疼的问题，如 Booking 模型中没有一个字段能够匹配数据库 Booking 表，其中似乎还有一些错误的添加，如图 3-12 所示：

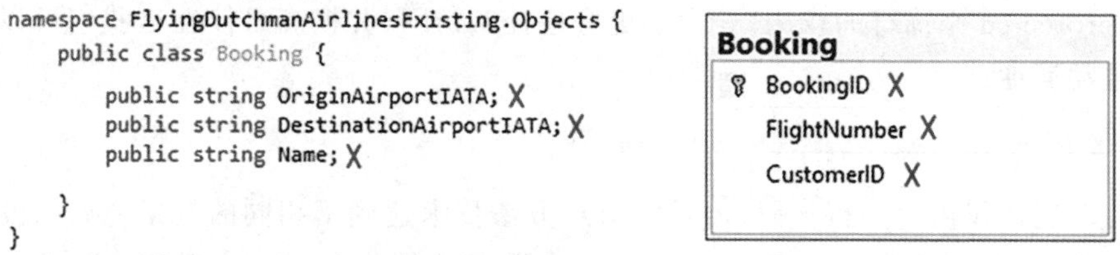

图 3-12 Booking 类与数据库表之间的同构关系

图 3-12 中每个字段都对应不上，这并不是一件好事（X 表示这个字段不符合同构关系）。

关于 Booking 类，还有一件我们开心的事，它的类名对应上了，但是仅此而已。正如我们从图 3 - 12 中看到的，模型没有包含 FlightNumber，BookingID，或者 CustomerID。在图 3 - 10 中，我们发现这些字段涉及键约束（BookingID 是主键，FlightNumber 和 CustomerID 是外键），而类中包含了始发机场的 IATA 代码、目的地机场的 IATA 代码以及客户姓名的字段。

### 8. Customer 模型及其内部细节

接着我们再看看下面的 Customer 模型：

```
namespace FlyingDutchmanAirlinesExisting.Objects {
    public class Customer {
        public int CustomerId;
        public string Name;
        public Customer(int customerID, string name) {
            CustomerID = customerID;
            Name = name;
        }
    }
}
```

可以看出，Customer 类的情况没有那么恶劣，Customer 类与数据库表之间有良好的同构关系，如图 3 - 13 所示：

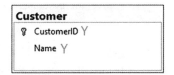

**图 3 - 13　Customer 类与数据库表之间的同构关系**

图 3 - 13 中 CustomerID 和 Name 两个字段都映射正确。因此，我们可以判断，为了使模型和数据库表对应，我们不需要对 Customer 类进行任何更改。

### 9. 打开 Flight 类并查看内部细节

接下来，我们来看 Flight 类，从下面代码示例中看到，Flight 类中包含 3 个字段，都是整数类型，并且几乎完全映射到 Flight 数据库表中：

```
namespace FlyingDutchmanAirlinesExisting.Objects {
    public class Flight {
        public int FlightNumber;
        public int OriginID;
        public int DestinationID;

        public Flight(int flightNumber, int originID, int destinationID) {
            FlightNumber = flightNumber;
            OriginID = originID;
```

```
            DestinationID = destinationID;
        }
    }
}
```

将 Flight 类的字段与数据库表的字段进行对比,我们可以发现,从本质上看此模型是正确的。但是,我们的目的是能够编写干净整洁的代码,即我们希望代码中的字段名称和数据库保持一致性。值得一提的是,如想要在代码库中拥有数据库模型(无论是通过 ORM 还是通过手动)依赖于两者之间同构关系*的表达。切记,即使字段的名称可能与数据库表列的名称相同,它仍然是一个抽象表达。虽然它们并不相同,但对于我们来说,它们越接近越好。

将同构关系应用于数据库和代码库交流,这为我们使用 ORM 提供了强有力的理由。

如图 3-14 中的"?!"图标所示,表示这些字段名称不完全匹配:

(1) OriginID 与 Origin。

(2) DestinationID 与 Destination。

```
namespace FlyingDutchmanAirlinesExisting.Objects {
    public class Flight {
        public int FlightNumber; Υ
        public int OriginID; ?!
        public int DestinationID; ?!
```

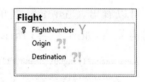

**图 3-14  Flight 类与数据库表之间的同构关系**

图 3-14OriginID/Origin 和 DestinationID/Destination 是近似匹配,FlightNumber 是完全匹配。

在类似的情况下,如我们以数据库为准,开始重构 API 时,Entity Framework Core 能确保不会发生这些差异。

Flight、Booking 和 Customer 构成了模型文件夹的内容。这时,我们再看数据库模式,好像缺少了一些东西。

正如我们从图 3-15 所示中看到的那样,我们没有看到任何可以与 Airport 数据库表对应的类。所以,代码能正常工作吗?

如果我们做了测试,那么我们可以确定进行判断。如果测试不全面或者位置不正确,那么我们可以再通过归纳法证明某种猜想或者证实某种方法的功能是否能够正常工作。这样,即使没有 Airport 类,我们仍然能够设法执行所有需要的功能并向顾客返回数据。实际上,这段代码的开发人员很有可能已经因为他们没有统一原始数据格式

---

* 有关同构关系以及如何将真实数据映射到解释性语句的更多相关信息,请参阅 Douglas R. Hofstadter 的普利策奖获奖作品 *Gödel，Escher，Bach：An Eternal Golden Braid*(Basic Books,1977 年)第二章("数学中的含义与形式"),以及 Richard J. Trudeau 的 *Introduction to Graph Theory* 第二版(Dover Publications,1994 年)。

而费力。

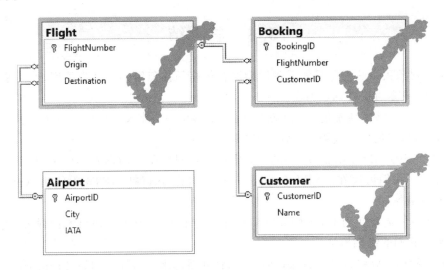

**图 3 - 15　数据库模式与代码库模型相对比**

图 3 - 15 中 Flight, Booking 和 Customer 这 3 个数据库表在代码库中被表达, 而 Airport 没有被表达。这意味着数据库和代码库两者之间存在不完整的同构关系。

## 10. FlightReturnView 视图及其内部细节

在彻底探讨了模型与数据库之间的匹配方式后, 我们转向 ReturnViews 文件夹的介绍。一个视图(View)允许可我们以任何方式表达被封装在一个模型(或者很多模型)中的数据, 如下面代码所示, 在 ReturnViews 文件夹中只有一个 FlightReturnView 视图:

```
namespace FlyingDutchmanAirlinesExisting.ReturnView {
    public class FlightReturnView {
        public int FlightNumber;
        public string Origin;
        public string Destination;
    }
}
```

FlightReturnView 是一个非常简单的类, 只有 3 个字段: FlightNumber(整数)、Origin(字符串)和 Destination(字符串)。视图是对象的一部分, 此设计用来反映部分细节或者来自多个模型的细节组合(非标准化视图)。这里, 开发人员希望将 FlightNumber、Origin 和 Destination 字段返回给用户, 而返回 Flight 类是不能满足此需求的, 因为它不包含 Origin 或者 Destination, 所以要使用视图来返回数据是 API 开发中常用的强大设计模式, 它与 JOIN SQL 操作具有类似的强大能力, 您可以以任何您想要的方式添加多个数据集。但是, 我们希望数据集尽可能少, 因为它会提高代码库的复杂程度。

# 3.4 总 结

（1）对象关系映射工具使得我们能够在更高的抽象级别处理数据库，而不是直接使用 SQL 命令直接查询数据库。

（2）C# 存储库通常包含一个解决方案，而该解决方案又可以包含多个项目。保持这种模式，可以使您的代码库更加容易导航。

（3）ASP. NET Framework 是一个旨在开发网络服务的框架，是. NET 生态系统的一部分。我们可以在 . NET Framework、. NET Core 和. NET5 中使用 ASP. NET 创建网络服务。

（4）我们需要使用 RouteConfig 定义和注册 HTTP 路由。如果不这样做，我们就无法到达我们的终端地址。

（5）我们可以将特性与方法，字段和属性联系起来。特性示例如[FromBody]。

（6）回调函数是在当前功能完成之后执行的函数。我们可以使用回调函数使得某些方法在预期时刻依次执行。

（7）NuGet 包管理器是 C# 的首选包管理器。我们可以使用它来安装第三方包或者不在常规 SDK 中的. NET 包，比如 ASP. NET。

# 第 4 章　非托管资源管理

本章包含以下内容：

（1）在编译时和运行时发现对象的基础类型。

（2）使用 IDisposable 和 using 声明编写代码，以处置非托管资源。

（3）使用方法和构造函数重载。

（4）使用特性（attribute）。

（5）在终端地址中接受 JSON 或 XML 输入并将其解析为自定义对象。

在第 3 章中，飞翔荷兰人航空公司的 CEO，Aljen van der Meulen 为我们分配了一个项目，即改造飞翔荷兰人航空公司的后端服务，使得公司能够与第三方系统（一个名为 FlyTomorrow 的航班聚合器）集成。假如我们拿到了一份 OpenAPI 规范，并且查看了数据库模式、配置、模型和视图类。图 4-1 展示了我们目前在本书结构中的位置。

提示：本章将介绍用 . NET Framework 编写的现有代码库。这意味着我们将会看到随意的、不正确的代码，以及与给定要求不符的方面。我们将在之后的章节中介绍如何修复它们，并将其迁移至. NET5。

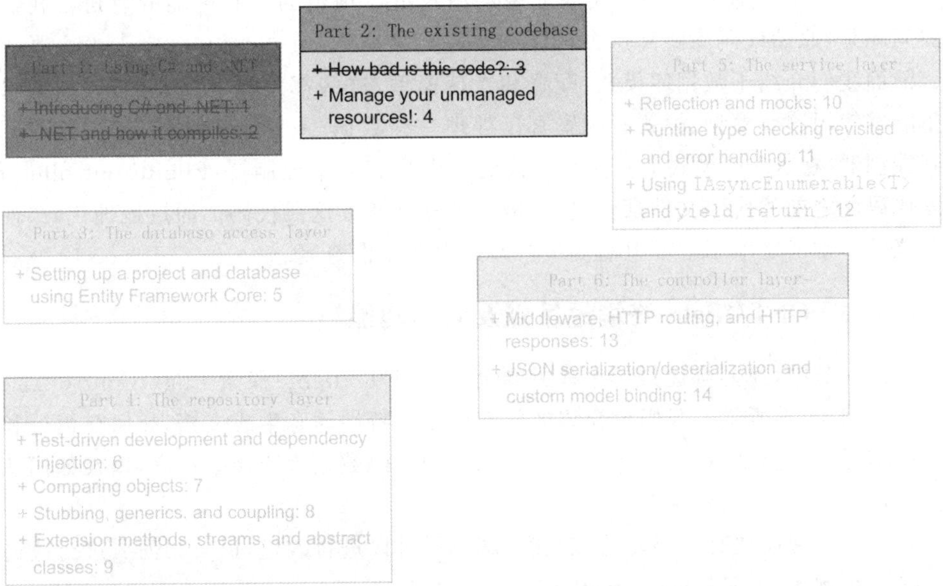

图 4-1　进度图

在本部分内容中，我们将查看现有代码库的控制器类，并讨论我们可以对此代码库进行的潜在改进。

随着对现有代码库的理解意识的逐渐增强,我们已经快要完全掌握它了。在这一章中,我们会查看后面的部分(代码库中唯一的控制器)内容,并深入介绍各个终端地址,这些终端地址为:

(1) GET/flight——此终端地址允许用户获取数据库中所有航班的信息。

(2) GET/flight/{flightNumber}——此终端地址允许用户给定航班编号,检索有关特定航班的信息。

(3) POST/flight/{flightNumber}——此终端地址允许用户给定航班编号并预定航班。

(4) DELETE/Flight/{flightNumber}——此终端地址允许用户给定航班编号,以便从数据库中删除该航班。

本章中,我们还会讨论连接字符串、枚举类型、垃圾回收、方法重载、静态构造器、方法特性等更多内容。在阅读本章后,您会清楚地了解我们可以在哪些地方进行什么样的改进,以及为什么要进行改进。

## 4.1　FlightController——GET/flight

现在,我们看修复和打磨的最主要部分,正如我们在第 3 章中了解到的那样,FlyTomorrow 计划使用这个终端地址展示用户可以预定的所有可能的航班。我们面对的问题是:原始代码库距离这个目标有多远?

前面我们介绍了数据库模式、配置和支持模型,这些都是非常重要的,我们的目的希望能够使用这些模型、模式和配置真正处理一些数据(或预定一些航班)。这时就会用到控制器(在 MVC 模式下),而这个代码库中只有一个控制器:FlightController. cs。这段代码比之前的代码文件都要更大,因此请仔细阅读这段代码。通过梳理代码,使得我们能够非常清楚地了解哪里需要进行改进以及错误修复。

### 4.1.1　GET/flight 终端地址以及它的功能

在这一节中,我们会通过第一个终端地址(GET/flight)探索 FlightController 类,如代码示例 4 - 1 所示。我们会介绍如何使用方法特性动态生成文档,如何在运行和编译时确定对象的类型,还有为什么可能不想要硬编码数据库连接字符串,以及如何从控制器中返回一个 HTTP 状态。

希望您在阅读现有代码之后,能够了解哪里可以进行改进,以及为何要进行改进。

代码示例 4 - 1:FlightController. cs GET/flight。

```
// ↓试图解释代码的注释。我们应该移除类似的注释
// GET: api/Flight
// ↓动态生成文档
```

```
[ResponseType(typeof(IEnumerable<FlightReturnView>)))]
public HttpResponseMessage Get() {
    var flightReturnViews = new List<FlightReturnViews>();
    var flights = new List<Flight>();
    // ↓硬编码的连接字符串,存在安全问题
    var connectionString =
    ➥ "Server = tcp:codelikeacsharppro.database.windows.net,1433;Initial
    ➥ Catalog = FlyingDutchmanAirlines;Persist Security Info = False;User
    ➥ ID = dev;Password = FlyingDutchmanAirlines1972!;
    ➥ MultipleActiveResultSets = False;Encrypt = True;
    ➥ TrustServerCertificate = False;Connection Timeout = 30;";
    // ↓using 声明,用于处理一次性对象
    using (var connection = new SqlConnection(connectionString)) {
        // ↓打开数据库连接
        connection.Open();
        // Get Flights
        // ↓设置 GET 的 SQL 查询语句
        var cmd = new SqlCommand("SELECT * FROM flight", connection);
        using (var reader = cmd.ExecuteReader()) {
            // ↓读取数据库返回的内容
            while (reader.Read()) {
                flights.Add(new Flight(reader.GetInt32(0),
                ➥ reader.GetInt32(1), reader.GetInt32(2)));
            }
        }
        // ↓另一种清除对象的方法
        cmd.Dispose();
        foreach (var flight in flights) {
            // ↓对于每个航班,获取其目的地机场的详细信息
            // Get Destination Airport details
            cmd = new SqlCommand("SELECT City FROM Airport WHERE AirportID =
            ➥ " + flight.DestinationID, connection);

            var returnView = new FlightReturnView();
            returnView.FlightNumber = flight.FlightNumber;

            using (var reader = cmd.ExecuteReader()) {
                while (reader.Read()) {
                    returnView.Destination = reader.GetString(0);
                    break;
                }
            }
        }
```

```
        cmd.Dispose();
        // ↓对于每个航班,获取其始发地机场的详细信息
        // Get Origin Airport details
        cmd = new SqlCommand("SELECT City FROM Airport WHERE AirportID =
        ➡ " + flight.OriginID, connection);

        using (var reader = cmd.ExecuteReader()) {
            while (reader.Read()) {
                returnView.Origin = reader.GetString(0);
                break;
            }
        }

        cmd.Dispose();
        // ↓将结果视图添加到一个内部集合中
        flightReturnViews.add(returnView);
    }
    // ↓返回 HTTP 状态码 200 以及航班信息
    return Request.CreateResponse(HttpStatusCode.OK,
                            ➡ flightReturnViews);
    }
}
```

## 4.1.2　方法签名——响应类型的含义和 typeof

接下来我们学习更加深入的内容。代码示例 4-1 中包含了相当多的内容,其中一些我们可能觉得有些新鲜,因为控制器中所有的终端地址都使用相同的模式获取和返回数据,因此在我们完全了解这些知识后,再看其他终端地址的代码将会非常轻松。

在本节中,我们会查看/flight 终端地址中 Get 方法的方法签名。首先要检查 ResponseType 特性,然后讨论 typeof 关键字及其相关情况。最后,我们要看 ResponseType 特性是如何使用 IEnumerable 接口和 typeof 运算符的,以及方法签名看起来长什么样子的,请看如下代码片段:

```
[ResponseType(typeof(IEnumerable<FlightReturnView>))]
public HttpResponseMessage Get()
```

由于 ResponseType 特性用于动态生成文档,因此,在我们处理 OpenAPI(或者 Swagger)标准时不常用。如果您不使用某些自动 OpenAPI 生成器,那么此特性会非常有用。ResponseType 特性对我们具体从方法中返回的类型没有影响,但是我们确实需要指定该类型。随后,特性将把我们返回的数据包装到 HTTPResponseMessage 类型中,并从方法中返回。如果要确定某个实例究竟是什么类型,我们可以使用 typeof

运算符传入一个参数,并进行测试。typeof 运算符会返回 System. Type 的一个实例中包含了您传入到 typeof 运算符中的类型的相关数据,这是由编译器在编译时完成的。

readonly 和 const 在编译时确定的表达式和声明值可以在编译时分配给 readonly 和 const 属性。因为其定义的常数在编译之后就无法更改,而 readonly 只可以(在声明或构造时)写入一次,所以需要动态确定的值不能分配给 const 属性。使用 readonly 和 const 会阻止运行时的重新赋值,这会禁止其他人对代码的不必要进行修改。这样强制规定数值在运行时无法修改,最大限度减少了其他人员修改而产生的副作用数量。

如果我们想要在运行时获取实例的类型(通过反射[*],将在第 6.2.6 节中讨论),我们可以使用对象类型所暴露的 GetType 方法(由于 object 类型是所有类型的基类,如图 4 – 2 所示,可以在所有类型中使用这个方法)。因为 ResponseType 需要一个 System. Type 的实例,如果我们在上面代码中忽略了 typeof 运算符,那么特性就会导致编译器错误。

**注意**:您可能经常遇到直接或间接使用 IEnumerable 接口的数据结构。IEnumerable 接口允许您以各种方式(尤其是 foreach)对集合进行循环。如果您想要创建包含枚举器的自己的数据结构,只需要实现 IEnumerable 接口即可。

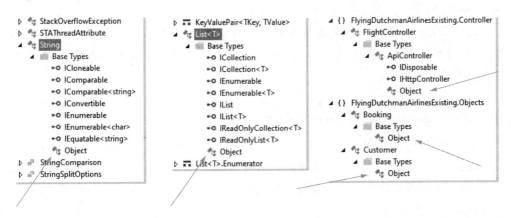

**图 4 – 2    所有类型的公共基类都是 Object**

图 4 – 2 中这些截图来自 Visual Studio 的对象浏览器,可以使用它检查任何对象的基类。

Get 方法将返回 HttpResponseMessage 类型的一个实例中包含了用于返回 HTTP 响应的数据,包括 HTTP 状态码和 JSON 主体。

---

[*] 即使 Object. GetType 方法不是反射命名空间的一部分,我们仍要将其视为"反射"工作流程的一环。反射总是从使用 Object. GetType 开始的,它的作用是在运行时从实例中获取数据。这是非常类似于"反射"的操作。要了解更多相关信息,请参阅第 6.2.6 节或者 Jeffrey Richter 的 *CLR via C#* 第 4 版(Microsoft Press, 2012 年)。

### 4.1.3 使用集合收集航班信息

下面我们准备深入了解 FlightController 的 Get 方法。在这一节中,我们会首先向用户返回数据库中的所有航班的信息,讨论用于实现此目标的方法实例集合,被硬编码到源代码中的连接字符串,以及不建议如此做及其原因。

通过下面这行代码,我们看到一些可以进行修改的内容:

```
var flightReturnViews = new List<FlightReturnView>();
```

这行代码声明了一个名为 flightReturnViews 的变量,并赋值为一个 List 类型空实例,用于存放 FlightReturnView。

**注意**:我本人更喜欢使用显式类型,而不是 var 关键字。对我来说,显式类型可以使代码更加易读,因为可以轻松地知道自己正在处理的类型。在这本书中,我会使用显式类型,但是您完全可以根据自己喜好使用 var 关键字。无论使用显式类型、隐式类型还是两者混合,代码通常都可以正常运行。对于要不要使用 var 关键字,大家的意见有很大分歧,所以您可以自行选择在什么情况下使用显式类型,又在什么时候使用隐式类型。

#### var 关键字

使用 var 关键字是一种快速而简单地声明变量的方法。编译器可以帮您判断类型,使得您可以专注于后续编程,但是 var 关键字确实可能会导致不必要的歧义,比如,比较下面两个语句:

```
var result = ProcessGrades();
List<Grades> result = ProcessGrades();
```

如果您使用 var 关键字,可能需要查看 ProcessGrades 方法,以确定其返回的具体类型,这会使您不得不去了解所调用代码的实现细节。如果在变量声明时明确写下返回类型,就可以在操作时始终了解自己所操作的类型,知道类型允许我们在实现特定代码时做出不同决定。

var 关键字可以帮助您更快且更直观(取决于您的技术背景)地编写代码。有时,可能不需要知道底层类型——因为您只想继续编写代码。

我们看下面类似情况:

```
var flights = new List<Flight>();
var connectionString =
➥ "Server = tcp:codelikeacsharppro.database.windows.net,1433;Initial
➥ Catalog = FlyingDutchmanAirlines;Persist Security Info = False;User
➥ ID = dev;Password = FlyingDutchmanAirlines1972!;
➥ MultipleActiveResultSets = False;Encrypt = True;
➥ TrustServerCertificate = False;Connection Timeout = 30;";
```

这里,我们花 1 分钟看一下 flights 和 connectionString 这两个变量,并思考我们可以如何改进代码。

### 4.1.4　使用连接字符串的弊端

当大家看到硬编码连接字符串时,你会想什么,大家是否发现了其中的问题?问题不在于连接字符串的实际内容。连接字符串的详细信息是正确的,我们也确实希望有这样一个列表存放 Flight 类型数据,问题在于我们的控制器使用了硬编码连接字符串。

通常,硬编码连接字符串存在安全性和操作性问题。例如,将代码提交到源代码控制系统后,意外地设置了公共访问权限,这种情况发生的概率并不高,但是我们可能会遇到。当您的数据库发生这种事情的时候,就会很麻烦。再设想一种情况,当您已经硬编码好了连接字符串(不是从中央存储拉取的),此时其他开发人员不小心打了多次空格,删除了连接字符串的一部分,且这位开发人员没有运行任何测试,那么您的代码就会被审查并合并,于是,麻烦就来了。这里是想告诉大家,不要硬编码连接字符串,我们将在第 5.3.3 节中查看如何将连接字符串配置到本地环境变量。

**注意**:本章所给出的连接字符串实际上是用于我们数据库的正确连接字符串。该数据库部署在 Microsoft Azure 上,并且可以公开访问。如果您无法连接(或者不想连接)这个数据库,我们在本书的源代码文件中为大家提供了数据库的本地 SQL 版本。本地安装和部署数据库的说明可以在附录 C 中找到。

要替代硬编码连接字符串,我们可以用以下方法实现:

(1)将连接字符串存储在某种配置文件中。

(2)通过环境变量访问它们。

(3)之后需要解决此问题时,我们会探讨这两种方法的利弊权衡。

### 4.1.5　使用 IDisposable 释放托管资源

这一小节中我们要学习代码包装的一些逻辑声明。本节涉及 using 语句和 IDisposable 接口。接下来我们会学习它们是如何与垃圾回收绑定,以及如何使用它们。

```
using (var connection = new SqlConnection(connectionString)) {
    ...
}
```

当我们以这种方式使用 using 语句时,我们要将变量限制在 using 代码块中,并且自动在 using 代码块结束时废弃变量。因此,在本节示例中,SqlConnection 类型的连接变量被设计为在到达 using 语句大括号结束时自动进行垃圾回收。

为什么强调这点呢?C#是一种带有垃圾回收器(专门用于帮助我们处理垃圾)的托管语言。这意味着我们无需像在非托管语言中那样,进行手动内存分配和释放。

但是,垃圾回收器怎么知道它应该在什么时候回收哪些内容呢?如果某些东西在离开当前代码块或者变量范围之后还应该继续保留,这时又如何呢?.NET 垃圾回收器会在运行时扫描代码,寻找不再有任何"链接"的对象。这些链接可以是方法调用、变量赋值或是其他类似的功能的对象。要做到这一点,它使用了所谓"代"(generation)的概念。这些"代"是正在运行的(是可以回收的)对象列表。某个对象存在的时间越长,其"代"数越高(垃圾回收器总共使用 3 代),通常垃圾回收器访问第 3 代对象的次数要小于前两代。例如某个对象有一个整数类型的属性,被赋值为 3,那么这个属性在条件语句中充当计数器。如果变量在方法结束后没有马上消失(变量范围比代码块要长),是在等待垃圾回收器进行回收,那么就没有什么大问题。一般变量占用的内存量很小,基本不会影响其他语句执行。当某个对象没有留下任何相关链接时(通常是因为已经超过其变量范围),垃圾回收器就会标记该对象为"可安全回收对象",在下次迭代时释放其对应的内存,并从代列表中删除对应的条目。

　　设想一下,我们连接到 SQL 数据库中,如上一页的代码所示,如果这个连接在使用结束后没有断开,那么它可能会成为一个严重问题。可能会遇到连接阻止其他代码在同一数据库执行命令的问题,或者可能会暴露在缓存区溢出攻击下。如要对抗这种内存泄漏,大家可使用非托管资源。与能够自动在变量范围结束后随时回收垃圾的托管资源不同,我们可直接处理非托管资源。然而,处理非托管资源很容易被忘记。通常,我们希望能够在结束处理非托管资源之后将其废弃,而不是在所有与该对象相关的引用(或链接)消失之后再由垃圾回收器进行处理。非托管资源通常会实现 IDisposable 接口,释放非托管资源时,我们需要调用 Dispose 方法。

　　释放非托管资源可以采用在方法末尾调用 Dispose 方法的形式。但是,如果您的分支代码具有多个返回地方,又该怎么办呢?必须在每个分支调用 Dispose 方法,但这在较小的方法中比较方便,对于较大的、具有多个条件和路径的代码块,这样很快就会变得混乱,using 语句就是这种情况。在这种情况下,编译器会将 using 语句转换为 try-finally 代码块,如图 4 - 3 所示。

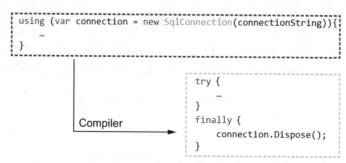

**图 4 - 3　using 语句被编译器转换为 try-finally 代码块**

　　在图 4 - 3 中使用 try-catch 允许我们能够手动调用 Dispose。

　　try-finally 是我们通常用于错误处理的 try-catch-finally 结构的子集。当我们把代码包装在一个 try 代码块中(后面紧跟 catch 代码块)时,如果出现异常,catch 代码块就会将其捕获,避免我们的代码崩溃。finnally 是 catch 代码块结尾的可选代码块,无论是否捕获错误,都会在离开 catch 代码块后执行其中的命令。我们可以在 finnally 代码块中调用 Dispose 方法,确保在方法结束执行(无论出现什么结果,或者抛出什么问题)

后，Dispose 方法总能够被调用。

**注意：**对实现了 IDisposable 的资源调用 Dispose 并不会立刻进行垃圾回收。我们只是将其标记为可以安全回收，使垃圾回收器在下一次迭代时进行回收。假如没有即时的垃圾回收机制，我们可以自行确定资源是否可以安全回收，而不是让垃圾回收器决定。

### 4.1.6 使用 SqlCommand 查询数据库

SqlConnection 的构造器需要一个字符串类型的参数，这个参数要表示我们进行数据库连接时使用的连接字符串。在进入 using 块之后，我们就可以对我们新创建的 SqlConnection 进行操作并查询数据库。在下面的代码示例中，代码打开了到数据库的连接，如代码示例 4 - 2 所示：

代码示例 4 - 2：FlightController. cs GET Flight：SqlConnection using 内的语句。

```
// ↓打开数据库连接
connection.Open();
// Get Flights
// ↓使用 SQL 查询创建 SqlCommand 对象以获取所有航班
var cmd = new SqlCommand("SELECT * FROM Flight", connection);
using (var reader = cmd.ExecuteReader()) {
    while (reader.Read()) {
        flights.Add(new Flight(reader.GetInt32(0), reader.GetInt32(1),
            ➥ reader.GetInt32(2)));
        // ↑创建新的航班实例
    }
}
// ↓废弃 cmd 实例
cmd.Dispose();
```

如果无法通过提供的连接字符串连接到数据库，代码将出现一个（未处理的）异常提示。之后，代码会创建一个带有查询语句的 SqlCommand 对象，用来从 Flight 表中查询所有记录("SELECT * FROM Flight")。大家可能已经注意到，在后面的几行代码中，调用了 cmd. Dispose 方法。如果我们没有使用 using 语句，那么我们就必须对 reader 调用 Dispose 方法。可以看出，编写这个代码库的人并没有统一 using 语句和废弃使用手动，之后可以改进。代码示例 4 - 2 中的代码使用了 using 语句从 cmd. ExecuteReader()方法创建 reader 对象。

reader 允许我们将数据库响应解析为更加易于管理的模式，例如我们可以从下面图 4 - 4 看到，using 语句中创建了一个新的 Flight 对象。图 4 - 4 中 reader 实例被局限在 using 语句中，当代码离开 using 代码块之后，就无法再访问 reader 实例。

Flight 对象需要 3 个参数，都是 32 位整数(int 类型)：flightNumber、originID 和 destinationID。这也是 Flight 数据表中的列(这里假定我们忽略本章之前提到的轻微

```
// Get Flights
var cmd = new SqlCommand( cmdText: "SELECT * FROM Flight", connection);
```

Scope of reader

```
using (var reader = cmd.ExecuteReader()) {
    while (reader.Read()) {
        flights.Add(new Flight(reader.GetInt32( i: 0), originID: reader.GetInt32( i: 1),
            destinationID: reader.GetInt32( i: 2)));
    }
}
```

```
cmd.Dispose();
```

图 4 - 4    using 语句中的变量范围

命名错误)。因为我们知道数据库模式,所以我们知道列返回的顺序。假如我们可以明确查询语句应返回哪些列,代码可能会更加清晰。如果我们可以明确说明我们希望返回哪些列,我们就可以更好地控制数据流,并且确切知道我们将获得哪些内容。这样不熟悉代码或者数据库模式的开发人员也能够轻松得知预期返回的数据内容。

代码示例 4 - 3 中的代码调用了 reader 的 GetInt32 方法并传入了我们想要获取的值的序号,且一旦 Flight 对象创建完毕,就会被添加到 flights 集合中。我们观察代码示例 4 - 3 中的代码,大家可以看到一些非常熟悉的内容。

代码示例 4 - 3:FlightController.cs GET Flight:获取 Origin Airport 的细节。

```
// Get Origin Airport details
cmd = new SqlCommand("SELECT City FROM Airport WHERE AirportID = " +
                ➥ flight.OriginID, connection);
// ↑创建一个 SQL 查询,以获取 Airport 数据表中的 City 列数据
// ↓执行 SQL 命令
using (var reader = cmd.ExecuteReader()) {
    // ↓读取数据库的响应
    while (reader.Read()) {
        returnView.Origin = reader.GetString(0);
        // ↑将数据库响应的第一个元素赋值给 returnView.Origin
        break;
    }
}
cmd.Dispose();
flightReturnViews.Add(returnView);
```

代码示例 4 - 3 中的代码创建了一个新的 SqlCommand 对象,以便从 Airport 数据表中获取 City 列,这里获取了 AirportID 等于 flight. OriginID 的数据(上一次这里是 flight. destination)。这段代码执行 SqlCommand 并将返回的值读取到 returnView. Origin 字段中。随后代码废弃 SqlCommand 并将 returnView 添加至 flightReturnViews 集合中。到这里,我们就执行到这个终端地址的最后部分了。这里有另外一行需要我们注意:

```
return Request.CreateResponse(HttpStatusCode.OK, flightReturnViews);
```

大家还记得查看的方法签名吗？我们发现我们应该返回一个 HttpResponseMessage 对象，而这个对象正是 Request.CreateResponse 提供给我们的。

提示：如果大家想要了解更多关于.NET Framework，.NET Core 或者.NET5 中的特定命名空间或类的信息，可以访问 Microsoft 的在线文档：https://docs.microsoft.com/en-us/ 。例如，HttpRequest 相关的.NET Framework 文档就位于 https://docs.microsoft.com/en-us/dotnet/api/system.web.httprequest? view = netframework-4.8。

CreateResponse 方法有数个重载可供使用，但是我们希望能够传入 HTTP 状态码和一个要序列化的对象，并将结果返回给调用者。

## 方法重载和静态构造器

方法重载，也称之为功能重载，允许在同一类中创建多个同名（不同参数）的多个方法。这意味我们可以在同一个类中创建 public uint ProcessData(short a, byte b)和 public uint ProcessData(long a, string b)且不出现任何问题。当调用 ProcessData 方法时，我们的请求会被 CLR 根据输入的参数类型转到对应的方法。注意不能创建具有相同名称和相同参数的两个（或多个）方法，因为这样会使方法调用变得混乱。这时我们无法使用 CLR 正确调用方法，这说明如果我们有 internal void GetZebra(bool isRealZebra)和 internal bool GetZebra(bool isRealZebra)这样两个方法，编译器就会报错。仅仅修改返回值类型对 CLR 来说并没有任何帮助。

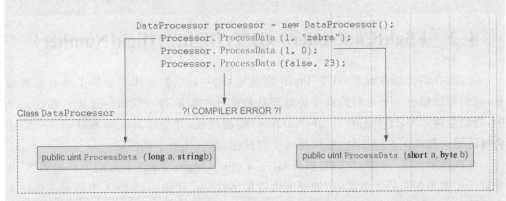

重载的 ProcessData。编译器将在编译时将 ProcessData 调用到合适的重载方法中。如果没有匹配的重载方法，就会产生编译错误。

我们也可以重载构造器，也可以称之为构造器重载，但它的原则与方法重载相同。我们可以重载构造器拥有多个对象实例化路径。构造器中，有 static 构造器。如果使用 Static 构造器，由于我们要处理 static 关键字，因此只能有一个静态构造器，它不能被重载。当初始化一个类或者调用类的某个静态对象时，静态构造器总是在实例化之前或者访问静态对象之前被调用。通常，我们可以有静态构造器和常规构造器，但是运行时环境总是会在大家使用第一个常规构造器之前先调用一次静态构造器,因此,静态构造器不能有任何参数,并且不能包含访问修饰符(静态构造器总是公共 public 的)。

如上面所示,当同时存在两种构造器,第一步:调用静态构造器;第二步:默认(或者声明的)构造器。

对于 Java 程序员请注意,Java 的匿名静态初始化代码块就相当于 C# 中的静态构造器。但是,C# 只能有一个静态构造器,Java 则可以具有多个匿名静态初始化代码块。

如果我们要传递状态代码,不能简单地传入一个整数。CreateResponse 方法要求我们传入 HttpStatusCode 字段中的某个选项,在本例中,我们传入的是 HttpStatusCode. OK(映射到状态代码 200)。随着返回语句被执行,这个方法的内容到此结束。

总结:尽管 GET Flight 终端地址的代码使用起来还算可以,但是我们仍然找到了大量需要重构和改进的地方。

## 4.2　FlightController:GET/flight/{flightNumber}

至此,我们已经查看了 GET/flight 终端地址,并且从数据库中获取了所有航班信息,我们可以检查一下之前的程序员处理从数据库中获取特定航班的逻辑。在这一节中,我们会探索 GET flight/{flightNumber}终端地址,并考虑其优势和缺陷。我们还会讨论能否删除无关的注释,并给出一个可读的、叙述化的示例代码。

在代码示例 4-4 中,我们将揭开 GET/flight/{flightNumber}终端地址的面纱,并看到一些熟悉的非最优做法,比如硬编码连接字符串。代码示例 4-4 中的很多代码大家应该能基本理解了。请注意细节上有些不同,我们会讨论注释的大量使用、HttpResponseMessage 类,以及向隐式类型(由 var 关键字表示)赋 null 值。

代码示例 4-4:FlightController. cs GET flight/{flightNumber}。

```
// GET: api/Flight/5
[ResponseType(typeof(FlightReturnView))]
public HttpResponseMessage Get(int id) {
    var flightReturnView = new FlightReturnView();
    Flight flight = null;
```

```
var connectionString =
    ➥ "Server = tcp;codelikeacsharppro.database.windows.net,1433;Initial
    ➥ Catalog = FlyingDutchmanAirlines;Persist Security Info = False;User
    ➥ ID = dev;Password = FlyingDutchmanAirlines1972!;MultipleActiveResultSets = False;
    ➥ Encrypt = True;TrustServerCertificate = False;Connection Timeout = 30;";
using(var connection = new SqlConnection(connectionString)) {
    connection.Open();
    // Get Flight
    var cmd = new SqlCommand("SELECT * FROM Flight WHERE FlightNumber =
                        ➥ " + id, connection);
    using (var reader = cmd.ExecuteReader()) {
        while (reader.Read()) {
            flight = new Flight(reader.GetInt32(0), reader.GetInt32(1),
                        ➥ reader.GetInt32(2));
        flightReturnView.FlightNumber = flight.FlightNumber;
        break;
        }
    }


    cmd.Dispose();


    // Get Destination Airport Details
    cmd = new SqlCommand("SELECT City FROM Airport WHERE AirportID = "
                    ➥ + flight.DestinationID, connection);


    using (var reader = cmd.ExecuteReader()) {
        while (reader.Read()) {
            flightReturnView.Destination = reader.GetString(0);
            break;
        }
    }


    cmd.Dispose();


    // Get Origin Airport Details
    cmd = new SqlCommand("SELECT City FROM Airport WHERE AirportID = "
                    ➥ + flight.OriginID, connection);
    using (var reader = cmd.ExecuteReader()) {
        while (reader.Read()) {
```

```
            flightReturnView.Origin = reader.GetString(0);
            break;
        }
    }

    cmd.Dispose();
}

return Request.CreateResponse(HttpStatusCode.OK, flightReturnView);
}
```

大家可看出，这里 99％的逻辑和之前终端地址（代码示例 4-1）都相同，但还有一些差异。我们发现的第一处不同就是方法签名，如下所示：

```
public HttpResponseMessage Get(int id)
```

Get flight/{flightNumber}终端地址读入的一个整数类型的参数，并存储在名为 id 的变量中，它将直接与 API 路径："/flight/{flightNumber}"中的{flightNumber}映射。另外的区别就是之后的声明，这里声明了一个 Flight 对象，而不是一个航班列表。这是很正常的，因为我们只想处理单个航班，而不是全部的航班列表，如下所示。

```
Flight flight = null;
```

这是不是很奇怪，开发人员并没有在这里使用 var 关键字，却并不会影响正确编译。注意不能将 null 值分配给使用 var 关键字声明的变量，因为当使用 var 关键字时，类型是从分配的表达式中以隐形方式推断的。由于 null 并不包含任何类型信息，因此开发者必须显式声明 flight 的类型。

如果两段代码非常类似，我们可以发现其他不同的地方描述逻辑的注释是怎么回事呢？因为它们散落在方法中的各个位置，如下所示：

（1）// Get Flight。

（2）// Get Destination Airport Details。

（3）// Get Origin Airport Details。

如果我们将部分代码放到可以被其他终端地址重复使用的小方法中，效果是不是会很好？我确实在代码示例 4-5 中这样做了。设想一下，如果一个方法读起来就像是一段叙述或者步骤列表，仅包含了几个小方法，而不是混乱地堆在一起。例如代码示例 4-5 从代码示例 4-4 中取出代码，就好比是某个开发人员将内部的、堆在一起的各个逻辑细节提取到单独的小方法中，然后在公共方法中调用它们。对比代码 4-5 和 4-4。两者的差异很大。当然，我们也可以使用多个数据库连接取回关于一个项目相关的数据。但每种方法总是会有缺陷的，这也是大家所烦恼的问题。所有从数据库中获取内容的逻辑都被抽象为 private 方法，不熟悉这个类的开发人员也可以查看这个类即知道它可以做什么，而无需知道所有的具体实现细节。对于开发人员而言，了解方法的一般流程就已经足够了。注意，在这个 public 方法中没有处理连接字符串、打开数据库连接和废弃对象的相关代码。

代码示例 4-5：代码整理：FlightController. cs GET flight/{flightNumber}。

```
ResponseType(typeof(FlightReturnView))]
public HttResponseMessage Get(int id) {
    // ↓从数据库中获取航班详细信息
    Flight flight = GetFlight(id);
    // ↓创建一个新的 FlightReturnView 实例
    FlightReturnView flightReturnView = new FlightReturnView();
    flightReturnView.FlightNumber = flight.FlightNumber;

    // ↓填充 returnView 的 Destination 字段
    flightReturnView.Destination =
    ➡ GetDestinationAirport(flight.DestinationID);
    // ↓填充 returnView 的 Origin 字段
    flightReturnView.Origin = GetOriginAirport(flight.OriginID);

    // ↓返回 HTTP 状态码 200 和 returnView
    return Request.CreateResponse(HttpStatusCode.OK, flightReturnView);
}
```

在代码示例 4-5 中，是把所有的实现细节都提取到了它们各自的 private 方法中。代码示例 4-5 中很多方法远称不上完美（比如对初学者来说，没有错误处理），但是它至少进行了一些改进。

下一个终端地址是一个 POST 终端地址，用于在数据库中创建预定。这个逻辑与其他终端地址的创建是类似的，但是这里我们需要处理 JSON 反序列化。

## 4.3　FlightController：POST/flight

我们已经看到以两种方式（全部或单个）获取航班的创建逻辑。但是如果我们想要预定一个航班该如何操作呢？这一节我们会检查 POST/flight 终端地址，如代码示例 4-6 所示，它允许用户预定一个航班。和之前的终端地址逻辑创建相似，只是第一次需要处理 JSON 反序列化。除了 JSON 反序列化之外，这一节还将介绍"不要重复自己"（Don′t Repeat Yourself，DRY）原则以及 ModelState 静态类。另外，还有一件事需要我们注意，即 FlyTomorrow 的 OpenAPI 规范要求程序具有 POST/booking 终端地址，而非 POST/flight 终端地址，我们先暂且记下这一点，在合适的时候再介绍。

代码示例 4-6：FlightController. cs POST/flight。

```
[ResponseType(typeof(HttpResponseMessage))]
public HttpResponseMessage Post([FromBody] Booking value) {
    var connectionString =
```

```
➥ "Server = tcp:codelikeacsharppro.database.windows.net,1433;Initial
➥ Catalog = FlyingDutchmanAirlines;Persist Security Info = False;User
➥ ID = dev;Password = FlyingDutchmanAirlines1972!;MultipleActiveResultSets =
False;
➥ Encrypt = True;TrustServerCertificate = False;Connection Timeout = 30;";
using (var connection = new SqlConnection(connectionString)) {
connection.Open();

// ↓ 从数据库中获取目的地机场信息
// Get Destination Airport ID
var cmd = new SqlCommand("SELECT AirportID FROM Airport WHERE IATA
    ➥ = "'" + value.DestinationAirportIATA + "'", connection);
var destinationAirportID = 0;

using (var reader = cmd.ExecuteReader()) {
    while (reader.Read()) {
    destinationAirportID = reader.GetInt32(0);
    break;
    }
}

cmd.Dispose();

// ↓ 从数据库中获取始发地机场信息
// Get Origin Airport ID
var cmd = new SqlCommand("SELECT AirportID FROM Airport WHERE IATA
    ➥ = '" + value.OriginAirportIATA + "'", connection);
var originAirportID = 0;

using (var reader = cmd.ExecuteReader()) {
    while (reader.Read()) {
        originAirportID = reader.GetInt32(0);
        break;
    }
}

cmd.Dispose();

// ↓ 获取我们想要预定的航班详细信息
// Get Flight Details
cmd = new SqlCommand("SELECT * FROM Flight WHERE Origin = " +
    ➥ originAirportID + " AND Destination = " + destinationAirportID,
    ➥ connection);
```

```
Flight flight = null;

using (var reader = cmd.ExecuteReader()) {
    while (reader.Read()) {
        flight = new Flight(reader.GetInt32(0), reader.GetInt32(1),
        ➥ reader.GetInt(2));
        break;
    }
}

cmd.Dispose();

// Create new customer
// ↓通过 SQL 查询顾客总数
cmd = new SqlCommand("SELECT COUNT( * ) FROM Customer",
        ➥ connection);
var newCustomerID = 0;

using (var reader = cmd.ExecuteReader()) {
    while (reader.Read()) {
        // ↓将数据库中用户总数赋给 newCustomerID
        newCustomerID = reader.GetInt32(0);
    }
}

cmd.Dispose();
// ↓向数据库插入一个新顾客的 SQL 命令
cmd = new SqlCommand("INSERT INTO Customer (CustomerID, Name)
        ➥ VALUES ('" + (newCustomerID + 1) + "', '" + value.Name + "')", ➥
connection);
// ↓执行命令
cmd.ExecuteNonQuery();
cmd.Dispose();

// ↓创建一个内部 Customer 对象, 用于模拟刚才在数据库中插入的数据
var customer = new Customer(newCustomerID, value.Name);

// ↓在数据库中创建一个预定
// Book flight
cmd = new SqlCommand("INSERT INTO Booking (FlightNumber,
        ➥ CustomerID) VALUES (" + flight.FlightNumber + ", '" +
        ➥ customer.CustomerID + "')", connection);
```

```
                cmd.ExecuteNonQuery();
                cmd.Dispose();

                // ↓ 返回 HTTP 状态码 201 以及一段包含敏感客户数据的信息
                return Request.CreateResponse(HttpStatusCode.Created), "Hooray! A
                        ➥ customer with the name \"" + customer.Name +
                        ➥ "\" has booked a flight!!!");
        }
    }
```

这可能是目前大家见过的最长、最错综复杂的终端地址。我们可用之前查看代码片段的方法对这段代码进行整理,这时再看 ResponseType 特性的方法签名,如下所示:

```
[ResponseType(typeof(HttpResponseMessage))]
public HttpResponseMessage Post([FromBody] Booking value)
```

这时我们会发现非常熟悉的操作,我们返回了一个 HttpResponseMessage。但是与之前我们见过的终端地址相比,这个方法签名中还有存在一处不同,即 Post 方法需要一个 Booking 类型的参数,并且还要有一个特性被应用于这个参数。

**注意**:您不仅可以将特性(attribute)应用到方法中,还可以将特性应用到变量、类、委托、接口等很多对象上,但不能向特性传递一个变量,因为特性中所有数据必须在编译时确定,而变量无法保证这一点。

大家可以使用 FromBody 特性自动将 XML 或 JSON 主体解析为任何您想要的类(只要输入与指定类匹配)。这里,发送进来的 JSON 主体会被 CLR 映射到 Booking 类的一个实例中。这种小特性是大家在 C# 中遇到的最节省时间的事情。对该终端地址而言,一个有效的 JSON 应该如下所示:

```
{
"OriginAirportIATA": "GRQ",
"DestinationAirportIATA": "CDG",
"Name" : "Donald Knuth"
}
```

上面这些值能被直接映射到 Booking 类的字段中,然后.NET Framework 读入JSON,拆分数据并组合出一个新的 Booking 实例,如图 4 - 5 所示。由于此过程将参数与模型绑定,因此我们称这个映射过程为模型绑定(model binding)。我们将在第 14 章深入了解模型绑定。图 4 - 5 中[FromBody]特性读入 JSON 或 XML 主体并将其解析到模型中。

即使使用了模型绑定,我们依然非常依赖于输入数据的质量。如果输入的数据缺少某个字段,[FromBody]的底层代码就会抛出异常,并且该方法会自动返回 400 的HTTP 状态代码。如果 JSON 主体中包含了所有的字段,但是 CLR 无法解析某个字段(无论是因为什么原因),CLR 都会将全局的 ModelState.IsValid 属性设置为 false。

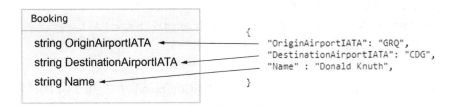

图 4 - 5　将 JSON 负载反序列化到一个 C# 类

因此,检查这一点总是没有错误的,并且我们之后会尝试重构这个方法。

当我们浏览方法代码时,我们很快会想到我们之前见过类似的内容。事实上,所有的代码都是基本相同的——这是需要预警的,表明该代码违背了 DRY(不要重复自己)原则。

之前,我们讨论过将方法重构为很多小方法的内容,这将使方法读起来像是叙述性语言,只要我们遵循几个简单的步骤就可以做到这一点。我们这样做是为了增加可读性,但是还有另外一点值得注意:DRY 原则。

DRY 指的是"don't repeat yourself"(不要重复自己),首次由 Andrew Hunt 和 Dave Thomas 在 *The Pragmatic Programmer*(Addison - Wesley,1999 年)一书中提出。Hunt 和 Thomas 将 DRY 原则定义为"任何一部分知识在系统中必须只有单一、清晰并且权威的表达。"在实际操作中,这通常意味着您只能编写一次相同的代码,换句话说:不要重复代码。

比如,您发现自己在同一个方法、类,甚至代码库中复制粘贴了相同的 for - each 循环(可能有不同的要迭代的集合),那么请将它提取到一个专门的方法,并调用它。这样做有两点好处:首先,它使调用该方法的部分代码更加容易阅读,因为您已经把具体实现的详细信息封装了;其次,如果您需要修改这个 for - each 循环的实现,只需要在这一个地方进行修改,而无需在代码库中的各个地方重复这个操作。所以,请我们愉快地接受代码 DRY 原则!

方法中的最后一个代码块如代码示例 4 - 7 所示,它非常短,而且出人意料地直奔主题。

代码示例 4 - 7:FlightController. cs POST/flight,向数据库中插入一个 Booking 对象。

```
// Book flight
// ↓用于向数据库插入预定的 SQL 查询命令
cmd = new SqlCommand("INSERT INTO Booking (FlightNumber,
        ➡ CustomerID) VALUES (" + flight.FlightNumber + ", '" +
        ➡ customer.CustomerID + "')", connection);
// ↓执行命令
cmd.ExecuteNonQuery();
// ↓废弃 SqlCommand 对象
cmd.Dispose();
```

```
// ↓将 HTTP 状态码 201 和敏感客户数据一同返回
return Request.CreateResponse(HttpStatusCode.Created), "Hooray! A
                    ➥ customer with the name \"" + customer.Name +
                    ➥ "\" has booked a flight!!!");
```

代码示例 4-7 中的代码创建了一个新的 SqlCommand 对象，用于向 Booking 数据表中插入新记录，然后执行这个查询并废弃了 SqlCommand。最后，方法返回了一个带有 HTTP 状态码 201 和一个包含 customer.Name 的文本短信的响应。

## 4.4　The FlightController：DELETE/flight/{flightNumber}

本章介绍到这里，我们已经查看了 FlightController 类中的大部分终端地址，并且已经在代码中找到很多可以改进的地方。我们在这个控制器中只剩下最后一个终端地址了：DELETE flight/{flightNumber}不管它有多长。我们可以通过将连接字符串提取出来对其进行精简。

这个 DELETE 方法中没有什么新内容（除了传递到 SqlCommand 构造器中的不同查询语句之外），在此不会占用太多时间详细解释这一个代码片段。但是，有一点需要注意：我们在第 3 章中从 FlyTomorrow 处得到的 OpenAPI 规范中并没有指定我们需要一个 DELETE/flight/{flightNumber}终端地址。毕竟，我们并不希望用户从数据库中删除航班，因此，这个终端地址不需要我们进行改进，而且也不是工作要求的一部分。在接下来的章节中，我们也可不考虑重构它如代码示例 4-8 所示。

代码示例 4-8：FlightController.cs DELETE flight/{flightNumber}

```
[ResponseType(typeof(HttpResponseMessage))]
public HttpResponseMessage Delete(int id) {
    var connectionString =
            ➥ "Server = tcp:codelikeacsharppro.database.windows.net,1433;Initial
            ➥ Catalog = FlyingDutchmanAirlines;Persist Security Info = False;User
            ➥ ID = dev;Password = FlyingDutchmanAirlines1972!;MultipleActiveResultSets
= False;
            ➥ Encrypt = True;TrustServerCertificate = False;Connection Timeout = 30;";

    using (var connection = new SqlConnection(connectionString)) {
        connection.Open();

        var cmd = new SqlCommand("DELETE FROM Booking WHERE BookingID = '"
                        ➥ + id + "'", connection);
        cmd.ExecuteNonQuery();
        cmd.Dispose();
```

```
        return Request.CreateResponse(HttpStatusCode.OK);
    }
}
```

　　看到上面的代码片断,我们已经完成了对现有代码库的探索。对于代码库,可以进行很多方面的改进,包括有些我们必须解决的安全问题。

# 4.5 练 习

练习 4 - 1

判断题:只能将特性(attribute)应用于方法。

练习 4 - 2

判断题:不能将特性(attribute)应用于变量。

练习 4 - 3

判断题:IEnumerable 接口允许我们创建新的枚举。

练习 4 - 4

下面关于数据库连接字符串做法,不好的做法有哪些?

(1) 将硬编码连接字符串提交到 SCM。

(2) 从来不硬编码连接字符串。

(3) 将连接字符串存储在配置文件或环境变量中。

(4) 将连接字符串写在便利贴上,并将其放在您最喜欢的《哈利·波特》书中。

练习 4 - 5

为什么我们要废弃一个实现了 IDisposable 接口的类?

(1) 如不处理,它会变得不可废弃。

(2) 实现 IDisposable 的类通常保留某些资源,如果不处理,这些资源可能会导致内存泄漏。

(3) 因为您不必废弃一个实现了 IDisposable 接口的类。

练习 4 - 6

如果我们对一个类调用了 Dispose,垃圾回收器什么时候会回收资源?

(1) 在垃圾回收周期中下一次遇到这个资源时。

(2) 立刻。

(3) 在方法末尾。

练习 4 - 7

下面哪一种不是废弃对象的适当方法?

(1) 使用 using 语句代码块包装对象创建过程。

(2) 在您的方法中的每个退出点调用 Dispose。

(3) 从对象的源代码中移除 IDisposable 实现。

练习 4 - 8

判断题:静态构造器在默认(或定义的常规)构造器之前运行。

练习 4 - 9

判断题：静态构造器在每次对象初始化时都会执行。

# 4.6 总 结

（1）我们可以在编译时使用 typeof 运算符确定某个对象的类型，或者在运行时使用 GetType 方法（来自 object 基类）确定对象类型。

（2）Object 是 C# 中所有类型的基类。这意味着，通过多态，object 暴露的所有方法（比如 GetType）可以在所有类型上使用，这允许我们对 C# 中的每种类型使用同一组基本方法。

（3）通过实现 IEnumerable 接口，我们可以创建带有枚举器的类。我们可以使用这些类表达集合，并且对它们所包含的元素进行操作。当我们想要创建一个 .NET 生态所没有提供的集合时，这种做法很有用。

（4）我们不应该进行硬编码连接字符串，这样存在一定的安全问题。相反，我们应该将连接字符串存储在配置文件或环境变量中。

（5）.NET 垃圾回收器在运行时会扫描内存，寻找没有任何"链接"的资源，标记它们，并在下一次垃圾回收器运行时释放它们的内存，这也是 C# 可成为托管语言的原因。因为有了垃圾回收器，我们在 C# 中不必手动处理指针和内存分配。

（6）编译器会将 using 语句翻译为 try-finally 代码块。这允许我们在使用实现了 IDisposable 的类时，可以抽象地调用 Dispose（无需自行实现 try-finally 代码块）。将 Dispose 调用抽象化，会降低忘记正确废弃对象的可能性，尽可能避免内存泄漏。

（7）try-catch 代码块可以捕获和处理异常。每当程序有代码抛出（预期或者意外的）异常，都可以考虑将代码包装在 try-catch 代码块中。当您把代码包装到 try-catch 代码块并捕获到异常时，就有机会从容地处理异常并记录或者关闭应用程序。

（8）try-catch-finally 或 try-finally 中的 finally 代码块总是在代码块退出之前执行，即使捕获到异常情况也是如此。如果您需要执行拆卸或清理操作（比如实现了 IDisposable 接口的对象的废弃），finally 块是 try-catch 代码块的一个可选附加项，这点非常有用。

（9）C# 支持方法重载。这意味着我们可以有名称相同但是参数不同的方法。CLR 在运行时将会把方法调用到合适的方法中，这点在不修改原始方法的情况下扩展现存类的功能时非常有用。

（10）static（静态）构造器总是在对象第一次实例化之前执行，这点可以用于在任何逻辑执行之前为静态属性（property）赋值。

（11）[FromBody]特性（attribute）允许进行参数绑定以及将 JSON 主体反序列化为模型。这在处理 HTTP 终端地址时将会节省大量的时间，因为无需编写自己的 JSON 映射逻辑。

（12）不要重复自己（Don't Repeat Yourself，DRY）原则告诉我们不要重复代码。因此，我们可以将重复的部分提取出来，并在主方法中进行调用。遵循 DRY 原则将提高代码的可维护性。

# 第3部分 数据库访问层

在第 2 部分,我们深入检查了飞翔荷兰人航空公司的现有代码库,提出了一些可以改进的地方,并且讨论了进行改进的原因。在这部分内容中,我们将更进一步,开始重写服务,教大家学习如何创建新的.NET5 项目,以及如何使用 Entity Framework Core 连接、查询和逆向一个数据库。

# 第 5 章　使用 Entity Framework Core 设置项目和数据库

本章包含以下内容：

（1）重构一个现有的数据库，使之更加整洁和安全。

（2）使用 Entity Framework Core 查询数据库。

（3）实现存储/服务（repository/service）模式。

（4）使用命令行创建新的.NET5 解决方案和项目。

您可能更想学习第 3 章和第 4 章中的内容，现在时机到了。首先，我们提出一个如何重构代码的计划在此之前，我们已经知道一些要做的事情：

（1）在第 3 章中，我们被告知应使用.NET5 取代.NET Framework 编写飞翔荷兰人航空公司服务的新版本。

（2）重写终端地址并清理代码（特别是，要遵守 DRY 原则）。

（3）修复安全漏洞——硬编码连接字符串。

（4）解决对象名称和数据库列名称不匹配的问题，确保代码库和数据库之间满足完美的同构关系。

（5）遵守在第 3 章中讨论的 OpenAPI 文件（请查阅附录 D）。

另外，我们还是希望能够包含一些额外的可交付性成果，以提高工作指令，确保工作出色地完成，如下所示：

（1）希望使用测试驱动开发编写用于支持代码库的单元测试。

（2）希望通过逆向工程已部署的数据库，使用 Entity Framework Core 改造数据库层。

（3）希望在服务启动时自动生成更新的 OpenAPI 文件，以便和 FlyTomorrow 提供的 OpenAPI 进行对比。

当然，我们要做的改进不仅是上述这些，我们需要保持旧的代码库可用，同时需要开发和整理新的软件库。

**定义**：绿地开发（Greenfield development）是指我们要研究一个不受任何先前设计或决策的项目，就像计划在平坦的草地上建造大楼一样。在实践中，这通常意味着我们要开发全新的项目。

假如我们已经设定了要求，并且拿到一个我们需要模仿（合适和可能合适的地方的）的旧代码库，但是我们还是要从零开始。在现实世界中，大家可能经常会遇到这种情况。当然，您具有尝试创建新产品的经验——可以称之为"下一代"版本。

如图 5-1 所示为展示了目前我们在本书结构中的位置。

那么我们开始工作的第一步就是创建一个新的.NET5 解决方案。

# 5.1 创建.NET5 解决方案和项目

在本节中,我们会创建一个新的.NET5 解决方案和项目。会教大家查看.NET5
的预定义解决方案(predefined solution)和项目模板中的内容。这里您可以通过以下
两种方式创建新的.NET5 解决方案:

(1) 使用命令行,比如 Windows 命令行或者 macOS/Linux 终端。

(2) 使用像 Visual Studio 这样的 IDE,Visual Studio 能够自动完成很多过程。*

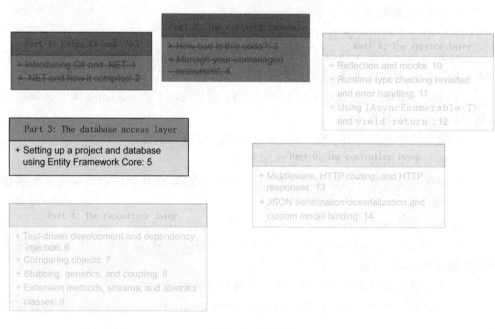

图 5 - 1 进度图

如图 5 - 1 所示,我们将从数据库访问层开始学习,在之后的内容中,我们将依次查
看存储层、服务层和控制器层。

使用这两种路线的结果是一样的,最终会有一个新的.NET5 解决方案。这里我们
使用命令行,创建一个新的、空白的.NET5 解决方案或项目:

```
\> dotnet new [TEMPLATE] [FLAGS]
```

---

* 您可以在本书附录 C 中找到 Visual Studio 的安装指南。如果您想要了解更多有关 Visual Studio 的相关知
识,可以参阅 Bruce Johnson 的 *Professional Visual Studio* 2017(Wrox,2017 年)和 Johnson 的 *Essential Visual
Studio* 2019(Apress,2020 年)。免责声明:作者是 *Essential Visual Studio* 2019:*Boosting Development
Productivity with Containers*,*Git*,*and Azure Tools* 一书的技术评论员。

　　**注意**：在尝试创建一个 . NET5 项目之前，请先确保已经安装了最新版本的 . NET5 SDK 和运行时，附录 C 中有相关的安装指南。

　　我们可以使用各种模板（template），常用的模板包括 web、webapp、mvc 和 webapi。为了满足要求，我们使用其中最流行的两种：sln 和 console。dotnet new sln 命令会创造一个新的解决方案，而 dotnet new console 则会创建一个新项目和一个 "hello，world" 源文件。正如前面我们在第 3.3.2 节中所讨论的那样，C# 是使用解决方案和项目组织其代码库的。解决方案是顶层实体，可以包含多个项目，我们可以在项目中编写逻辑和代码。根据我们的首选语言，项目可以被视为不同的模块、包或者库，如下所示。

```
\> dotnet new [TEMPLATE] [FLAGS]
```

.NET CLI basic commands
The .NET CLI (accessed through dotnet) expects a basic command to determine its execution process. The new command instructs the .NET CLI to create a new project, configuration file, or solution, based on a provided template. Other available commands include restore, build, and run.

Flags
The dotnet new command allows us to pass in a wide variety of flags. These flags can, for example, tell the .NET CLI what the name of our created object should be or in what folder the output should be stored. A template has default values that are used if no appropriate flag is provided.

Templates
To create a new project, configuration file, or solution through the dotnet new command, we need to specify a template. Templates define the created item's type and file structure. Examples of templates are web, console, mvc, webapi, and mstest.

　　（1）dotnet new：. NET CLI 的基本命令。. NET CLI（通过 dotnet 访问）希望有一个基本命令能够决定其执行过程。new 命令指示. NET CLI 创建一个新的项目、配置文件或解决方案，具体取决于给定的模板，还有另外一些可用的命令如 restore、build 和 run。

　　（2）TEMPLATE：模板。如果想通过 dotnet new 命令创建新的项目、配置文件或解决方案，我们需要指定一个模板，因为模板定义了被创建的项目类型和文件结构，包括 web、console、mvc、webapi、mstest 等。

　　（3）FLAGS：标志。dotnet new 命令允许我们传入各种各样的标志，这些标志可以告诉. NET CLI 我们创建的对象名称应该是什么，或者输出应该保存在什么文件夹中。在用户命令没有提供适当标志的时候，模板会提供一些默认值。

　　我们还可以将创建命令一同传入－n 标志。这使得我们能够指定解决方案和项目的名称。如果我们没有指定解决方案的名称，则项目或解决方案将默认使用我们创建文件时所在的文件夹名称。

　　如果开始创建新版本应用程序，可以运行以下命令。请注意，命令行工具不允许在创建新的解决方案时一同创建文件夹，但大家可以使用 Visual Studio（它允许这样做）创建，或者先手动创建文件夹，然后在该文件夹中执行以下命令：

```
\> dotnet new sln - n "FlyingDutchmanAirlinesNextGen"
```

　　上面这个命令只创建了一个对象：即名为 FlyingDutchmanAirlinesNextGen. sln

的解决方案文件,如图 5-2 所示。我们可以在 Visual Studio 中打开这个解决方案文件,但是在没有项目情况下我们做不了太多事情。

```
Microsoft Windows [Version 10.0.18362.720]
(c) 2019 Microsoft Corporation. All rights reserved.

C:\Users\Jort\Desktop\Code>dotnet new sln -n "FlyingDutchmanAirlinesNextGen"
The template "Solution File" was created successfully.
```

**图 5-2　运行命令创建新的.NET 解决方案**

如图 5-2 所示,创建解决方案后,命令行告诉我们操作成功。

此时,有了一个解决方案文件,我们应该创建一个名为 FlyingDutchmanAirlines 的项目。如果要创建一个新项目,这里使用 console 模板创建一个.NET5 控制台应用程序,之后会将其更改为一个网络服务。

\\> dotnet new console -n "FlyingDutchmanAirlines"

在执行上面这条命令之后,我们会收到一条消息:"Restore succeeded"(恢复成功)。恢复(restore)是.NET CLI 在创建新项目,"清理"操作(删除所有本地可执行文件,包括依赖项)之后进行编译前以及首次编译前执行的一个过程,用于收集所需的依赖项。我们也可以自己运行这个命令,如下所示:

\\> dotnet restore

在处理依赖问题时,就可以用 restore 完成。restore 命令还会在我们的解决方案文件旁创建一个名为 FlyingDutchmanAirlines 的文件夹(与我们传入的项目名称相同),如图 5-3 所示。当我们进入这个文件夹,就可以看到另一个名为 obj 的文件夹。obj 文件夹包含了 NuGet 和依赖包的一些配置文件,回到项目的根文件夹下,我们有一个项目文件和一个 C# 源文件。

**图 5-3　运行创建解决方案和项目的命令行命令后的文件夹结构**

FlyingDutchmanAirlines 文件夹是用创建新项目的命令创建的,而 FlyingDutchmanAirlinesNextGen.sln 文件是用创建新解决方案的命令创建的。

至此,我们的项目已经创建好了,但是我们还需要将其添加到解决方案中。当创建了一个项目,dotnet 并不会扫描目录寻找解决方案,如果要将项目添加到解决方案,可以使用如下"solution add"命令:

\\> dotnet sln [SOLUTION PATH] add [PROJECT PATH]

[SOLUTION PATH]是指想要添加项目的解决方案文件的路径。而[PROJECT PATH]与之类似,是指想要添加到解决方案的 csproj 文件路径。大家可以通过在命令行中添加多个[PROJECT PATH],一次向解决方案中添加多个项目。

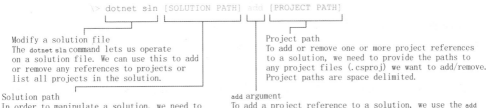

（1）dotnet sln:修改解决方案文件。dotnet sln 命令允许我们处理解决方案文件。我们可以使用这个命令在解决方案中添加或移除项目,或者列出所有项目。

（2）[SOLUTION PATH]:解决方案路径。为了处理解决方案,我们需要提供一个. sln 文件的路径,这是 dotnet sln 命令所要求的参数。

（3）add:add 参数。如果要向解决方案中添加项目引用,我们需要使用 add 参数,.要移除一个引用,则需要使用 remove 参数。这些参数用于在给定解决方案中添加或移除(某些)特定项目。

（4）[PROJECT PATH]:项目路径。要向解决方案中添加或移除一个或多个项目引用,需要提供(想要添加或移除的)项目文件(. csproj)的路径。项目路径间以空格分隔。

在本书的示例中,我们需要在 FlyingDutchmanAirlinesNextGen 文件夹的根目录下运行命令,命令中只使用了一个 csproj 文件,如下所示:

```
\> dotnet sln FlyingDutchmanAirlinesNextGen.sln add
➥ .\FlyingDutchmanAirlines\FlyingDutchmanAirlines.csproj
```

终端告诉我们一条消息: "ProjectFlyingDutchmanAirlines \ FlyingDutchman Airlines. csproj added to the solution. ",这样就算是执行成功了。如果我们用文本编辑其打开的 FlyingDutchmanAirlinesNextGen. sln 文件,我们会看到一条对 FlyingDutchmanAirlines. csproj 文件的引用如下:

```
Project("{…}") =
➥ "FlyingDutchmanAirlines",
➥ "FlyingDutchmanAirlines\FlyingDutchmanAirlines.csproj", "{…}"
EndProject
```

这就是由 solution add 命令添加的引用。这个引用将告诉 IDE 和编译器,有一个名为 FlyingDutchmanAirlines 的项目是该解决方案的一部分。

# 5.2 设置和配置网络服务

在前面第 5.1 节中,我们为下一代版本的 Flying Dutchman Airlines 服务创建了一个新的解决方案和项目。在本节中,我们会查看 5.1 节操作所生成的源代码,并且将控制台应用程序配置为网络服务。

此时,解决方案(和项目)中的唯一源代码就是 Program.cs,如 5-1 代码示例所示。这个文件是我们在 5.1 节使用 console 模板创建新项目时自动生成的。它包含了该应用程序的入口点——一个名为 main 的 static 方法,并且没有返回值。这里,它也会接受一个名为 args 的字符串数组,这个数组包含了程序运行时传入的任何命令行参数。

代码示例 5-1:带有 Main 方法的 Program.cs。

```
using System;

namespace FlyingDutchmanAirlines {
    class Program {
        // ↓一个静态无返回值的 Main 方法作为 C# 控制台应用程序的默认入口点
        static void Main(string[] args) {
            Console.WriteLine("Hello World!");
        }
    }
}
```

使用命令行运行 FlyingDutchmanAirlinesNextGen 项目,程序会在控制台中输出 "Hello World!",我们可以从代码中移除"Hello World!"字符串,然后我们就可以将这个控制台应用程序修改为功能性更强的网络服务。

## 5.2.1 配置一个.NET5 网络服务

我们还需要配置这个全新的.NET5 应用程序以接受 HTTP 请求,并将其路由至我们将要实现的终端地址,另外我们还需要设置 HOST,这是运行网络服务以及与 CLR 交互的基础过程。我们的应用程序运行在 Host 中,而 Host 则运行在 CLR 环境中。

**注意**:我们可以在网络容器(比如 IIS)和 Tomcat 之间找到一些相似之处。用 Java 的语言说,.NET5 就是您的 JVM 和 Spring,而 Host 就是您的 Tomcat。

我们配置 Host,以启动一个负责应用程序启动和生命周期管理的"主机进程"(host process)。我们要使 Host 知道我们想要使用 WebHostDefaults,这允许将 Host 用于一个网络服务,如图 5-4 所示。至少,主机配置了服务和请求处理管道。

图 5-4 中这个模型允许 CLR 调整一个 Host 执行我们的网络服务。

对于.NET5,我本人喜欢按照以下三个步骤配置 Host:

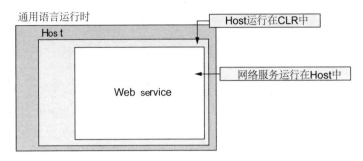

图 5 - 4　运行在 Host 中的网络服务而 Host 运行在 CLR 中

（1）对静态 Host 类（Microsoft. Extensions. Hosting 命名空间的一部分）使用 CreateDefaultBuilder 方法创建一个构造器（builder）。

（2）配置 Host 构造器，并使它知道我们想要使用 WebHostDefaults，并设置一个启动类和一个指定端口的启动 URL。

（3）构建并运行已构建的 Host 实例。

当我们尝试为构造器返回的 Host 实例配置一个启动类时，我们必须使用 UseStartup 类，这是 ASP. NET 的一部分，默认情况下不会通过. NET5 安装。如果要使用此功能（以及 ASP. NET 中的任何对象），我们需要将 ASP. NET 包添加至 FlyingDutchmanAirlines 项目中，这点可以通过 Visual Studio 的 NuGet 包管理器实现，也可以在项目文件夹内通过如下命令进行添加来完成：

```
\> dotnet add package Microsoft.AspNetCore.App
```

执行上述命令后，命令行会提示您包已经成功添加到项目中。

注意：这个命令也会执行 restore 操作。更多有关 restore 的细节，请查看第 5.1 节。

如果我们此时尝试构建项目，就会得到一个警告，提示我们应采用框架引用而不是包引用，这是由于过去几年中. NET 命名空间进行了修改。这个警告并不是要禁止我们不能像现在这样使用代码，我们可以轻松地解决这个问题。在文本编辑器（比如 Notepad＋＋或者 Vim）中打开 FlyingDutchmanAirlines. csproj 文件，在该文件中，添加粗体的代码，并删除对 ASP. NET 的包引用，如下所示。

```
<Project Sdk = "Microsoft.NET.Sdk">
    <PropertyGroup>
        <OutputType>Exe</OutputType>
        <TargetFramework>net5.0</TargetFramework>
    </PropertyGroup>
    **<ItemGroup>**
        **<FrameworkReference Include = "Microsoft.AspNetCore.App"/>**
    **</ItemGroup>**
    <ItemGroup>
```

```
~~<PackageReference Include = "Microsoft.AspNetCore.App" Version = "2.2.8"/
>~~
    ...
    </ItemGroup>
</Project>
```

至此,Microsoft.AspNetCore 已经(作为框架引用)安装好了,并且编译器不再警告,现在,我们已经可以使用 ASP.NET 的功能了,接下来我们要做的第一件事就是告诉编译器我们想要使用 AspNetCore.Hosting 命名空间,如代码示例 5-2 所示。在本书中,命名空间部分通常会在代码示例中省略,这是因为它们会占用空间,同时在大多数 IDE 中都可以自动填充。

代码示例 5-2:没有"Hello,World!"输出的 Program.cs。

```
using System;
using Microsoft.AspNetCore.Hosting;
// ↑我们使用了 Microsoft.AspNetCore.Hosting 命名空间
namespace FlyingDutchmanAirlines {
    class Program {
        static void Main(string[] args) {
            // 我们不再向控制台输出"Hello, World!"
        }
    }
}
```

### 5.2.2 创建和使用 HostBuilder

在本节中,我们将介绍以下几个方面内容:

(1)创建一个 HostBuilder 实例。

(2)声明我们想使用 Host 作为网络服务。

(3)启动 URL 设置为 http://0.0.0.0:8080。

(4)使用 HostBuilder 构建一个 Host 实例。

(5)运行 Host。

```
                    第一步:创建HostBuildr实例    第二步:使用Host作为网络服务
IHost host = Host.CreateDefaultBuilder().ConfigureWebHostDefaults(builder =>
{
    builder.UseUrls("http://0.0.0.0:8080");
}).Build();
        └─第四步:构建Host实例              第三步:设置启动URL
host.Run();
第五步:运行Host
```

在程序的 Main 方法中,我们添加了一个对 Host.CreateDefaultBuilder 的调用。

这个调用将返回一个 HostBuilder, 其中包含了一些默认值。然后, 我们通过调用 UseUrls 告诉 builder 我们想要使用一个特定的 URL 和端口, 接着我们调用 Build 进行构建, 并返回实际的 Host, 将输出的新 Host 赋值给一个 IHost 类型的显式类型变量。最后, 代码调用 host.Run(), 启动 Host, 如下面的代码所示:

```
using System;
using Microsoft.AspNetCore;
using Microsoft.AspNetCore.Hosting;

namespace FlyingDutchmanAirlines {
    class Program {
        static void Main(string[] args) {
            IHost host =
        ➡ Host.CreateDefaultBuilder().ConfigureWebHostDefaults(builder => {
                builder.UseUrls("http://0.0.0.0:8080");
            }).Build();

            host.Run();
        }
    }
}
```

如果您尝试此时编译和运行服务, 会发现服务能够启动, 但是稍后就会因为 InvalidOperationException 异常而终止。这个异常告诉我们, 我们没有配置 Startup 类和绑定到 Host。在创建这个 Startuo 类之前, 我们要先将 Program 类调整到最优状态。因为虽然我们已经创建了 Host 并且在 Main 方法中调用了 Run, 但是它确定应该在那里吗?

在本书 1.4 节中, 我们提到了方法编写流畅的重要性。如果我是一名新来的开发人员, 正在查看一个 public 方法(在本示例中就是 Main), 我很有可能并不关心具体的实现细节, 相反, 只想要了解这个方法大致在做什么, 而如果要做到这一点, 我们可以将 host 的初始化和赋值过程, 以及对 host.Run 的调用提取到一个单独的 private 方法中, 如下所示:

```
private static void InitalizeHost() {
    IHost host = Host.CreateDefaultBuilder()
                .ConfigureWebHostDefaults(builder =>
                {
                    builder.UseUrls("http://0.0.0.0:8080");
                }).Build();

    host.Run();
}
```

将 Host 的创建逻辑提取到一个单独的方法中是很好的做法,但是我们还可以进行更进一步的操作。我们可以额外考虑两点:第一件事,我们不需要将 HostBuilder 的结果保存在一个变量中,因为我们只使用它调用 Run 方法,而且仅一次,那么我们不如在 Build 后面直接调用 Run,避免不必要的内存分配,如下面代码所示:

```
Host.CreateDefaultBuilder()
    .ConfigureWebHostDefaults(builder =>
{
    builder.UseUrls("http://0.0.0.0:8080");
}).Build().Run();
```

第二件事就是,我们应该考虑将这个方法修改为一个"表达式"(expression)方法,与 lambda 表达式类似,一个表达式方法使用 => 符号表示该方法将会执行 => 符号右侧的表达式并返回结果(左侧参数,右侧表达式主体)。您可以将 => 运算符理解为赋值计算(=)和返回语句(>)的组合。lambda 表达式可能初看有些别扭,但是如果了解它,您就会喜欢上它们。

```
private static void InitalizeHost() =>
    Host.CreateDefaultBuilder()
        .ConfigureWebHostDefaults(builder =>
{
    builder.UseUrls("http://0.0.0.0:8080");
}).Build().Run();
```

上述表达这对我们的 Main 方法有什么影响吗?并没有什么影响,我们所需要做的事只有一件,就是像下面一样调用 InitializeHost 方法:

```
namespace FlyingDutchmanAirlines {
    class Program {
        static void Main(string[] args) {
            InitializeHost();
        }
        private static void InitalizeHost() =>
            Host.CreateDefaultBuilder()
                .ConfigureWebHostDefaults(builder =>
            {
                builder.UseUrls("http://0.0.0.0:8080");
            }).Build().Run();
    }
}
```

由上可以看出我们的代码现在非常整洁并且容易阅读,但是我们仍然需要处理运行时异常的问题。整洁的代码非常棒,但是如果代码的功能不能满足需要,它就还不够完善。通过异常我们可以得知,在我们构建和运行得到 IHost 之前,必须先使用

HostBuilder 注册一个 Startup 类,才能进行下面的工作。

### 5.2.3　创建 Startup 文件

此时,我们还没有一个 Startup 类,但是我们可以通过创建一个名为 Startup.cs 的文件(对于本示例,需要创建到项目根目录)以满足这个要求,如下面所示:

```
namespace FlyingDutchmanAirlines {
    class Startup { }
}
```

如果要配置我们的 Startup 类,需要在 Startup 类中创建一个 Configure 方法,这个方法将被 HostBuilder 调用,并且包含了一个关键的配置选项,允许我们使用控制器和终端地址,如代码示例 5-3 所示:

代码示例 5-3:Startup.cs 的 Configure 方法。

```
public void Configure(IApplicationBuilder app) {
    // ↓使用路由,在这个类中为服务做出路由决策
    app.UseRouting();
    // ↓使用终端地址模式路由网络请求。MapControllers 将扫描和映射我们服务中的所有
控制器
    app.UseEndpoints(endpoints => endpoints.MapControllers());
}
```

代码示例 5-3 中的这个小方法就是我们配置代码的核心。当 UseRouting 被调用时,这个服务的路由决策将在这个类中进行。如果我们没有调用 UseRouting,那么我们将无法触发任何终端地址。UseEndpoints 是指它允许我们使用和指定终端地址,且需要读入一个参数,这个参数是我们之前没有遇到过的一种类型:Action,它是一个委托实例。

### 委托和匿名方法

委托(delegate)提供了一种引用某个方法的方式,它也是类型安全的(type-safe),因此它只能指向一个具有给定签名的方法。委托可以传递到其他方法和类,然后在需要时被调用,通常被用作回调。

大家可以使用以下任意一种方法创建委托:

(1)使用 delegate 关键字。

(2)使用匿名方法。

(3)使用 lambda 表达式。

第一种方式,也是最传统的创建委托的方式就是显式声明一个 delegate 类型,并通过向 delegate 分配方法创建一个新的 delegate 实例,如下面代码片断所示:

```
delegate int MyDelegate(int x);
public int BeanCounter(int beans) => beans++;
```

```
public void AnyMethod(){
    MyDelegate del = BeanCounter;
}
```

这段代码可读性不错，但是有点不够整洁，随着 C# 的发展与成熟，引入了使用委托的新方法。

第二种方式，就是使用匿名函数，如要使用匿名函数创建委托，我们需要指定方法返回的类型以及新 delegate 实例中的主体，如下所示：

```
delegate int MyDelegate(int x);
public void AnyMethod() {
    MyDelegate del = delegate(int beans) {
        return beans + + ;
    };
}
```

注意：创建委托的原始方法和匿名方法之间的区别。匿名方法可以使您的代码大大简化，但是我们建议仅在被要求时才这样做，或者您确信自己能够坚持 DRY 原则时，再采用这种方法。如果需要在代码库的其他地方执行相同的逻辑，并且没有把委托传递到这个地方，那么请使用普通方法，并进行调用。

第三种方式，也是当前从匿名方法中演变出来的相当容易的方法：lambda 表达式，如下所示：

```
delegate int MyDelegate(int x);
public void AnyMethod() {
    MyDelegate del = beans => beans + + ;
}
```

上述我们简单地确定了匿名方法（beans）所需要输入，以及我们想要执行和返回的逻辑（beans＋＋）。此外，您还可以通过使用加号（＋）和减号（－）运算符从委托中添加和移除方法。如果您有多个方法绑定于同一个委托，那么这个委托就会成为一个多播委托（multicast delegate）。

最后，如果要使用委托，调用 Invoke 即可，如下面代码所示，这将调用基础的 Action，执行已经附加到这个委托上的任何代码。

```
del.Invoke();
```

如果我们传入一个 lambda 表达式，执行时会通过调用 MapControllers 配置应用程序的终端地址。MapControllers 是一种便捷的方法，用于扫描代码库寻找所有控制器，并在控制器中生成到终端地址的合适路由。

如下面代码片段所示向 Host 注册我们的 Startup 类之前，我们还需要创建一个 ConfigureServices 方法并在传入的 IServiceCollection 上调用 AddControllers。IServiceCollection 接口允许我们向服务添加功能，比如控制器的支持或依赖注入

(dependency–injected)类型,这些会功能被添加至内部服务集合中。

```
public void ConfigureServices(IServiceCollection services) {
    services.AddControllers();
}
```

为什么需要在服务集合中添加控制器支持呢?不是只需要扫描控制器并向 RouteTable 中添加路由吗?这是因为在运行时,Host 首先会调用 ConfigureServices,让我们有机会注册我们想在自己应用程序中使用的服务(在本示例中就是我们的控制器)。如果我们跳过了这个步骤,MapControllers 就不会找到任何控制器。

如下面的代码片段所示,如果要使用 IServiceCollection,就需要使用 Microsoft. Extensions. DependencyInjection 命名空间。依赖注入被运行时(runtime)可用于提供当前的最新 ServiceCollection(服务集合),您可以在本书第 6.2.9 节找到有关依赖注入的更多相关信息。

```
namespace FlyingDutchmanAirlines {
    class Startup {
        public void Configure(IApplicationBuilder app){
            app.UseRouting();
            app.UseEndpoints(endpoints => endpoints.MapControllers());
        }

        public void ConfigureServices (IServiceCollection services){
            services.AddControllers();
        }
    }
}
```

到现在,我们完成了 Startup 类,我们将其配置为被 HostBuilder 使用,然后返回到 Program. cs,并向 HostBuilder 中添加一个对 UseStartup()的调用。

```
namespace FlyingDutchmanAirlines {
    class Program {
        static void Main(string[] args) {
            InitializeHost();
        }

        private static void InitalizeHost() =>
            Host.CreateDefaultBuilder()
                .ConfigureWebHostDefaults(builder =>
                {
                    builder.UseStartup<Startup>();
                    builder.UseUrls("http://0.0.0.0:8080");
                }).Build().Run();
```

```
    }
  }
```

此时,当我们启动这个应用程序,我们会看到一个控制台窗口,提示服务正在运行和监听 http://0.0.0.0:8080。这个代码自动生成模板与我们提供的内容略有不同,但是它们的功能是一致的。

现在,我们做好了基础工作,可以向服务中添加一些逻辑了。

### 5.2.4 使用存储/服务模式作为网络服务架构

我们计划用于飞翔荷兰人航空公司下一代服务的架构是存储/服务模式。如果要满足这个模式,我们使用了颠倒的开发策略——自底向上开发:首先实现低层的数据库调用,然后逐步开发终端地址。

我们的服务架构包括以下 4 个层次:

(1) 数据库访问层。

(2) 存储层。

(3) 服务层。

(4) 控制器层。

我们采用自底向上开发的好处是,代码的复杂性可有计划地增加。通常,代码过于复杂是一件非常糟糕的事情。但是在本示例中,我们有工具可以控制这种增长。

我们可以通过选择任意一个终端地址,完成所有需要的步骤,以检查我们架构数据流如图 5 - 5 所示。比如,以 POST/Booking/{flightNumber}为例首先,让一个 HTTP 请求进入 Booking 控制器,它将拥有一个 BookingService 实例(每个实体都会有它自己的服务和存储),这个实例将用于调用 BookingRepository 和其他需要的服务,然后

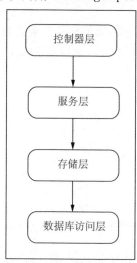

图 5 - 5　用于 FlyingDutchmanAirlinesNextGen. sln 的存储/服务模式

BookingRepository 调用任意适当的数据库方法,此时,数据流被反转,我们沿着这个链条将结果返回给用户。

图 5-5 中数据流和用户查询流从控制器流向服务,再流向存储,最后流向数据库。这个模式允许我们轻松进行分层渐进式开发。

正如之前以及图 5-6 所提到的那样,所有的实体都有它们自己的一套服务和存储库类。如果需要对另一个实体进行操作,初始服务会调用那个实体的服务,以请求执行该操作。

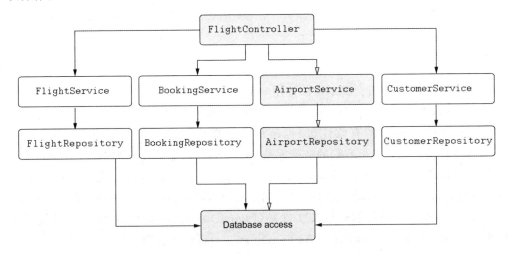

**图 5-6　应用于数据库实体的存储/服务模式**

图 5-6 中 FlightController 为每个它需要进行操作的实体保留了一个服务实例,而一个实体的服务至少保留了一个对应实体存储库的实例。服务可以在必要时调用其他存储库。这张图跟踪了 Airport 的依赖关系流(彩色框)。

## 5.3　构建数据库访问层

如果我们回顾第 4 章,我们会想起在应用程序前处理数据库访问的奇怪方式——连接字符串被硬编码到类中,并且没有使用 ORM,为了使我们的头脑保持清醒,我们使用了对象关系映射工具对数据库进行映射,以确保良好的匹配(或同构关系)。我们在本节的两个主要目标是:

(1) 设置 Entity Framework Core 并"逆向"已部署的数据库。

(2) 使用环境变量安全地存储连接字符串。

Entity Framework Core 最强大的功能之一就是能够"逆向"一个已部署的数据库。逆向意味着 Entity Framework Core 能够在您的代码库中根据一个已部署的代码库自动生成所有的模型,这会大量节省您的时间。逆向工程还可以保证您的模型与数据库模式正确映射。在第 3 章中,我们已讨论了模型和模式之间同构关系的必要性,使用

ORM 工具逆向工程数据库自动生成模型正是实现同构关系的一种方式。

### 5.3.1　Entity Framework Core 和逆向

在本节中,我们将学习如何使用 Entity Framework Core 逆向已经部署的数据库,并自动生成与数据库表匹配的模型。由于我们直接对数据库逆向,因此我们可以确保我们即将使用匹配的代码查询数据库。

如下面一行命令所示,要逆向我们的数据库,需要先通过运行 dotnet install 命令安装 Entity Framework Core。Entity Framework Core(EF Core)是一个单独的项目,不会自动与.NET5 一同安装。

```
\> dotnet tool install - - global dotnet - ef
```

安装成功时,命令行会提示可以使用 dotnet－ef 命令调用该工具以及刚刚安装的版本。Entity Framework Core 可以连接到很多不同类型的数据库,大多数数据库(SQL、NoSQL、Redis)都有软件包(也被称为数据库驱动),使得 Entity Framework Core 可以连接它们。如果我们的数据库是 SQL Server,那就要安装对应的驱动,另外还需要添加 Entity Framework Core Design 包,这个软件包包含了我们连接到 SQL Server 数据库(SqlServer 命名空间)和逆向工程模型(Design 命名空间)所需的功能。

此时,请确保从项目的根目录文件夹(FlyingDutchmanAirlines,而不是解决方案的根目录文件夹 FlyingDutchmanAirlinesNextGen)运行下面两行命令:

```
\> dotnet add package Microsoft.EntityFrameworkCore.SqlServer
\> dotnet add package Microsoft.EntityFrameworkCore.Design
```

这两行命令的安装用于(配合 Entity Framework Core)连接 SQL Server 的所有依赖包。

现在可以使用以下命令逆向数据库:

```
\> dotnet ef dbcontext scaffold [CONNECTION STRING] [DATABASE DRIVER] [FLAGS]
```

命令包含了两个陌生的术语——dbcontext 和 scaffold:

(1) dbcontext 是指创建一个类型为 DbContext 的类,dbcontext 是我们在代码中建立数据库连接时主要使用的类。

(2) scaffold 用于指示 Entity Framework Core 为已连接数据库中的所有实体创建模型,这很像脚手架,它围绕基础对象(类似建筑物)搭建一种"包装",我们可以利用它修建这个对象。在我们的操作中,是指它为已部署的 SQL 数据库搭建了一个脚手架(模型)。

我们可以使用标志指定生成的模型和 dbContext 所在的文件夹,将这些内容保存到一个专门的文件夹中,避免在项目根目录中放置一大堆模型文件:

```
\> dotnet ef dbcontext scaffold
➥ "Server = tcp:codelikeacsharppro.database.windows.net,1433;Initial
```

➡ Catalog = FlyingDutchmanAirlines;Persist Security Info = False;User

➡ Id = dev;Password = FlyingDutchmanAirlines1972!;

➡ MultipleActiveResultSets = False;Encrypt = True;

➡ TrustServerCertificate = False;Connection Timeout = 30;"

➡ Microsoft.EntityFrameworkCore.SqlServer − − context − dir DatabaseLayer

➡ − − output − dir DatabaseLayer/Models

如果大家在运行命令时遇到问题,请再三检查所有空格、换行(这里不应该有换行)和标志。通常,命令先构建当前项目,然后它会尝试使用给定的连接字符串连接数据库,最后,生成 dbContext 类(FlyingDutchmanAirlinesContext.cs)和恰当的模型,这时,我们可以检查刚刚创建的 FlyingDutchmanAirlinesContext 类。

生成的 FlyingDutchmanAirlinesContext 应包含以下 4 个主要部分:

(1)构造器。

(2)包含实体的 DbSet 类型的集合。

(3)配置方法。

(4)模型创建选项。

提示一下,在我们查看上述这些项目之前,这个类的声明中有一处值得注意的地方:

public partial class FlyingDutchmanAirlinesContext : DbContext

partial 是用来干什么的?

如果您看了生成的类,会注意到它有两个不同的构造器。在默认情况下,如果不提供一个构造器,C#编译器会在后台生成一个无参数构造器。这个构造器被称为默认构造器,或者隐式构造器。C#在没有显式构造器时就会创建默认构造器,以便您可以对这个类进行实例化。

### partial class

大家可以使用 partial 关键字将一个类的定义分离到多个文件中,虽然这会产生一些可读性问题,但是确实很需要。partial 类对于自动代码生成器(比如 Entity Framework Core)的使用特别有帮助,因为生成器可以将代码放到 partial 类中,使得开发人员能够丰富类的实现。

尽管如此,但因为我们不会在不同文件中为 FlyingDutchmanAirlinesContext 提供更多功能,所以我们可以从这个类中移除 partial 关键字。这里提示大家,生成器或模板以特定方式生成内容并不意味着您不能修改它,如下面所示。

public class FlyingDutchmanAirlinesContext : DbContext

这个修改是可选的。

正如我们在代码示例 5−4 中看到的那样,两个构造器都可以创建 FlyingDutchman AirlinesContext 实例。在 FlyingDutchmanAirlines 这个例子下,创建新实例时,您可以选择传入 DbContextOptions 实例也可选择不传入。如果向构造器传入了实例,那么它就会调用其基类(本示例中就是 DbContext)的构造器。

代码示例 5-4:FlyingDutchmanAirlinesContext 构造器。

```
// ↓一个显式默认构造器
public FlyingDutchmanAirlinesContext() { }


// 带有一个参数的重载构造器,调用了基础构造器。
public FlyingDutchmanAirlinesContext(DbContextOptions ➡
<FlyingDutchmanAirlinesContext> options) : base(options) { }
```

更多有关方法重载和构造器重载的信息,请参阅本书前面第 4 章内容。

### 5.3.2　DbSet 和 Entity Framework Core 工作流程

在本节中,我们会讨论 DbSet 类型以及使用 Entity Framework Core 的一般工作流程。回顾之前的构造器,我们知道 DbSet 类型的 4 个集合,每个都包含了一个数据库模型,DbSet 类型被认为是 EF Core 内部一部分内容的集合,Entity Framework Core 会使用 DbSet 集合存储和维护数据库表及其内容的准确副本。

我们看一个熟悉的概念:自动属性(auto-property),这个集合是公共的,但是它们也被 virtual 关键字修饰,如下面代码片断所示:

```
public virtual DbSet<Airport> Airport { get; set; }
public virtual DbSet<Booking> Booking { get; set; }
public virtual DbSet<Customer> Customer { get; set;}
public virtual DbSet<Flight> Flight { get; set; }
```

当我们使用 virtual 关键字声明某些内容时,您要允许在派生类覆盖其中的属性或方法,但如果您没有声明某个内容为 virtual,就不能覆盖它。

### 隐藏父属性和方法/密封类

假如有一个包含了没有被声明为 virtual 的属性或方法的基类,您应用它时,不能覆盖前面所说的属性和方法,怎么办呢? 有解决这个问题的方法。如下面一行代码所示,我们可以通过向方法或属性签名中插入 new 关键字,"隐藏"父属性和父方法。这个关键字表明我们只是想调用这个恰好拥有相同名称的全新方法,而不是要重新实现已有的父类。在实践中,它允许"覆盖"非虚拟的属性和方法。

```
public new void ThisMethodWasNotVirtual() {}
```

然而,请注意,我们并不推荐大家使用这个"隐藏"方法。理想情况下,最基础的开发者应当能够预测哪些属性和方法要被声明为 virtual。如果需要在系统规划之外执行操作(使用变通方法执行意外且不受控的覆盖),请务必在提交代码之前再三思考。最基础的开发者没有想到您会这样做,他们也不希望后面的人覆盖它(如果他们希望覆盖,他们就会提供 virtual 属性或方法)。

从基础类的开发人员角度看,如何防止您的非虚拟方法和属性在衍生类中被隐藏?

实践中,并没有为单个属性或方法指定这一点的合适的方式。但是,如下面代码所示有一个更硬核的选项:sealed 关键字,可以使用 sealed 关键字声明某个类被密封。这是保护类的好选项,因为别人无法以密封类为基础创建衍生类,类的继承被禁止,也就不可能覆盖或隐藏任何内容了。

```
public sealed class Pinniped(){}
```

与许多其他 ORM 工具类似,Entity Framework Core 开始时不够直观。大家日常对数据库进行的所有操作实际上都是对内存模型执行后,再保存到数据库。为此,Entity Framework Core 在 DbSet 中存储了大多数可用的数据库记录。这意味着,如果在数据库中用 192 作为主键添加了一个 Flight 实体,那么可以在运行时中将该特定实体加载到内存中,就可以从内存中访问数据库内容,轻松操作对象并抽象化您使用数据库的方式。但是根据数据库的大小,在内存中保存的大量记录可能会造成或多或少的资源问题,进而引起性能问题。

如图 5-7 所示,通过 Entity Framework Core 操作实体的正常工作流程如下:

(1) 对象查询合适的 DbSet(INSERT/ADD 操作不需要)。

(2) 操作对象(READ 操作不需要)。

(3) 适当修改 DbSet(READ 操作不需要)。

查询DbSet　　　　操作对象　　　　修改DbSet

图 5-7　通过 Entity Framework FCore 对数据库进行修改的三个常规步骤:查询 DbSet、操作对象和修改 DbSet

请大家记住,上面所述是仅在 DbSet 中进行了修改,数据库还没有同步修改。Entity Framework Core 仍然需要将这些更改提交到数据库,我们将在下面进一步探讨如何做到这一点。

### 5.3.3　配置方法和环境变量

如下一段代码所示 FlyingDutchmanAirlinesContext class 的第三个构建块包含了两个配置方法:OnConfiguring 和 OnModelCreating。DbContext 配置时将调用 OnConfiguring,这一过程将在启动时自动完成,而 OnModelCreating 将在(运行时的)模型创建过程被调用。

```
protected override void OnConfiguring(DbContextOptionsBuilder
➥ optionsBuilder){
    if (! optionsBuilder.IsConfigured){
```

```
optionsBuilder.UseSqlServer(
    ➥ "Server = tcp:codelikeacsharppro.database.windows.net,1433;Initial
    ➥ Catalog = FlyingDutchmanAirlines;Persist Security Info = False;User
    ➥ ID = dev;Password = FlyingDutchmanAirlines1972!;
    ➥ MultipleActiveResultSets = False;
    ➥ Encrypt = True;TrustServerCertificate = False;Connection Timeout = 30;");
    }
}
```

OnConfiguring 方法将使用一个 DbContextOptionsBuilder 类型的参数。OnConfiguring 方法将被运行时在 DbContext 的配置过程中自动调用，并且使用依赖注入提供 DbContextOptionsBuilder，我们应该配置与连接数据相关的设置。因此，我们需要提供连接字符串。

但是，令人头疼的是，这里再次出现了硬编码连接字符串。别担心，这里有处理连接字符串的好方法。建议大家使用环境变量存储连接字符串，环境变量（environment variable）是我们在操作系统级别设置的键值对｛K，V｝，我们可以在运行时检索环境变量，而环境变量很适合存储我们不想要在代码库中硬编码的值。

**注意：**环境变量通常用于容器化（比如 Kubernetes）网络服务部署。如果不想（或不能）在操作系统级别上设置环境变量，也可以使用云端解决硬编码问题，比如 Azure Key Vault 和 Amazon AWS Key Management Service。有关 Kubernetes 的更多信息，可以查询的 Ashley David 的 *Bootstrapping Microservices with Docker*，*Kubernetes*，*and Terraform*（Manning，2021 年）或 Marko Lukša 的 *Kubernetes in Action* 第二版（Manning，2021 年）。

每个操作系统的环境变量略有不同，我们之后将讨论 Windows 和 macOS 之间的实际差异，但是，我们在 C# 中检索环境变量的方式并不会随操作系统而改变。

System.IO 命名空间中，有一个名为 GetEnvironmentVariable 的方法，可以用于获取环境变量，如下面所示：

```
Environment.GetEnvironmentVariable([ENVIRONMENT VARIABLE KEY]);
```

此时，只需要传入您想要取回的环境变量的键（ENVIRONMENT VARIABLE KEY），就会取回指定键的对应的值。如果环境变量不存在，那么该方法将返回空值，而不会出现异常，因此在具体使用时需要对空值进行验证。

您的环境变量应该是什么样子的？ 取回的环境变量是键值对，并且由于环境变量中不能包含任何空格，因此会获得一份类似于｛FlyingDutchmanAirlines_Database_Connection_ String，[Connection String]｝的代码。

**提示：**由于环境变量是系统范围内的，因此不能在系统中设置相同键名的环境变量，当设置环境变量时，请务必记住这一点。

### 5.3.4 Windows 中环境变量设置

设置环境变量的过程在不同操作系统中有所不同。如在 Windows 中，可以使用

setx 命令设置环境变量,后面跟随所需的键值对,具体如下:

```
\> setx [KEY] [VALUE]
\> setx FlyingDutchmanAirlines_Database_Connection_String
➡ "Server = tcp:codelikeacsharppro.database.windows.net,1433;Initial
➡ Catalog = FlyingDutchmanAirlines;Persist Security Info = False;User
➡ ID = dev;Password = FlyingDutchmanAirlines1972!;
➡ MultipleActiveResultSets = False;Encrypt = True;
➡ TrustServerCertificate = False;Connection Timeout = 30;"
```

如果命令执行成功,命令行会报告成功保存该值(SUCCESS:Specified value was saved.)。要验证环境变量是否保存,请启动新的命令行(新设置的环境变量不会在已经开启的命令行会话中生效),并且运行 echo 命令查询环境变量。如果大家没有在屏幕上看到刚刚设定环境变量,那么可能需要重新启动计算机。查询命令如下:

```
\> echo %FlyingDutchmanAirlines_Database_Connection_String%
```

如果一切正常,那么 echo 命令应当返回环境变量的值(在本示例中就是我们的连接字符串),那么我们可以在服务中使用这个环境变量了!

### 5.3.5　macOS 中环境变量设置

与 Windows 上一样,我们可以使用命令行环境(macOS 终端)设置 macOS 的环境变量,在 macOS 上设置环境变量与 Windows 上一样简单,命令如下:

```
\> export [KEY] [VALUE]
\> export FlyingDutchmanAirlines_Database_Connection_String
➡ "Server = tcp:codelikeacsharppro.database.windows.net,1433;Initial
➡ Catalog = FlyingDutchmanAirlines;Persist Security Info = False;User
➡ ID = dev;Password = FlyingDutchmanAirlines1972!;
➡ MultipleActiveResultSets = False;Encrypt = True;
➡ TrustServerCertificate = False;Connection Timeout = 30;"
```

在 macOS 上同样可以使用 echo 进行验证,命令如下:

```
\> echo $FlyingDutchmanAirlines_Database_Connection_String
```

当我们在 macOS 上使用 Visual Studio 调试代码库,并尝试运行服务并获取环境变量时,事情可能会有些复杂,这时,通过命令行定义的环境变量不会自动应用到类似于 Visual Studio 的 GUI 应用程序中。解决方案是通过 macOS 终端运行 Visual Studio,或者在 Visual Studio 中添加环境变量作为运行时配置的一部分。

### 5.3.6　通过代码检索运行环境变量

设置环境变量后,就可以在代码中获取它了。如果我们希望在 OnConfigure 方法中获取环境变量,而不是硬编码连接字符串,可以使用 Environment.GetEnvironmentVariable

方法获取环境变量。由于当 Environment. GetEnvironmentVariable 没有找到环境变量时,会返回空(null)值,因此在本示例中我们使用空合并运算符(null coalescing operator)"??",将空值设置为空字符串,如下所示:

```
protected override void OnConfiguring(DbContextOptionsBuilder
➥ optionsBuilder)  {
    if(! optionsBuilder.IsConfigured) {
        string connectionString = Environment.GetEnvironmentVariable(
            ➥ "FlyingDutchmanAirlines_Database_Connection_String")
            ➥ ?? string.Empty;
        optionsBuilder.UseSqlServer(connectionString);
    }
}
```

我们可以使用很多种方法处理 null 值(比如使用条件语句或者将 GetEnvironmentVariable 调用和空合并运算符一同放入 UseSqlServer 的方法),但是使用空合并是我比较喜欢的方法,它相对比较有可读性并且简洁。通过这个小技巧,可极大地提高应用程序的安全性,尤其是想避免硬编码连接字符串提交到源代码控制管理系统所造成的问题时,可使用此法。

至此,FlyingDutchmanAirlinesContext 中我们还没有介绍的剩余代码就是 OnModelCreating 方法,如代码示例 5－5 所示:

代码示例 5－5:FlyingDutchmanAirlinesContext OnModelCreating。

```
// ↓覆写 OnModelCreating 方法
protected override void OnModelCreating(ModelBuilder modelBuilder) {
    // ↓准备 EF Core 以使用 Airport 模型
    modelBuilder.Entity<Airport>(entity => {
        entity.Property(e => e.AirportId)
            .HasColumnName("AirportID")
            .ValueGeneratedNever();

        entity.Property(e => e.City)
            .IsRequired()
            .HasMaxLength(50)
            .IsUnicode(false)

        entity.Property(e => e.Iata)
            .IsRequired()
            .HasColumnName("IATA")
            .HasMaxLength(3)
            .IsUnicode(false)
    });
```

```
// ↓ 准备 EF Core 以使用 Booking 模型
modelBuilder.Entity<Booking>(entity => {
    entity.Property(e => e.BookingId).HasColumnName("BookingID");

    entity.Property(e => e.CustomerId).HasColumnName("CustomerID");

    entity.HasOne(d => d.Customer)
        .WithMany(p => p.Booking)
        .HasForeignKey(d => d.CustomerId)
        .HasConstraingName("FK__Booking__Custome_71D1E811");

    entity.HasOne(d => d.FlightNumberNavigation)
        .WithMany(p => p.Booking)
        .HasForeignKey(d => d.FlightNumber)
        .OnDelete(DeleteBehavior.ClientSetNull)
        .HasConstraintName("FK__Booking__FlightN__4F7CD00D");
});

// ↓ 准备 EF Core 以使用 Customer 模型
modelBuilder.Entity<Customer>(entity => {
    entity.Property(e => e.CustomerId)
        .HasColumnName("CustomerID")

    entity.Property(e => e.Name)
        .IsRequired()
        .HasMaxLength(50)
        .IsUnicode(false)
});

// ↓ 准备 EF Core 以使用 Flight 模型
modelBuilder.Entity<Flight>(entity => {
    entity.HasKey(e => e.FlightNumber);

    entity.Property(e => e.FlightNumber).ValueGeneratedNever();

    entity.HasOne(d => d.DestinationNavigation)
        .WithMany(p => p.FlightDestinationNavigation)
        .HasForeignKey(d => d.Destination)
        .OnDelete(DeleteBehavior.ClientSetNull)
        .HasConstraintName("FK_Flight_AirportDestination");

    entity.HasOne(d => d.OriginNavigation)
        .WithMany(p => p.FlightOriginNavigation)
```

```
            .HasForeignKey(d => d.Origin)
            .OnDelete(DeleteBehavior.ClientSetNull);
    });

    // ↓调用 partial OnModelCreatingPartial 方法
    OnModelCreatingPartial(modelBuilder);
}

// ↓定义 partial OnModelCreatingPartial 方法
partial void OnModelCreatingPartial(ModelBuilder modelBuilder);
```

**提示**：上述这些可能与您系统上的代码有所不同，因为它们是自动生成的。OnModelCreating 方法在内部会为 Entity Framework Core 设置实体以及定义在数据库模式中的键约束。这意味着允许我们在无需考虑数据库的情况下进行实体操作（这也是 Entity Framework Core 的核心理念），由于系统自动生成并调用了一个名为 OnModelCreatingPartial 的方法，Entity Framework Core 控制台工具集生成了 OnModelCreatingPartial 方法，因此可以在模型创建过程中执行其他逻辑。通常，我们不会这样做，我们要将 OnModelCreatingPartial 的定义及调用删除。这里请注意，此时如果您再次执行逆向工程过程（或其他代码生成工具），您的修改将会再次覆盖。

# 5.4 练 习

练习 5 - 1

如果想要阻止其他人派生某个类，那么我们需要向这个类中添加什么关键字？

（1）Virtual

（2）Sealed

（3）Protected

练习 5 - 2

如果我们想要允许其他人覆盖某个属性或方法，我们应使用什么关键字？

（1）Virtual

（2）Sealed

（3）Protected

练习 5 - 3

填空：_____ 是运行网络服务的基础过程，而它运行在 _____ 中。

（1）host

（2）Tomcat

（3）JVM

（4）CLR

练习 5-4

判断题：使用 Startup 类时，需要将其注册到 Host。

练习 5-5

尝试一下：编写一段表达式-主体风格的代码，接受两个整数并返回它们的乘积，而且这段代码应当只有一行。提示：考虑 lambda。

练习 5-6

在存储/服务模式中，应当有多少控制器层、服务层和存储层？

# 5.5 总 结

（1）我们可以在命令行中使用预定义的模板（比如 console 和 mvc）创建.NET5 解决方案和项目，模板是一种轻松创建常规解决方案和项目的方法。

（2）restore 操作可以用来获取一个项目编译所需的全部必要依赖。

（3）我们可以使用 dotnet sln [SOLUTION] add [PROJECT]命令向解决方案中添加项目。

（4）Host 是在 CLR 内部进行的，用来运行网络服务的过程，为 CLR 和用户之间提供了一个接口。

（5）只需要返回表达式值的方法可以使用类似于 lambda 表达式的语法简洁地编写。这被称为表达式-主体方法，可以使我们的代码更加可读。

（6）在 Startup 类中，我们可以设置路由，允许使用控制器和终端地址。这对 MVC 网络应用程序非常重要，因为它使得我们可以调用终端地址以及使用控制器的概念。

（7）存储/服务模式包含了多个存储库、服务和控制器（每个实体一个）。这种易于遵循的范式有助于我们控制数据流。

（8）Entity Framework Core 是一种强大的对象关系映射工具，可以通过 scaffold 逆向工程已部署的数据库。这将节省开发者大量时间，并且允许数据库与代码库之间存在近乎完美的同构关系。

（9）使用 partial 关键字可以定义分布在多个位置进行实现的类和方法。partial 关键字通常被自动代码生成器使用。

（10）当某个对象被声明为 virtual，就可以说这个属性、字段或方法可以被安全覆盖。这点在平衡扩展性需求和保持原始代码不受改动时非常有用。

（11）可以通过向方法或属性签名添加 new 关键字，“隐藏”非虚拟的属性和方法。

（12）当某个类被密封（sealed）时，不可以继承它。实际上，密封类会阻止任何类从它那里衍生。当知道您的类不太可能需要继承，并且要防止其他人篡改您的代码时，使用密封类非常有效。

（13）环境变量时可以设置在操作系统中的键值对，它们可以存储敏感数据，比如连接字符串或密码。

# 第 4 部分　存储层

在第 3 部分中,我们开始实施下一代飞翔荷兰人航空公司的服务,至此我们创建了一个新的.NET5 项目,并且编写了一个数据库访问层。在这部分中,我们学习实现存储层类,介绍测试驱动的开发、自定义比较类、泛型、扩展方法以及更多内容。

# 第6章 测试驱动开发和依赖注入

本章包含以下内容：

（1）使用 lock 锁、mutex 互斥锁和 semaphore 信号量。

（2）在同步和异步方法之间进行转换。

（3）单元测试使用依赖注入。

在第 3 章和第 4 章中，我们介绍如何查看现有的代码库，并讨论了潜在的改进措施，为了解决发现的问题，编写了新版本的飞翔荷兰人航空公司服务程序，并在第 5 章中使用 Entity Framework Core 实现了数据库访问层。在本章中，我们将介绍业务逻辑实现，进入存储层并创建 CustomerRepository 类，图 6-1 展示了本章在本书架构中所处的位置。

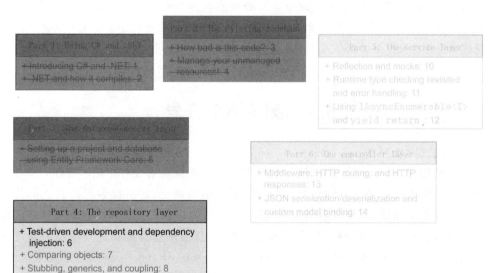

图 6-1 进度图

图 6-1 在第 5 章中实现了数据库访问层之后，我们将在本章中继续去实现 CustomerRepository。

存储层是我们服务器的核心，在存储层中，我们将做以下两件事：

（1）通过数据库访问层通讯查询和操作数据库。

（2）将被请求的实体或信息返回到服务层。

我们希望能够按照单一职责原则（single responsibility principle，SRP）建立孤立

的、精简的、可读的方法,遵循 SRP 原则可以使得我们的代码更加容易测试和维护,快速理解各种方法,并修复许多潜在的错误。

**单一职责原则**

单一职责原则(single responsibility principle,SRP)是 Robert Martin 定义的整洁代码原则之一。SRP 容易上手,但是熟练掌握却需要进行多年的实践。单一职责原则基于 Edsger Dijkstra 在其论文 *On the Role of Scientific Thought* * 中提出的关注点分离(separation of concerns)概念。在实践中,SRP 意味着专注于做好一件事。更加正式的说法,可参考 Martin 在 2014 年发表的一篇博文(https://blog. cleancoder. com/uncle-bob/2014/05/08/SingleReponsibilityPrinciple. html),SRP 是指"每个软件模块应该有且仅有一个原因可以被更改"。

实际应用中,我们如何知道自己是否违背了 SRP 呢? 最简单的方法就是问问自己是否做了不只一件事。如果您需要在解释方法用途时或者在方法名称中使用了"和",那么通常已经违背了 SRP。其中,SRP 与 Liskov 原则密切相关,我们将在第 8 章中讨论这一原则。

我们回想一下第 3 章和第 4 章中查看的现有代码库中的终端地址,会发现很多方法我们做了不只一件事情,即它们调用了多个数据库表并且执行了多个处理任务。我们希望能够将这些操作分别拆分为单个方法,进而可以重复使用代码,提高代码的质量。

# 6.1  测试驱动开发

使用测试驱动开发(test-driven development,TDD)实现您的代码,可以使您的代码将比不使用 TDD 的更加可靠,测试效果更好。如果您从来没有使用过 TDD,本书会引导您在实践中真正使用 TDD。本质上讲,测试驱动开发,就是在编写代码之前首先编写它们的单元测试,同步更新测试和代码,也同时构建它们。这将促进具有良好的设计和可靠的代码,因为 TDD 可以实现即时反馈,并且帮助您直接找到任何没有通过测试的代码。在本节中,我们将介绍使用 TDD 为 CustomerRepository 编写单元测试。

**注意**:在本书中,我使用了 TDD-light 这个对象。从理论上讲,您应该在实现任何实际逻辑之前首先编写一个测试,然而,在实践中,通常大家并不会这样做。在整本书中大家会看到这个方法一直在使用,它其实不是纯粹的 TDD,但可以平衡 TDD 工作量与快速迭代的实际解决方案。

如果要进行 TDD(或是其他类型的测试),需要在解决方案中创建一个测试项目。就像在第 5 章中介绍的那样,使用模板创建项目,然后向解决方案中添加新的 csproj 文

---

    * Edsger Dijkstra 用钢笔写论文,并且使用"EWD [N]"为论文编号,其中 N 指代的是论文的编号(EWD 代表它的全名:Edsger Wybe Dijkstra)。*On the Role of Scientific Thought* 这篇论文就是 EWD 447,可以在他的 *Selected Writings on Computing:A Personal Perspective*(Springer-Verlag,1982 年)中找到。

件的引用,如下所示:

```
\> dotnet new mstest – n FlyingDutchmanAirlines_Tests
\> dotnet sln FlyingDutchmanAirlinesNextGen.sln add
➡ FlyingDutchmanAirlines_Tests\FlyingDutchmanAirlines_Tests.csproj
```

由上述可以看出,现在我们解决方案中有了一个运行在 MSTest 平台的测试项目。实际上,除了 MSTest 之外,还有很多支持 C# 的测试框架,比如 xUnit 和 NUnit,我们将在本书中使用 MSTest,因为. NET 自带 MSTest。

新项目中还包含了一个自动生成的,名为 UnitTest1. cs 的单元测试文件,如下所示:

```
using Microsoft.VisualStudio.TestTools.UnitTesting;

namespace FlyingDutchmanAirlines_Tests {
    [TestClass]
    public class UnitTest1 {
        [TestMethod]
        public void TestMethod1() { }
    }
}
```

**注意**:如果您的测试类不包含 public 访问修饰符,那么 MSTest 运行器将找不到这个类,这个类中的测试也不会被运行。

在本章中,我们会使用 UnitTest1. cs,并根据我们第一个存储库 CustomerRepository 的要求进行调整。为什么从 CustomerRepository 开始,而不是 FlightRepository 或者 BookingRepository? 大家想一下,当我们实现它们时,每个数据库模型(Customer、Flight、Airport,和 Booking)都有一个对应的存储库,在这些存储库中,我们可以执行创建、读取、更新和删除(create、read、update、and delete、CRUD)操作,进而查询或操作数据库。由于 Customer 实体没有包含任何外键约束,因此我们不太需要在完成这个存储库之前陷入必须为其他实体首先创建存储库的困境。根据我的经验,遵循从最低(嵌套内层/最少外键约束)实体到最高实体的顺序会使编程更容易。当到达约束最复杂的实体时,您已经完成了其所有的依赖关系,这也就是第 5 章介绍的,我们从数据库访问层开始,而不是从控制器层开始实现下一代服务的原因。

在我们编写第一个单元测试之前,我们首先创建存储库类和第一个方法的骨架:CreateCustomer。CreateCustomer 方法可以接受一个代表用户姓名的 string 类型的输入,随后验证输入并向数据库插入一个新实体,CustomerRepository 位于 FlyingDutchmanAirlines 项目下的一个名为 RepositoryLayer 的新文件夹中,具体代码如下:

```
namespace FlyingDutchmanAirlines.RepositoryLayer {
    public class CustomerRepository {
```

```
        public void CreateCustomer(string name) { }
    }
}
```

现在的 CustomerRepository 看起来并没有很多代码,其只是一个类声明和一个方法,但是已可满足编写第一个单元测试的条件了。根据 TDD 传统,我们遵循类似红绿灯模式的二元策略,如图 6-2 所示。

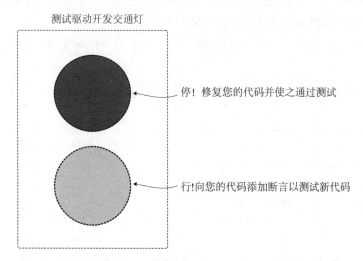

图 6-2 测试驱动开发交通灯

图 6-2 中我们努力将代码从红色(编译问题和测试失败)更新到绿色(所有测试通过并且代码编译成功),再回到红色这样一个循环。如此可推进迭代开发生命周期。

使用 TDD 交通灯,我们不断从"红色"阶段(无法编译或测试没有通过)到"绿色"阶段(所有测试通过,此时可以实现更多代码)进行操作,这个工作流程是测试驱动开发的核心优势。

接下来,回到我们的测试项目。如果想调用其中的任何方法,需要添加对FlyingDutchmanAirlines 的引用。我们可以类比第 5 章向 FlyingDutchmanAirlinesNextGen.sln 添加 FlyingDutchmanAirlines. csproj 那样,运行一段类似的命令,如下所示:

```
\> dotnet add
➥ FlyingDutchmanAirlines_Tests/FlyingDutchmanAirlines_Tests.csproj
➥ reference FlyingDutchmanAirlines/FlyingDutchmanAirlines.csproj
```

然后,我们就可以将 UnitTest1.cs 重命名为 CustomerRepositoryTests. cs,并将命名空间和方法名修改为更合适的内容。现在,我们可以实例化我们的CustomerRepository 类,并调用新的 CreateCustomer 方法,如下所示:

```
using FlyingDutchmanAirlines.RepositoryLayer;
using Microsoft.VisualStudio.TestTools.UnitTesting;
```

```
namespace FlyingDutchmanAirlines_Tests.RepositoryLayer {
    [TestClass]
    public class CustomerRepositoryTests {
        [TestMethod]
        public void CreateCustomer_Success() {
            CustomerRepository repository = new CustomerRepository();
        }
    }
}
```

上述这个测试实际上什么也没有测试,所以在继续下面操作之前,我们需做一下假设:这个 repository 应该不是 null。大家可能会说,这不是我们的代码,因为我们只是调用了默认构造器,对的。然而,在我看来,测试构造器仍然是有价值的,因为您永远不知道什么时候会有人将实现修改为没有参数的显式构造器或者做一些意外的事情。

要使用 MSTest 框架添加假设断言,可以使用 Assert . C:\Users\MHY\AppData\Roaming\Microsoft\Word\[Arguments].[TestMethod]模式,如下所示:

```
public void CreateCustomer_Success() {
    CustomerRepository repository = new CustomerRepository();
    Assert.IsNotNull(repository);
}
```

如果要运行单元测试,可以使用 Visual Studio 的 Unit Test Explorer,也可以从命令行调用测试框架。无论哪种方法,我们都需要先编译代码,然后再执行测试,要运行解决方案中的所有测试,当然,可以在命令行中使用以下命令:

```
\> dotnet test
```

如果您通过 Visual Studio(如果使用的是 Visual Studio)运行本书介绍测试时遇到问题,可以尝试一下 dotnet test 命令。

测试运行完成之后,我们可以看到第一次测试通过,如图 6 - 3 所示。但是请注意,单元测试旨在与其他测试隔离,并且仅测试单个方法,因此,MSTest 运行器执行测试时并不能保证任何顺序。

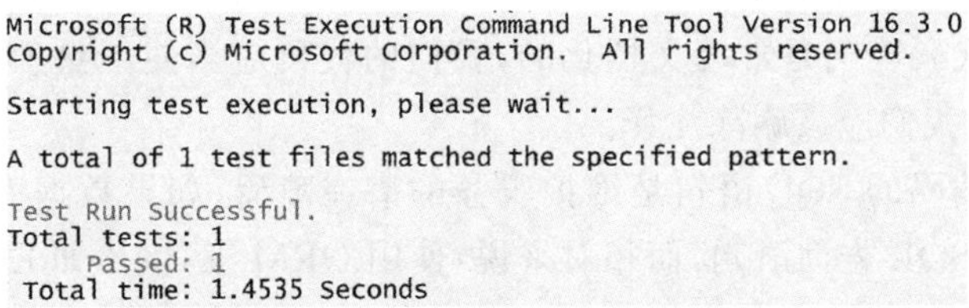

```
Microsoft (R) Test Execution Command Line Tool Version 16.3.0
Copyright (c) Microsoft Corporation.  All rights reserved.

Starting test execution, please wait...

A total of 1 test files matched the specified pattern.

Test Run Successful.
Total tests: 1
     Passed: 1
 Total time: 1.4535 Seconds
```

图 6 - 3   MSTest 框架运行测试

图 6 - 3 MSTest 框架运行我们的单元测试,并且代码通过了测试,确保我们的代码在每次修改之后都能够通过,这有助于我们尽早发现错误。

## 6.2　CreateCustomer 方法

在本节中，我们将在 CustomerRepository 类中实现 CreateCustomer 方法。我们希望接受代表客户姓名的 string 类型的字符串作为参数，并返回一个显示客户是否成功添加到数据库的布尔值。

在现有的数据库中（在第 3 章和第 4 章中讨论过），有一种名为 FlightController. Post 的方法向数据库中添加了一个 Customer 实例。Post 方法大约有 80 行长，同时执行了用于获取机场详细信息的逻辑，它还检索并预定航班。在一个方法中做了不只一件事，实际上违反了单一职责原则。FlightController. Post 方法确实没有只做一件事（就像原则中描述的那样），而是做了很多事情。关于创建客户的实际代码只有 8 行长，如代码示例 6-1 所示。

代码示例 6-1：旧代码库中如何在数据库中创建 Customer 实例。

```
// ↓我们应当编写无需注释就足够清晰的代码
// Create new customer
// ↓在此代码片段之前，连接变量就已经实例化了
cmd = new SqlCommand("SELECT COUNT( * ) FROM Customer", connection);
var newCustomerID = 0;
// ↓很好地使用了 using 语句，但是其中使用了隐式类型
using(var reader = cmd.ExecuteReader()) {
    // ↓将数据库的返回值读取到一个 ID 变量中
    while (reader.Read()) {
        newCustomerID = reader.GetInt32(0);
        break;
    }
}
```

代码示例 6-1 中的代码片段并不是我们见过的最糟糕的代码片段，但是我们仍然可以做以下改进：

（1）我们的代码应当是常规文档化的，我们的代码应当使不熟悉逻辑的人也能够阅读并理解，所以我们应该删除注释。

（2）使用硬编码的 SQL 语句是维护服务的潜在障碍，如果数据库模式发生变化，那么也需要修改 SQL 查询语句，而相对来说，使用 ORM 工具（比如 Entity Framework Core）抽象化 SQL 查询会更加安全。

在确定了这些改进之后，我们重新编写代码，从创建新的 CreateCustomer 方法的签名开始：

```
public bool CreateCustomer(string name) {}
```

此时 CreateCustomer 方法中并没有包含任何实际逻辑,接下来,我们对它进行修改。如果要在数据库中创建客户条目,我们需要做 4 件事情:

(1) 验证 name 的输入参数。

(2) 实例化一个新的 Customer 对象。

(3) 将新创建的 Customer 对象添加到 Entity Framework Core 内部 DbSet。

(4) 使用 Entity Framework Core 提交修改。

我们应在所有存储库方法中都遵循上述这一通用模式,通常程序员会不假思索地按照该模式理解代码,并保持一致性以使我们的代码库更容易阅读和维护。

## 6.2.1　验证输入参数

在理想情况下,别人不会向您的方法传入 null 或无效的参数。可是并不存在理想情况。为了避免其他人带来的不可靠性,我们将方法当作可以输入任何信息并可以接受结果的黑箱。如果我们假设其他开发者都提前处理了有效性,并且向这个黑箱传入了无效的值,那么我们就会遇到麻烦并且引发程序运行时异常问题。

当我们需要验证我们的输入,就要考虑一个代表客户姓名的字符串必须满足哪些要求。首先,大家可以放心地假设,在假设无效的情况下,我们可以从方法中返回一个 false 布尔值,表明我们没能成功地使用给定的输入参数向数据库中添加新的 Customer 对象,如下面代码所示:

```
public bool CreateCustomer(string name) {
    if (string.IsNullOrEmpty(name)) {
        return false;
    }

    return true;
}
```

ISNULLOREMPTY .NET 提供了 IsNullOrEmpty 方法作为 string 类的一部分,此方法将返回一个布尔值,表明给定字符串是否为 null 或者空。

至此,我们添加第二个返回语句,以满足方法签名的要求。如果程序没有 return true 语句,编译器就会出现一个错误提示,说明 CreateCustomer 方法中并不是所有代码路径都返回了 bool 类型的值。如果根据输入字符串验证其是否是我们在 CreateCustomer 方法中唯一所做的事情,那么我们确实可以直接返回 string. IsNullOrEmpty 所产生的布尔值。但是,我们还有其他的逻辑要考虑进去。此时,我们更新现有的单元测试,使其覆盖验证成功的情况,调用 CreateCustomer 方法并传入有效的姓名字符串,然后检查该方法是否返回了真值,如下所示:

```
[TestMethod]
public void CreateCustomer_Success() {
    CustomerRepository repository = new CustomerRepository();
```

```
    Assert.IsNotNull(repository);

    bool result = repository.CreateCustomer("Donald Knuth");
    Assert.IsTrue(result);
}
```

接着,继续运行测试,代码应当可以通过测试。我们在方法中为以下两种情况引入了新的返回分支:

(1) name 参数为 null。

(2) name 参数为空字符串。

### 6.2.2  使用 arrange、act 和 assert 流程编写单元测试

在本节中,我们将深入探讨测试驱动的开发相关内容,并研究其核心测试理念。另外,我们还将按照本书介绍的测试流程继续介绍编写 CreateCustomer_Success 单元测试的知识:实例化一个对象,调用它并验证输出是否正确。本节检查测试的"3A"流程如图 6 - 4 所示:

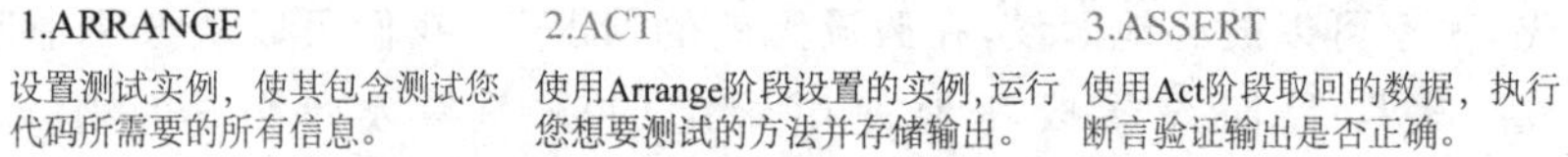

| 1.ARRANGE | 2.ACT | 3.ASSERT |
|---|---|---|
| 设置测试实例,使其包含测试您代码所需要的所有信息。 | 使用Arrange阶段设置的实例,运行您想要测试的方法并存储输出。 | 使用Act阶段取回的数据,执行断言验证输出是否正确。 |

**图 6 - 4  测试的"3A"流程:arrange,act 和 assert**

图 6 - 4 中这一流程使得我们能够以有组织和可预测的方式编写测试。

```
[TestMethod]
public void CreateCustomer_Failure_NameIsNull() {
    CustomerRepository repository = new CustomerRepository();
    Assert.IsNotNull(repository);

    bool result = repository.CreateCustomer(null);
    Assert.IsFalse(result);
}


[TestMethod]
public void CreateCustomer_Failure_NameIsEmptyString() {
    CustomerRepository repository = new CustomerRepository();
    Assert.IsNotNull(repository);

    bool result = repository.CreateCustomer("");
    Assert.IsFalse(result);
}
```

上述程序中空字符串 "" 和 string. Empty 都是描述空字符串的有效方法。事实上,string. Empty 就是""。大家可选择其中自己喜欢的一种。我个人喜欢使用 string.

Empty,因为它相对更加明确。在这本书中,会同时使用这两种方法。

类似这样的测试,我们已经做了 3 次介绍。现在,我们对方法进一步修改就可以运行这些测试,确保现有代码没有被破坏。

### 6.2.3 无效字符的验证

验证输入要做的第二件事就是检查 name 字符串中是否含有无效字符。我们并不希望姓名中包含特殊字符,比如:

(1) 感叹号:!。

(2) at 标志:@。

(3) 磅符号:♯。

(4) 美元符号:$。

(5) 百分比标志:%。

(6) 和符号:&。

(7) 星号:*。

我们不可能通过某些符号对输入进行限制。姓名中可能包含的 Unicode 字符列表非常庞大,尤其是比如越南语和亚美尼亚语中特殊的字母符号时。那么,我们应该如何检查特殊字符呢?

要解决这个问题,我们可以创建一个特殊字符数组,在输入的姓名字符串上对每个字符进行循环,判断其是否包含特殊字符,但这个方法需要很多行代码,并且相当低效[*]。我们也可以使用正则表达式(regular expression,regex)与 regex 字符串进行匹配,但是这样有点不合适。确定字符串中是否包含给定字符的最简单和最整洁的方法就是指定包含所有禁用字符的数组,然后使用 LINQ 的 Any 方法对源字符串进行迭代,传入一个 Action,以检查字符串中是否包含禁用字符集合中的元素,其中 Any 方法可以检查一个表达式(通过一个 Action)是否对集合中的任何一个元素有效,而 LINQ 可能开始比较难以理解,我们可一步一步分析下面这段 LINQ 代码:

```
char[] forbiddenCharacters = {'! ','@','♯','$','%','&','*'};
bool containsInvalidCharacters = name.Any(x =>
➥ forbiddenCharacters.Contains(x));
```

虽然使用 Any 这个 LINQ 方法的时间复杂度和之前介绍的对字符列表进行嵌套 for 循环是相同的。但是它相对更具有可读性,并且更加符合 C# 风格。LINQ (Language-Integrated Query,语言集成查询)是 C# 内部的一种编程语言,允许我们执行操作查询和修改集合。在这里,我们使用了正常 C# 语法调用了 LINQ 库中的一个

---

[*] 在给定字符串上,对每个字符使用一个 N 字符的集合进行迭代的运行时间复杂度是 $O(n^2)$。在一个 N 字符(〈N〉)的集合上迭代的实践复杂度是 $O(n)$,而对特定字符串(〈N〉)上的每个字符及进行迭代的时间复杂度同样也是 $O(n)$。两者相乘,就可以得到 $O(n) * O(n)$,进而结合为 $O(n*n)$,即 $O(n^2)$。

总结:$O(n) * O(n) = O(n^2)$。正则表达式的实现也可以使用相同的时间复杂度概念进行处理。

方法（Any）。

第一步，我们声明、初始化并分配一个名为 forbiddenCharacters 的 char 类型数组变量，这个数组包含了一些我们不允许的字符。

第二步，我们初始化一个名为 containsInvalidCharacters 的布尔类型，并将其赋值为 LINQ 查询的结果。我们可以用叙述的方式阅读 LINQ 查询："如果这个名为 name 的字符串中的任何一个字符被 forbiddenCharacters 集合包含，则整个方法返回 false，反之则返回 true。"

如果对 Any 的调用结果为 true，则表明传入的表达式对集合中某个元素的检查结果也为 true（在本示例中，就是 name 字符串中有某个字符被包含在禁用字符串列表中）。当我们通过 lambda 表达式传入了一个需要被评估的表达式，可以使用 forbiddenCharacters 的 Contains 方法评估是否 forbiddenCharacters 集合包含了传入的值，结合 Any 调用看，就是如果我们得到 Contains 调用的返回值为 true（代表 name 字符串中某个字符为禁用字符），那么 Any 也会返回 true，即字符串中包含了禁用字符。

实际应用中，我们可以将验证是否包含禁用字符的判断代码放在检查 name 字符串是否为 null 或空的判断代码之后，甚至可以将其内联到条件语句中，但是我赞成另外一种方法。那应该把代码放到哪里？使用单独的 private 方法。

我们提取 IsNullOrEmpty 条件语句到它自己的方法中，并添加判断无效字符的代码，可以直接调用 IsInvalidCustomerName 方法并使之返回一个布尔值（注意，我们必须引入 System. Linq 命名空间才能使用 LINQ 查询），如代码示例 6 - 2 所示。

代码示例 6 - 2：提取了 IsInvalidCustomerName 方法的 CustomerRepository. cs。

```
using System.Linq;

namespace FlyingDutchmanAirlines.RepositoryLayer {
    public class CustomerRepository {
        public bool CreateCustomer(string name) {
            if (IsInvalidCustomerName(name)) {
                return false;
            }

            return true;
        }
    }

    private bool IsInvalidCustomerName(string name) {
        char[] forbiddenCharacters = {'!', '@', '#', '$', '%', '&', '*'};
        return string.IsNullOrEmpty(name) || name.Any(x =>
            ➡ forbiddenCharacters.Contains(x));
    }
}
```

```
}
```

正如大家在上述代码示例 6 - 2 中看到的,我们将代码提取到单独的方法中,基于条件语句和 LINQ 查询的结果返回了一个布尔值。

短路和逻辑运算符的另一种方法就是使用异或运算符(XOR)替换条件逻辑 OR 运算符(||)。如果有且只有一个项目为真,则 XOR 运算符的结果为真。如果 IsNullOrEmpty 和 Any Contains 检查都返回真,就会产生一个奇怪的问题(一个字符串不能同时为 null 或空且包含无效字符),对这种情况而言,XOR 也是可处理的。 XOR 是逻辑运算符,它会首先评估运算符两边的表达式,才能返回真或假的判定。其他逻辑运算符可能执行速度会更快,比如逻辑或运算符,它在判定运算符左侧表达式为真之后,将不评估右侧表达式,这也被称为"短路求值"。

至此,我们回到 forbiddenCharacters 数组,有的读者可能会说:"为 forbidden-Characters 数组分配变量时,可能根本就用不到它,因为 name 可能直接就是 null 或空"。对于这种意见,我确实认同,但是,这样做是为了妥协可读性而付出的微小的代价。

到这里,我们快要实现了我们的第一个目标了:验证输入参数 name。逻辑已经到位,但是我们还没有单元测试可以支持这个新的逻辑。我们如何为这个新逻辑编写测试?我们是否可以仅测试新的方法?或者我们还想测试剩余的 CreateCustomer 方法,因为它调用了 private 方法?

在理想情况下,所有的 private 方法都可以通过 public 方法(直接或间接通过另外的 private 方法)进行调用,并且可以通过该 public 方法进行测试。因为我们已经测试了成功的情况,不需要创建另外一个"happy path"的测试,所以,我们不想直接测试任何 private 方法,但我们确实需要对失败情况进行测试。

### 6.2.4　具有[DataRow]属性的内联测试

通常,我们希望测试所有的无效字符,但如果我们对每个字符都进行一个单元测试,那么我们就需要编写 N 个测试,这将是非常大的工作量,同时回报却很少。庆幸的是,MSTest 有一个可以用于 MSTest 平台测试的[DataRow]属性,我们可以使用[DataRow]当测试方法的输入参数,如代码示例 6 - 3 所示,这允许我们只需向测试中添加一大堆[DataRow]属性即可。

代码示例 6 - 3:使用[DataRow]的 CreateCustomer_Failure_NameContainsInvalidCharacters。

```
[TestMethod]
[DataRow('#')]
[DataRow('$')]
[DataRow('%')]
[DataRow('&')]
[DataRow('*')]
public void CreateCustomer_Failure_NameContainsInvalidCharacters(char
```

```
    ➥ invalidCharacter) {
CustomerRepository repository = new CustomerRepository();
Assert.IsNotNull(repository);

bool result = repository.CreateCustomer("Donald Knuth" +
            ➥ invalidCharacter);
Assert.IsFalse(result);
}
```

代码示例 6-3 中的测试传入了一个字符串,包含了"Donald Knuth"全名的字符串和一个无效字符(由[DataRow]属性决定)的修正,比如"Donald Knuth%"。使用"Donald Knuth%"作为输入参数传入 CreateCustomer 方法应当返回一个布尔值 false,这也是我们需要验证的。如果我们现在运行这个测试,虽然测试都通过了,但我们又对代码库做了充分测试覆盖。

当在讨论覆盖范围时,并不是指测试涵盖的代码百分比。有关代码覆盖和单元测试的更多信息,请参阅 Vladimir Khorikov 的 *Unit Testing Principles*, *Practices*, *and Patterns*(Maning,2020 年)[*]和 Roy Osherove 的 *The Art of Unit Testing* 第 3 版(Manning,2020 年)。

### 6.2.5 对象初始化器和自动生成代码

此时,回到 CustomerRepository 中的 CreateCustomer 方法,我们已经准备好进行下一步:"实例化一个新的 Customer 对象",如代码示例 6-4 所示。

代码示例 6-4:CustomerRepository.cs 使用 CreateCustomer 创建一个新 Customer。

```
Customer newCustomer = new Customer();
newCustomer.Name = name;
```

这里,我们可以调用所谓的"对象初始化器"清理示例 6-4 中的代码。使用对象初始化器可以直接在创建对象时通过以下方法为实例字段赋值:

```
Customer newCustomer = new Customer() {
    Name = name
};
```

对象初始化器非常适用于需要手动设置值的情况,但是如果新的开发人员近来意外修改了代码,并且不设置 name 值,会发生什么情况呢?或者,有人在代码的其他地方创建了 Customer 类型的实例,而他们却不知道要为这个属性设置有效值怎么处理呢?

假如我们能够控制对象的实例化过程就很好处理上述问题了。这里,我们可以通

---

[*] 本书作者是 Vladimir Khorikov,*Unit Testing Principles*, *Practices*, *and Patterns*(Manning,2020 年)一书的技术评论员。

过强制使用带有一个 string 类型参数(用于姓名)的构造器定义 Customer 实例化方式,但是首先需要验证是否可以在 Customer.cs 类中添加新构造器而不产生任何问题。

```
using System;
using System.Collections.Generic;
namespace FlyingDutchmanAirlines.DatabaseLayer.Models {
    public partial class Customer {
        public Customer() {
            Booking = new HashSet<Booking>();
        }

        public int CustomerId { get; set; }
        public string Name { get; set; }
        public virtual ICollection<Booking> Booking { get; set; }
    }
}
```

由上述得知,Customer 类完全由 Entity Framework Core 自动生成,它映射到数据库的 Customer 数据中有一个 Booking 列表,Entity Framework Core 创建这个列表。在理想情况下,属性和字段要放在构造器之前,因此在浏览类时大家可以第一眼看到数据库中相关的外键约束,但是 Entity Framework Core 自动生成文件的情况并非如此。在这本书中,我就对所有模型的代码进行了重新排列,使之符合这种特征,大家可以在代码示例 6-5 中看到重新排列的结果。另外,我们应该从模型的各类签名中移除 partial 关键字,因为我们不会使用 partial 功能,删除自己不会使用的代码可以使您的代码更加安全,而删除未使用的代码可以提高代码的整洁程度。许多开发人员会保留代码以备后用,在我看来,这只会使代码库更加杂乱无章。

代码示例 6-5:Customer.cs(EF Core 生成和重组后)。

```
using System;
using System.Collections.Generic;

namespace FlyingDutchmanAirlines.DatabaseLayer.Models {
    public class Customer {
        public int CustomerId { get; set; }
        public string Name { get; set; }

        public virtual ICollection<Booking> Booking { get; set; }

        public Customer() {
            Booking = new HashSet<Booking>();
        }
    }
}
```

### 6.2.6 构造器、反射和异步编程

当 Customer 类中已经包含了一个构造器,它不需要任何参数,但是会向 Booking 属性分配一个 Booking 的 HashSet 实例。我们希望能够保留这个分配,因为一个引用类型不能默认为零值(在本例中为空集合),相反,引用类型默认为 null。

**注意:**您可以使用 default 关键字向任何类型显式分配默认值,而无需指定一个值,在处理非基本值类型时,这点非常重要。引用类型通常使用 null 作为默认值。

然而,我们并不希望传入一个 HashSet 类型的参数,希望使 Entity Framework Core 可以处理任何键约束,也希望可以有一个 string 类型的参数来反映客户姓名。此外,我们还应确保其他人不可以继承我们的 Customer 对象,以及进而使用多态向数据库添加这个对象。因此,我们使用 sealed 关键字密封我们的类,密封这个类意味着我们需要从 Booking 属性中移除 virtual 关键字,因为不能在一个密封类中包含虚拟成员或属性,如下所示我们还应该密封我们代码库中的其他模型。

```
using System;
using System.Collections.Generic;

namespace FlyingDutchmanAirlines.DatabaseLayer.Models {
    public sealed class Customer {
        public int CustomerId { get; set; }
        public string Name { get; set; }

        public ICollection<Booking> Booking { get; set; }

        public Customer(string name) {
            Booking = new HashSet<Booking>();
            Name = name;
        }
    }
}
```

如果我们在 CustomerRepository 中实例化 Customer 时并没有传入所需的参数,当我们尝试编译代码时,会出现编译错误,修复这个问题的方法,如下所示:

```
Customer newCustomer = new Customer(name);
```

现在,程序就可以被成功编译了,我们要做到第 3 件事就是将新的 Customer 对象添加到 Entity Framework Core 的内部 DbSet 中。为什么要这样做呢?前面我们提到,Entity Framework Core 的操作已假设了首先对内存中的数据集进行修改。如果要向数据库添加 Customer 类型的新对象,首先需要将其添加到 DbSet 中,而要访问 DbSet,就需要创建数据库相关的类实例。

我们可以使用两种方法在 DbContext 上给 DbSet 添加模型:Add 和[Entity].

Add。如果我们调用泛型的 Add 方法,C# 将使用反射选择实体类型并将其添加到正确的集合中。我个人更喜欢使用显式的[Entity].Add,因为它不会留下模糊的空间,并且可以节省一些资源(反射的资源消耗非常大)。

## 反　射

反射(reflection)是 C# 中的一种强大的技术,用于在运行时访问相关程序集、类型和模块的信息,这意味着可以在执行代码时找出对象的类型或者修改某些属性。

大家可以使用反射做相当多的事情,其应用相当广泛。例如,可以使用反射在运行时创建自定义方法属性,创建新类型或者调用不知道名字的文件中的代码,甚至可以从外部类中访问私有字段(但请不要这样做;尊重开发人员的访问指引)。

反射在内存和 CPU 周期方面开支并不便宜,如要执行某些操作,它必须加载并跟踪内存中的大量元数据。假如在运行时检测未知对象类型时所需消耗的庞大资源,而库和框架通常不能对要操作的对象类型做出假设,这时,它们会使用反射来收集元数据,并根据这些元数据做出决定。

提示:在使用反射之前,请再三思考您是否真的需要反射。

由于 DbContext 类实现了 IDisposable 接口,因此我们需要正确废弃它。DbContext 需要被废弃,这是因为它可以将连接对象保持无限长的时间。为了提交并保存我们对数据库的引用修改,我们将调用 SaveChangesAsync,如下所示:

```
using (FlyingDutchmanAirlinesContext context = new
    ➥ FlyingDutchmanAirlinesContext()) {
    context.Customer.Add(newCustomer);
    context.SaveChangesAsync();
}
```

上面这个代码小片段就是 Entity Framework Core 的全部内容。如果我们没有引入 Entity Framework Core(或者其他 ORM 工具),则必须实例化一个 SQL 连接,然后打开并编写 SQL 语句,插入一个新顾客,再执行该查询。但是,用这种方法编写的代码相对更长、更复杂。

我们编写这段代码还有一个小障碍:虽然调用了异步方法,然而执行该方法时却是同步的,构建代码时并不会提示此编译错误,因为它可以同步保存更改。要将同步方法转换为异步方法,我们需要遵循以下 3 个步骤:

(1)在需要异步执行和等待方法的调用处使用 await 关键字。

(2)从方法中返回一个 Task 类型的对象。

(3)向方法签名中添加 async 关键字。

为了在执行时不被某个方法阻碍(或者称为异步执行),C# 使用了 await 关键字。大家经常混淆异步编程与多线程编程,但其实它们两者之间有很大的区别:异步编程允许我们同时操作多个对象,一旦操作执行完毕,又会回到某个对象上;而多线程编程通常则是并行执行多组逻辑,利用额外的线程加速代码运行。

### 6.2.7　lock 锁、mutex 互斥锁和 semaphore 信号量

很多软件工程师不擅长锁定资源和控制线程访问,而一旦开始处理多线程,代码的复杂程度就可能会爆炸性增长,因为出现错误的位置迅速增多。出于对开发人员的考虑,C# 提供了一个声明(lock)和同步原型:mutex 和 semaphore,以帮助大家处理多线程。

上述声明和同步原理有什么区别呢? 应该分别在什么时候使用它们? 最简单的方法就是标准 lock 语句。使用 lock 语句可以锁定一个资源,同一时间只允许一个线程对其进行操作,语法为 lock([RESOURCE]){…},如下所示:

```
decimal netWorth = 1000000;
lock(netWorth) {
    ...
}
```

这时,netWorth 变量将在 lock 代码块的范围内被锁定(在代码块内的代码执行完毕后,锁将会被释放),并且同一时间只能由一个线程访问。大家请注意,lock 语句禁止两个线程在同一时间锁定同一资源。如果两个线程可以同时实例化一个锁,那么这个锁就无法实现其"一次一个线程"的原则,这就是我们所说的"死锁"(deadlock),即两个线程控制同一资源,其中一个线程等待另一个线程释放该资源。我们应尽可能避免代码中出现死锁,因为它们很难调试。

我们可以将线程锁类比为"运河的船闸",如要控制高度变化提高或降低船的高度,我们可以使用运河船闸。当一条船在运河船闸的等候时,另外一条船正在使用船闸即初位的船"拥有"(own)并锁定了这个船闸。只有初位的船离开这个船闸(资源),次位的船才能进入并使用船闸。我们的编程锁类可以用于处理类似的线程队列系统。

lock 声明非常适用于在特定过程(比如运行中的程序)中锁定属性。如果想要在多个过程中锁定一个资源(比如,程序运行中有多个线程需要访问您的实例,但是您希望同时只有一个可以访问),请使用 mutex。提示大家,当使用完一个 mutex 互斥锁时,必须显示释放它。总之,这种额外的语句使得 mutex 的开发比 lock 更加轻松。

#### 1. 使用 mutex 进行跨进程线程控制

与 lock 不同,我们使用 mutex 时不需要关键字,而且会实例化一个 Mutex 类的静态实例。为什么是静态呢? 因为 Mutex 是跨进程和跨线程的,所以我们希望整个应用程序中只有一个实例。而且使用 mutex 互斥锁,我们并不会将 mutex 应用到属性上,我们会将 mutex 放在方法里,并使用它们控制方法的执行。当线程遇到包含 mutex 的方法时,mutex 会告诉线程,它必须使用 WaitOne 方法,一直到需要它执行。如要释放一个 mutex,需要使用 ReleaseMutex 方法,如下所示:

```
private static readonly Mutex _mutex = new Mutex();
public void ImportantMethod() {
```

```
    _mutex.WaitOne();
    …

    _mutex.ReleaseMutex();
}
```

由上可看出,第一个调用 ImportantMethod 的线程,可以直接进入方法。当 mutex 允许这个线程进入时,该线程将拥有 Mutex 实例对象的所有权。如果第二个线程尝试在第一个线程占有 mutex 时进入 ImportantMethod,那么第二个线程就必须等待,直到第一个线程释放了 mutex,这个循环将不断地进行。

### 2. semaphore 允许多个并发线程访问

我们也可以锁定一个资源(通过使用 lock)或者控制一个方法的执行(通过使用 mutex)控制线程。但是,如果我们想要控制一个方法的执行,又不像 mutex 那样创建一个瓶颈队列(一次只有一个线程可以执行这个方法),该怎么办呢? 我们可以使用 semaphore 信号量。我们有时将 semaphore 解释为"扩大化的互斥锁(generalized mutex)",因为 semaphore 提供了一个类似于 mutex 的功能,而且具有额外的优点:它允许特定数量的线程同时访问被控制的方法。

如要使用 semaphore,我们需要实例化一个 Semaphore 类的实例,Semaphore 类的构造器需要两个参数:方法内的线程初始计数(通常为 0)和方法内的最大并发线程,如下所示:

```
private static readonly Semaphore _semaphore = new Semaphore(0, 3);
public void VeryImportantMethod() {
    _semaphore.WaitOne();

    …

    _semaphore.Release();
}
```

由上而知,当一个线程想要执行这个 VeryImportantMethod 方法时,semaphore 检查内部线程计数器,并决定是否让这个线程进入。在本示例中,semaphore 最多允许 3 个并发线程访问该方法,潜在的第 4 个线程必须等待,直到 semaphore 的内部线程计数器变为 2 个。这里提示一下,释放 semaphore 会使其内部计数器减小。

### 6.2.8  同步执行转换到异步执行

将同步方法转换为异步方法的第二步就是将方法的返回类型修改为 Task<[type]>类型,其中[type]就是您想要返回的类型(如果不想返回特定类型,可以使用 Task)。Task 包装了我们可以等待的操作单元,使用 Task 类配合异步方法,可以方便我们可以确定一个被执行的任务,并且返回信息以及任务元数据(metadata)。以 CreateCustomer 方法为例,我们同步执行时返回了一个 bool 值,因此在异步操作时应当返回 Task。当需要返回一个 Task 时,我们的方法中只需要返回这个特定类型的值即可,因为编译会自动将返回值转换为 Task。例如,要将 Task 作为返回值返回一个 Task,我们只需要下面的操作:

```
return myBool;
```

当一个 Task 完成任务之后,通用语言运行时会将这个 Task 返回给父方法,其中 Task 的(book 类型的)CompletedTask 属性被设置为 true。

转换为异步方法的第三步:如下面代码示例 6 - 6 所示,我们需要向方法签名中添加 async 关键字。这里,async 关键字指明了方法是异步的(因此会返回一个 Task),如果出现一个不带 await 调用的异步方法,编译器就会抛出警告提示。

代码示例 6 - 6:CustomerRepository. cs CreateCustomer 异步化。

```
// ↓ CreateCustomer 的方法签名中包含了 async 关键字并返回了 Task<bool>类型
public async Task<bool> CreateCustomer(string name) {
    if (IsInvalidCustomerName(name)) {
        return false;
    }

    Customer newCustomer = new Customer(name);
    using (FlyingDutchmanAirlinesContext context = new
➥ FlyingDutchmanAirlinesContext())
    {
        context.Customer.Add(newCustomer);
        // ↓ 等待 context. SaveChangesAsync 调用执行完毕,阻塞当前进程直到修改被保存
        await context.SaveChangesAsync();
    }

    // ↓ 返回的类型被自动转换为 Task<bool>类型
    return true;
}
```

最后提示一点:当尝试运行测试时,您会在每个测试中都遇到编译错误。这是因为现在它们调用了异步方法,却没有使用 await 关键字或者它们本身并不是异步的。我们需要解决这个问题。

使用前面介绍的知识,此时将编译失败的测试从同步执行转换为异步执行,等待 CreateCustomer 调用执行完成。切记,单元测试在同步执行时会返回 void,如果被卡在某一步,大家可以参考附录 A 中的解决方案。

### 6.2.9　Entity Framework Core 测试

如何测试对象是否已添加到数据库中呢? 我们可以运行现有的测试,但是这要与数据库进行交互——这是单元测试的禁忌。但是我们希望验证被测试的方法是否真的

将对象添加到数据库中,而且我们并没有将实际 HTTP 请求路由到存储库的代码。我的建议是:运行一次已成功的单元测试,检查数据库,进而查看新创建的条目,然后找出解决单元测试的连接问题方案。

如果我们执行了 CreateCustomer_Success 单元测试,我们可以在代码之外使用数据库管理工具(比如 SQL Server Manager)查询实际部署的数据库,以及查看创建的客户("("SELECT * FROM [dbo].[Customer]"),由此产生的客户条目如图 6 - 5 所示。

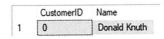

图 6 - 5 选择数据库中所有客户的查询结果

由图 6 - 5 可知,由于数据库是在线部署,我们看到的内容可能因数据库中的客户数量而有所不同。

但是,我们不希望在运行单元测试时,每次都在实际数据库中创建新条目。Entity Framework Core 具有内存数据库的特点,允许我们在测试时在机器内存中映射一个数据库(其结构与云或本地部署的数据库相同)。要做到这一点,我们需要在 FlyingDutchmanAirlines_Tests 项目中安装 Microsoft.EntityFramework.Core.InMemory 包。我们还需要向测试类中引入 Microsoft.EntityFrameworkCore 和 FlyingDutchmanAirlines.DatabaseLayer 命名空间。

## 用于单元测试和依赖注入的方法特性

除了创建一个内存数据库之外,如果我们能够为具有相同代码块的每个测试创建具有适当内存选项的新上下文(context),这将非常有用。

这里,告诉大家有一个方法特性允许创建一个方法并在每次测试之前运行,如表 6 - 1 所列,实现这个目标的方法特性就是[TestInitialize]。这个方法特性可以在每次测试结束之后运行([TestCleanup]),即在测试套件(test suite)开始之前运行([ClassInitialize]),另外,还有一个方法在测试套件执行结束之后运行([ClassCleanup]),这里说的测试套件就是所有测试所在的那个类。

表 6 - 1 测试方法特性及方法运行时间

| 方法特性 | 方法何时运行 |
| --- | --- |
| [ClassInitialize] | 在一个类的所有测试开始前 |
| [TestInitialize] | 在一个类的每个测试开始前 |
| [TestCleanup] | 在一个类的每个测试结束后 |
| [ClassCleanup] | 在一个类的所有测试结束后 |

如下所示,我们在 CustomerRepositoryTests 类中使用[TestInitialize]方法特性添加一个 TestInitialize 方法:

```
private FlyingDutchmanAirlinesContext _context;

[TestInitialize]
public void TestInitialize() {
    DbContextOptions<FlyingDutchmanAirlinesContext> dbContextOptions = new
    ➡ DbContextOptionsBuilder<FlyingDutchmanAirlinesContext>()
    ➡ .UseInMemoryDatabase("FlyingDutchman").Options;

    _context = new FlyingDutchmanAirlinesContext(dbContextOptions);
}
```

由上可知,我们创建了一个 FlyingDutchmanAirlinesContext 类型的 private 字段,名为_context,用于包含我们将在测试中使用的那部分数据库,然后提供了一个初始化方法(TestInitialize)。在 TestInitialize 中,我们首先创建一个 DbContextOptions 对象,且使用构造器模式创建了一个 DbContextBuilder,指定了我们想要使用一个名为 FlyingDutchman 的内存数据库,并返回了设置内存上下文的选项。

然后,我们将这些选项传入到 FlyingDutchmanAirlinesContext 构造器中(由 Entity Framework Core 自动生成),FlyingDutchmanAirlinesContext 中包含了两个构造器:一个没有参数的构造器(我们之前使用过),还有一个需要输入一个 DbContextOptions 类型参数的构造器。在本示例中,是允许我们创建内存上下文。

通过可以使用这个内存上下文,在一个内存数据库上运行单元测试,而无需对真实数据库进行操作。Entity Framework Core 创建了一份数据库模式的完美副本(没有现有数据),并且所有操作都与已部署的数据库相同,这样我们就可以在不会弄乱实际数据库的情况下执行单元测试。

如何使用这个上下文呢?我们不将这个上下文传入存储层,实际上,它会在 CustomerRepository 中创建一个新的上下文,这正是依赖注入的另一次出现。

### 6.2.10 依赖注入控制依赖关系的使用

依赖注入(dependency injection,DI)是 Martin Fowler 在 2014 年的一篇名为 *Inversion of Control Containers and the Dependency Injection Pattern* 的文章中创造的术语,但是依赖注入这个技术最早在 1994 年 Robert Martin(以整洁代码闻名)给 comp. lang. c++ Usenet group 的一篇论文 *OO Design Quality Metrics:An Analysis of Dependencies* * 中提及。

依赖注入,其最本质的含义就是为类提供其所有需要的依赖,而不是由这些类自行实例化,这意味着我们可以在运行时,而不是编译时解决所有依赖。当用于接口时,依赖注入也会成为一个强大的工具,因为我们可以在任何时候传入模拟(mock)参数作为

---

* 最初投递给 comp. lang. c++ usenet group 的论文可以在 https://groups. google. com/forum/ #! msg/comp. lang. c++/KU−LQ3hINks/ouRSXPUpybkJ 上找到。

依赖。

　　没有 DI 的传统类可能会依赖于 AWS(Amazon WebServices)客户端对象(让我们称其为 AwsClient,并且它实现了一个名为 IAwsClient 的接口),此对象是我们代码库与 AWS 沟通的桥梁。如下所示,我们可以在类的范围内创建这个对象,并在这个类的构造器中为其分配一个 AwsClient 类的新实例:

```
public class AwsConnector {
    private AwsClient _awsClient;
    public AwsConnector() {
        _awsClient = new AwsClient();
    }
}
```

　　设想一下,假如我们想要测试这个类,那么我们如何测试_awsClient 并控制其返回呢?因为它是私有的,我们无法直接访问它,但我们可以使用反射访问的方法,但是这样做同时会引入非常混乱且复杂的代码,还有一种方法就是使用依赖注入。

　　使用依赖注入,就不用在构造器中向_awsClient 分配一个 AwsClient 的新实例,而是向构造器传入那个新实例,但我们需要确保这是对接口(本例中,是 IAwsClient)的依赖,如下面代码片段所示,这样,我们就可以从 IAwSClient 继承创建一个新类,使得测试更加简单:

```
public class AwsConnector {
    private readonly IAWSClient awsClient;
    public AwsConnector(IAWSClient injectedClient) {
        awsClient = injectedClient;
    }
}
```

　　之前,每个类需要实例化 AwsConnector 新副本的类,现在只需要传入一个从 IAwsClient 继承的类实例。如要防止_awsClient 在其他地方被修改,可将其设置为只读和私有。依赖注入的力量在于,它反转了对于依赖的控制。之前每个类可以自行控制依赖以及实例化方式,现在调用这些类的父类承接了控制权,这就是我们所说的"控制反转"。

　　要将 CustomerRepository 修改为使用 FlyingDutchmanAirlinesContext 的依赖注入,我们需要做以下 5 件事情:

　　(1) 在 CustomerRepository 中,添加一个 FlyingDutchmanAirlinesContext 类型的 private readonly 成员。

　　(2) 为 CustomerRepository 构造器创建一个非默认构造器,这个构造器需要一个 FlyingDutchmanAirlinesContext 类型的参数。

　　(3) 在新构造器中,将注入的实例分配给私有的 FlyingDutchmanAirlinesContext 类型成员。

（4）将整个类修改为使用之前声明的私有成员，而不是在 CreateCustomer 方法中自行创建新的 FlyingDutchmanAirlinesContext 实例。

（5）更新我们的测试，向 CustomerRepository 注入一个 FlyingDutchmanAirlinesContext 的实例。

首先，需要添加一个 FlyingDutchmanAirlinesContext 类型的 private readonly 成员，以及新的 CustomerRepository 构造器。此时，如下面代码片段所示，我们要默认（非显式）构造器，就需要创建一个新的构造器满足我们的需要，这个构造器取代了默认构造器，因为我们想要强制使用我们的 DI 构造器。

```
private readonly FlyingDutchmanAirlinesContext _context;

public CustomerRepository(FlyingDutchmanAirlinesContext _context) {
    this._context = _context;
}
```

上面这一段代码满足了前面列表中的前 3 个步骤，其包含了本书之前没有介绍过的关键字：this 关键字。

## 使用 this 关键字访问一个现有实例的数据

我们为什么要使用 this？如果我们不使用 this，我们就必须将一个名为 _context 的变量赋值给另一个名为 context 的变量，如下所示：

```
_context = _context;
```

上述这类字段被称为_context（尽管这是不正确的命名约定），而传入的参数也叫这个名字。有两种方法可以解决这个问题：①我们重命名其中一个（很可能修改构造器参数）；②找一种方法指定我们访问的到底是哪一个。this 关键字指的就是类的当前实例。因此，当我们使用 this.context 时，指的就是"在类的当前实例中名为_context 的变量"。有了这个区分特征，我们就可以安全地将参数赋值给这个字段。实际情况中，到底应重命名变量还是添加 this 关键字，取决于您自己的选择。

我的处理经验是这样的：如果必须将名称修改为一个不能够清晰表达其内容的对象，那么请使用 this 关键字，否则，请直接将其重命名。

此时，我们必须确保 CreateCustomer 方法使用了我们新初始化的上下文，而不是在方法中重新创建一个，如要做到这一点，我们将 context 的赋值拆分到一个 FlyingDutchmanAirlines 新实例中，并使用 using 语句将 context 成员包装起来，如下所示：

```
public async Task<bool> CreateCustomer(string name) {
    if (IsInvalidCustomerName(name)) {
        return false;
    }

    Customer newCustomer = new Customer(name);
```

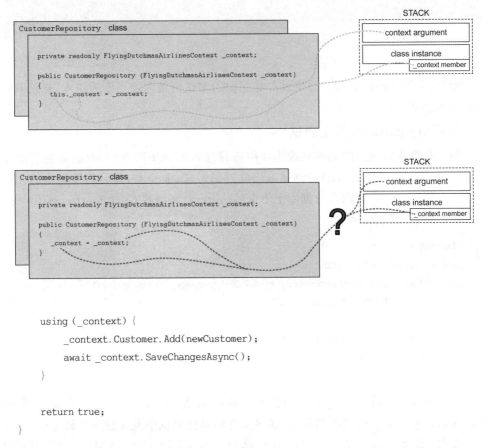

```
using (_context) {
    _context.Customer.Add(newCustomer);
    await _context.SaveChangesAsync();
}


return true;
}
```

由上可知，现在已经将现有方法修改为使用依赖注入，但是如果 SaveChangesAsync 方法抛出一个错误提示，或许我们就再也不能连接数据库了，或者已部署的数据库模式存在一些问题。这时，我们可以将数据库访问代码包装到一个 try-catch 代码库中，捕获异常，进而使得我们可以处理异常（通过返回 false），避免服务崩溃，如下所示：

```
public async Task<bool> CreateCustomer(string name) {
    if (IsInvalidCustomerName(name)) {
        return false;
    }


    try {
        Customer newCustomer = new Customer(name);
        using (_context) {
            _context.Customer.Add(newCustomer);
            await _context.SaveChangesAsync();
        }
    } catch {
```

```
        return false;
    }

    return true;
}
```

至此，我们要做的最后一件事就是将我们的测试更新为使用依赖注入，并正确创建一个单元测试。

### 使用 try-catch 的单元测试

如果要将我们现有的测试修改为使用依赖注入和异步的方法，我们首先要确保所调用的异步方法（使用 await）的测试方法都返回了 Task 类型，并且都是异步的。继续更新所有测试，然后，将内存数据库上下文（_context）添加到 CustomerRepository 的实例创建过程中，如下所示：

```
[TestMethod]
public async Task CreateCustomer_Success() {
    CustomerRepository repository = new CustomerRepository(_context);
    Assert.IsNotNull(repository);

    bool result = await repository.CreateCustomer("Donald Knuth");
    Assert.IsTrue(result);
}
```

如上面的代码所示，这里，我们要做的就是将 _context 实例添加到新的 CustomerRepository 构建器调用中，在该文件的其他测试中重复这一步骤。

**注意**：我喜欢使用这样的模板为测试命名：{METHOD NAME}_{EXPECTED OUTCOME}，它是使用下划线将测试中的方法与预期结果分开，如下所示：CreateCustomer_Success。

对于单元测试，我们可以采用两种方法测试该方法是否抛出 Exception（通过断言该方法返回一个 false 布尔返回值）：

（1）传入一个 null，而不是正确实例化的_context。

（2）stub FlyingDutchmanAirlinesContext，然后使其按照预定义情况抛出一个错误。

对于上述单元这个测试，我们采用第一种方法：将 null 取代 context 传入 CustomerRepository 构造器中，向 CustomerRepository 构造器传入一个 null 值作为依赖，意味着 CustomerRepository.context 被设置为 null，因此，当我们尝试添加一个新的 Customer 时，就会引发空指针异常（null pointer exception），这足以让我们测试 try-catch 失败案例，如下所示：

```
[TestMethod]
public async Task CreateCustomer_Failure_DatabaseAccessError() {
```

```
CustomerRepository repository = new CustomerRepository(null);
Assert.IsNotNull(repository);

bool result = await repository.CreateCustomer("Donald Knuth");
Assert.IsFalse(result);
}
```

如果我们运行所有的测试，我们可以看到上面这些测试都通过了。现在，我们正在使用一个完全在内存中的数据库进行测试。如果查看我们的单元测试，我们会注意到以下两行重复代码：

```
CustomerRepository repository = new CustomerRepository(_context);
Assert.IsNotNull(repository);
```

如下所示，此时是应用 DRY 原则的绝佳时候，我们可以考虑将 CustomerRepository 的创建过程提取到我们之前创建的 TestInitialize 方法中，然后将其作为类的私有成员暴露，以供测试使用。提示一下，每次测试前，CustomerRepository 的实例都会被更新，但是我们仍然能够保证其是一个孤立的环境。

```
private FlyingDutchmanAirlinesContext _context;
private CustomerRepository _repository;

[TestInitialize]
public void TestInitialize() {
    DbContextOptions<FlyingDutchmanAirlinesContext> dbContextOptions = new
    ➥ DbContextOptionsBuilder<FlyingDutchmanAirlinesContext>()
    ➥ .UseInMemoryDatabase("FlyingDutchman").Options;
    _context = new FlyingDutchmanAirlinesContext(dbContextOptions);

    _repository = new CustomerRepository(_context);
    Assert.IsNotNull(_repository);
}
```

现在，CustomerRepository 的创建过程被放到 TestInitialize 方法中了，我们可以把这部分从每个测试中移除。代码示例 6 - 7 展示了这个修改对 CreateCustomer_Failure_NameIsNull 单元测试的影响。但是，请注意，不要为 CreateCustomer_Failure_DatabaseAccessError 做这种操作，因为它需要一个 null 值作为输入参数实例化存储库。

代码示例 6 - 7：CustomerRepositoryTest 更新后的 CreateCustomer_Failure_NameIsNull。

```
\\~~这是删除~~
\\ **这是加粗**
[TestMethod]
public void CreateCustomer_Failure_NameIsNull() {
```

```
~~CustomerRepository repository = new CustomerRepository(context);~~
~~Assert.IsNotNull(repository);~~

bool result = **_repository**.CreateCustomer(null);
Assert.IsFalse(result);
}
```

现在,回顾一下我们在 CustomerRepository 中创建了一个 CreateCustomer 方法(和合适的单元测试),CreateCustomer 方法允许我们向数据库添加新的 Customer 对象,但是我们还希望能够在给定一个 CustomerID 时能够返回对应的 Customer 对象。现在,您可能已经知道了 TDD 的诀窍:我们不断创建单元测试,一直到我们的代码不能编译或通过测试,然后我们添加下一段逻辑解决这个问题,如此循环往复。

# 6.3  练  习

练习6-1

单一职责原则提倡的是什么?

(1) 方法名称都应该只有一个单词长

(2) 不要在两个独立的地方执行相同的逻辑

(3) 让您的方法只做一件事

练习6-2

判断题:通过测试驱动开发,可以在实现方法之前和期间编写测试。

练习6-3

判断题:测试运行器可以看到您的测试类,只要这些类具有 internal 的访问修饰符。

练习6-4

填空:测试的“3A”原则是 1.____,2.____,3.____。

(1) affirm; assert; align

(2) affix; advance; await

(3) arrange; act; assert

(4) act; alter; answer

练习6-5

判断题:通过语言集成查询(Language-Integrated Query),我们可以通过传入 C++代码,使用查询集合,该代码会被升级到 C#,并执行。

练习6-6

如果第一个条件被评估为 false,那么条件逻辑“或”运算符(||)需要检查多少个错误?

（1）1 个

（2）2 个

（3）3 个

（4）视情况而定

练习 6 - 7

如果第一个条件被评估为 false,那么异或运算符(^)需要检查多少个错误?

（1）1 个

（2）2 个

（3）3 个

（4）视情况而定

练习 6 - 8

判断题:如要将同步方法转换为异步方法,那么这个方法将需要返回 Task＜[original return type]＞或 Task 类型,并且需要在方法签名中添加 async 以及 await 任何异步调用。

练习 6 - 9

填空:进行单元测试时,我们对数据库的____部分执行操作。

（1）内存

（2）已部署

（3）破损

练习 6 - 10

判断题:通过依赖注入,我们可以将对依赖的控制从类反转到调用方。

# 6.4 总 结

（1）单一职责原则告诉我们,在一个方法中只做一种操作且做好。如果我们遵循这一原则,那么我们就可以开发出可维护且可扩展的代码。

（2）测试驱动开发分为两个阶段:红色(测试失败或编译失败)和绿色(测试通过)。在两个阶段(红色和绿色)之间切换,可使得我们能够结合功能编写测试,其中,红色阶段代表测试未通过或代码编译失败,我们在红色阶段的任务就是使代码成功编译且通过测试;绿色阶段代表编译和测试通过,我们在绿色阶段的任务就是编写新代码,实现下一步功能,而这可能会导致测试失败,因此,我们会又回到了红色阶段。

（3）语言集成查询(Language-Integrated Query、LINQ)允许我们对集合执行类 SQL 的查询,我们可以使用 LINQ 以最大程度简化我们的代码。

（4）我们可以使用依赖注入(dependency injection,DI)配合单元测试提供对依赖调用的更精细的控制。提示,使用 DI 时,数据流会反转,调用方需要提供依赖关系,而不是在被调用部分中自行实例化。

# 第 7 章　对象比较

本章包含以下内容：

（1）实现 GetCustomerByName 方法。

（2）通过 lambda 演算的视角查看方法。

（3）使用可空类型。

（4）使用自定义异常。

（5）运算符重载和自定义相等的比较。

在前一章中，我们学习了如何实现 CustomerRepository，通过这个类我们可以向数据库中添加客户，我们还学习了如何使用依赖注入编写可测试的代码。接下来，还有很多任务等待我们完成，我们可以向数据库添加一个 Customer 实例，但是如何取回一个实例呢？下面的图 7-1 反映了本章内容在本书中的学习流程安排。

在本章中，我们将创建 GetCustomerByName 方法，这会给定一个包含客户姓名的字符串并返回一个对应的 Customer 对象。同之前一样，我们使用测试驱动的方法开发，确保代码质量优良，OpenAPI 并没有要求一个终端地址从数据库中获取客户信息。这个方法也将在之后预订机票等环节应用到。

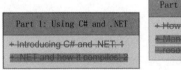
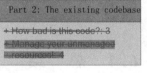

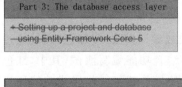
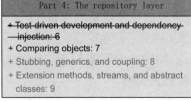

图 7-1　进度图

图 7-1 继续介绍 CustomerRepository 开发的内容,这是飞翔荷兰人航空公司服务中实现所有存储库的第一步。

# 7.1 GetCustomerByName 方法

我们先创建一个新的单元测试,如下所示。这个单元测试除了调用我们的(还未创建的)新方法之外,没有任何其他操作:

```
[TestMethod]
public async Task GetCustomerByName_Success() {
    Customer customer =
        ➥ await _repository.GetCustomerByName("Linus Torvalds");
}
```

我们切换到 CustomerRepository 类,添加 GetCustomerByName 方法。我们还需要向方法签名中添加一个 string 类型的参数,表示我们想要传入的 CustomerName,这里我们还添加了一部分代码使之返回一个 Customer 类型的新实例,以满足方法签名中 Task 这个返回类型。因为现在,这个方法中还没有任何的 await 调用,因此编译器会抛出警告(我们之前在 7.1.1 节处理过)。现在,我们可以同步执行 GetCustomerByName 方法了,代码如下所示:

```
public async Task<Customer> GetCustomerByName(string name) {
    return new Customer(name);
}
```

当解决了编译警告之后,我们可以尝试再次运行测试,希望单元测试检查和断言包含下面两点:

(1) 返回的 Customer 实例不为 null。

(2) Customer 实例包含有效的 CustomerId、Name 和 Booking 字段。

上面这些断言很容易编写,我们检查返回的 Customer 实例不为 null,如下所示:

```
[TestMethod]
public async Task GetCustomerByName_Success() {
    Customer customer =
        ➥ await _repository.GetCustomerByName("Linus Torvalds");
    Assert.IsNotNull(customer);
}
```

前面我们介绍过测试驱动开发的红绿“交通灯”,此时,可以发现测试驱动开发已经从红色阶段(编译或测试不通过)过渡到绿色阶段(成功编译和测试)了,我们再让这个交通灯变回红色,红绿即时反馈循环使得 TDD 功能能正常发挥作用。

当开发处于红色阶段,我们可以根据我们尚未编写的代码添加新测试进行断言。

那么，在 GetCustomerByName 中可以做的操作如图 7-2 所示：

(1) 验证输入参数(name，字符串)。

(2) 检查某个客户对应的 Entity Framework Core 内部数据库集。

(3) 返回找到的客户，或者在没有找到特定客户时抛出异常。

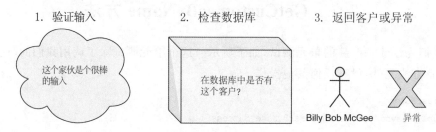

**图 7-2　实现 GetCustomerByName 方法的步骤**

图 7-2 中表明实现 GetCustomerByName 方法的三个步骤：(1)验证输入；(2)检查数据库，寻找一个现有客户；(3)返回找到的客户或抛出异常。

这里我们从列表中最简单的步骤一开始：验证我们的输入参数。在本书第 6.2.1 节已讨论过输入验证。

在继续介绍下面内容之前，解释一下我们想要验证所有的输入参数的原因，这是因为如果我们通过 lambda 演算的视角研究一个方法的抽象概念，在其最基本的层面上，都是输入、函数主体和输出构成的独立结构，所以我们可以使用一些简单的语法编写，其中 lambda 和输入被包裹在括号中，然后当然还是输出，如图 7-3 所示。

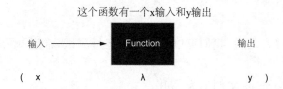

**图 7-3　一个方法可以被看作一个 lambda 函数**

图 7-3 一个方法可以被看作一个 lambda 函数，它有一个输入，一些对输入进行操作的逻辑，以及产生的输出。因为只能做一个原子化的操作，所以使用 lambda 函数有助于坚持"代码应如叙述可读"的原则。

其实，我们应把这种方法当作一种所谓的"黑箱"，我们对其内部工作没有任何了解，那么我们如何知道某个输入是否正确呢？是这样，无论数据处理方式如何，函数都应当为输入返回有效输出，假设参数之前已经被验证，而后又向该方法传入了无效值，就会导致我们的方法代码发生硬崩溃，我们正在编写的代码就会不满足 lambda 演算黑箱。这里提示一下，由于 lambda 演算处理的是数学函数，因此导致其崩溃的并不是函数本身，而是系统的代码现实存在缺陷。

### 7.1.1 可空类型及其应用

现在我们有了 CustomerRepositoryTests. GetCustomerByName_Success 单元测试的骨架以及 CustomerRepository. GetCustomerByName 方法，可以验证 GetCustomerByName 的输入了。输入参数需要满足哪些要求呢？首先我们从来都不希望输入一个空值，因此，这应是首要检查的方面。

在 C#8 之前的版本中，任何引用类型都可是空的，这意味着可以将空值分配给引用类型，并阻止编译器在发现空值时抛出错误，这就是我们在运行时看到空指针异常的原因。很多时候，我们并不知道引用类型可能是 null，程序会尝试通过某种方式使用它。为了防止出现运行时的空指针异常现象，C#8 引入了显式的可空（nullable）引用类型，允许我们显式声明使某个引用类型为空，而可空引用类型的设置目的就是为防止在 C# 中出现空指针异常。如果只有程序显示允许一个引用类型为空，那么这个引用类型才能被赋值为 null，类型是否可空也就在您的控制中了。当尝试使用引用类型（或从大量代码中翻出来一个引用类型）时，无需猜测引用类型是否为空，直接可以查看其基础类型，如果其基础类型可空，那么就需要假设其可以为 null，并且执行空值检查。

如果要启用可空引用类型，可以向您的项目文件中添加 enable 标志或者向每个源文件中添加 #nullable enable 标志（如果不想在整个项目中启用可空引用类型，为整个项目启用可空引用类型之后，仍然可以使用 #nullable disable 为某个特定源文件禁用可空类型）。实际上，当使用 C#8 或者更高版本且启用了可空引用类型支持时，如果您希望某个引用类型为空，就需要为其添加一个问号作为后缀进行声明，比如 int? 或 Customer?。自 C#2.0 开始，可空值类型就可以遵循相同的模式进行声明，所提供的 name 始终需要是有效的，一个有效的姓名意味着非 null 或空字符串。如果我们假设 name 是一个无效的值，就可以抛出一个异常或者向控制器返回一个空值。一般来说，限制使用空返回值是好习惯，然后，我们继续编写代码，自定义一个 Exception 或者使用.NET 提供给我们的 Exception，对于这种情况，建议大家可以使用 ArgumentNullException 或者 InvalidOperationException（将在第 14.1.1 节进一步讨论）。

### 7.1.2 LINQ 和扩展方法

C# 中的每个异常都继承了 Exception 类，当然，继承的中间层也可以存在，但是最后，所有过程都会回到 Exception 类。例如，InvalidCastException 类继承了 SystemException 类，而 SystemException 类则继承了 Exception 类，如图 7-4 所示。

图 7-4 InvalidCastException 类继承了 SystemException 类，而 SystemException 类则继承于 Exception 类，最后 Exception 继承并实现了 ISerializable 接口。

Exception 继承树意味着如果创建了一个从 Exception 继承的类，那么就可以像在 Exception 实例中那样使用 SystemException 和 InvalidCastException。我建议大家的代码继承 Exception 类，并创建一个名为 CustomerNotFoundException 的类。在这本书中，使用的异常处理策略主要包含以下 4 个步骤：

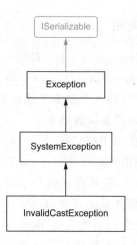

**图 7 - 4  InvalidCastException 类继承树**

（1）检查是否需要抛出异常。

（2）创建自定义异常的实例。

（3）提出自定义异常。

（4）在抛出异常的地方捕获异常，并决定是否现场处理或重新抛出异常。

如果 customerName 是一个无效的姓名（我们可以使用在 6.2.3 节创建的 IsInvalidName 方法），就可以抛出新异常，如果想要抛出（throw 或 raise，因不同编程语言而异）一个异常，我们就可以使用 throw 关键字标记我们想要抛出的异常。因为我们希望代码的组织井井有条，所以还应为自定义异常创建一个专用文件夹（恰如其分地命名为"Exceptions"），如下所示：

```
namespace FlyingDutchmanAirlines.Exceptions {
    public class CustomerNotFoundException : Exception { }
}
```

由于除了 Exception 类已经提供的功能之外，我们并不需要 CustomerNotFound-Exception 类提供任何其他功能，所以上面这段代码就是全部的异常代码。当将其恰当地导入 CustomerRepository 类（使用 using FlyingDutchmanAirlines.Exceptions 语句）之后，我们就可以使用我们的新异常验证 name 的输入，如下所示：

```
public async Task<Customer> GetCustomerByName(string name) {
    if (IsInvalidCustomerName(name)) {
        throw new CustomerNotFoundException();
    }

    return new Customer(name);
}
```

我们本可以使用 ArgumentException 取代自定义的异常，但是对我们来说，从数据库检索客户姓名的方法能够返回一个名为 CustomerNotFoundException 的异常，这非常合适。通过运行现有测试，可以验证新代码不会破坏任何现有功能，我们可以在 CustomerRepositoryTests 中创建一个新测试检查无效输入，为 GetCustomerByName 传入一个负整数，然后检查方法是否在执行期间抛出 CustomerNotFoundException 类型的异常。在本书第 4.1.2 节中，我们讨论了如何通过 typeof 关键字检查一个对象的类型，我们现在将这个知识应用到失败情况的测试中，可以通过以下方式使用 MSTest 检查抛出的异常：

（1）使用[ExpectedException(typeof([your exception]))]类型的方法特性修饰测试方法。

（2）在代码中添加一个 try-catch 块，然后判断异常是否为正确类型。

对于我们来说，上述这两种方法都是可行的，其中第一种方法有一点小问题：ExpectedException(typeof([your exception]))类型的方法特性不允许我们访问抛出异常的任何属性，如果向自己的异常中附加了某种消息、自定义数据或堆栈跟踪，那么使用第一种方法时就无法访问它们，这里我们使用的是第一种方法，如下所示：

```
[TestMethod]
[DataRow("")]
[DataRow(null)]
[DataRow("#")]
[DataRow("$")]
[DataRow("%")]
[DataRow("&")]
[DataRow("*")]
[ExpectedException(typeof(CustomerNotFoundException))]
public async Task GetCustomerByName_Failure_InvalidName(string name) {
    await _repository.GetCustomerByName(name);
}
```

运行这个测试应该可以通过，如果没有通过，请检查 ExpectedException 是否为正确的类型(CustomerNotFoundException)。

现在，我们看成功情况的测试，对于 GetCustomerByName 方法，可以进行列表中的第二项任务：检查某个客户对应的 Entity Framework Core 内部数据库集。如果要测试逻辑，我们必须确定已有一个 Customer 实例，在我们访问 Customer 实例之前，我们需要先向内存数据库中添加一个实例。之后，我们才可以使用 GetCustomerByName 方法检索这个实例，然后将这个添加的 Customer 实例过程添加到 TestInitialize 方法中，这样我们在每个测试中都可以访问数据库中的 Customer 对象了。

如下面的代码示例 7-1 所示，由于我们已经编写了 CreateCustomer 方法的代码，因此我们可以直接使用这个方法向内存数据库添加一个 Customer 实例，再将 Customer 的新实例添加到 Customer 的内部数据集，然后通过 Entity Framework Core 保存修改。由于我们想要使用 await 调用 SaveChangesAsync，因此我们需要将

TestInitialize 转换为一个异步方法。

代码示例 7 - 1:CustomerRepositoryTests. cs 使用内存数据库的 TestInitialize。

```
[TestInitialize]
public async Task TestInitialize() {
    DbContextOptions<FlyingDutchmanAirlinesContext> dbContextOptions = new
            ➥ DbContextOptionsBuilder < FlyingDutchmanAirlinesContext >
().UseInMemoryDatabase
            ➥ ("FlyingDutchman").Options;
    _context = new FlyingDutchmanAirlinesContext(dbContextOptions);

    // ↓创建一个 Customer 的新实例。这个客户的姓名字段被设置为"Linus Torvalds"
    Customer testCustomer = new Customer("Linus Torvalds");
    // ↓通过调用数据库上下文访问 DbSet<Customer>,将 testCustomer 对象添加到 DbSet
<Customer>
    _context.Customer.Add(testCustomer);
    // ↓将修改保存到内存数据库
    await _context.SaveChangesAsync();

    _repository = new CustomerRepository(_context);
    Assert.IsNotNull(_repository);
}
```

正如我们在代码示例 7 - 1 中看到的那样,向数据库添加新的 Customer 对象非常简单。我们可以再次使用 GetCustomerByName_Success 进行测试,并查看我们能否用 GetCustomerByName 方法取回这个 Customer 对象。提醒一下,我们可能会遇到取回的实例与数据库中存储的内容不同的情况,但是这与我们刚才存储的实例是一致的(更多有关一致性的内容请参见本书第 7.2 节)。我们知道,数据库中的某个 Customer 对象具有内容为"Linus Torvalds"的 CustomerName 字段,因此我们无需调整现有测试的这一部分。

由于我们希望 GetCustomerByName 能够在数据库中搜索与输入参数匹配的现有 Customer 对象,因此需要修改此方法,以便从数据库中获取正确的 Customer 对象。我们可通过访问数据库上下文的 DbSet,根据给定 CustomerName 请求 Customer 实例,从数据库中获取正确的元素,在查询一个元素的集合时,我们可以通过以下两种方式用 DbSet 找到我们想要的 Customer 实例:

(1)我们可以使用 foreach、while 或 for 循环遍历集合。

(2)使用 LINQ。

至此,我们已经在本书中看到过这两种方法以及对应的示例了。对比一下这两种方法，要使用循环找到我们的客户，可能最终会编写出下面这样的代码：

```
foreach (Customer customer in _context.Customer) {
    if (customer.CustomerName == name) {
        return customer;
    }
}

throw new CustomerNotFoundException();
```

上面这段代码没有任何问题，并且一定程度上是可读的。不过，还有更好的方式做到这一点，如下所示使用 LINQ 命令查询集合：

```
return _context.Customer.FirstOrDefault(c => c.Name == name)
    ➡ ?? throw new CustomerNotFoundException();
```

显然，这段代码更简短，我们分析一下这一行代码。我们使用 context. Customer 访问了 DbSet——我们之前没有见到过。但是之后的一部分有一些奇怪：FirstOrDefault(c => c.Name == name)。虽然这个 lambda 表达式找到了数据库中与 name 属性匹配的项，但是我们之前从来没见过 FirstOrDefault。FirstOrDefault 是定义在 System. Linq 中的一个扩展方法。

### 扩展方法

扩展方法都是静态方法，我们可以根据特定类型调用它们。比如，我们可以对任意实现了 IQueryable 接口的对象调用 FirstOrDefault 这个扩展方法。我们如何知道扩展方法进行操作的类型或者扩展方法可以用于哪些类型？查看扩展方法签名即可，扩展方法始终包含一个 this 关键字修饰的特定类型参数（接口），这个类型就是扩展方法操作的类型。如下所示，public static string MyExtensionMethod(this IDisposable arg)表示任何实现了 IDisposable 的对象都可以调用这个扩展方法，并且返回一个字符串。

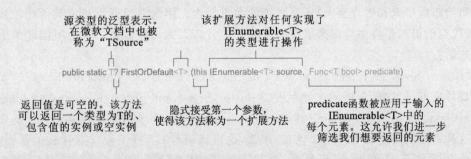

源类型的泛型表示。
在微软文档中也被
称为"TSource"

该扩展方法对任何实现了
IEnumerable<T>
的类型进行操作

```
public static T? FirstOrDefault<T> (this IEnumerable<T> source, Func<T, bool> predicate)
```

返回值是可空的。该方法
可以返回一个类型为T的、
包含值的实例或空实例

隐式接受第一个参数，
使得该方法称为一个扩展方法

predicate函数被应用于输入的
IEnumerable<T>中的
每个元素。这允许我们进一步
筛选我们想要返回的元素

FirstOrDefault 这个 LINQ 扩展方法会选择集合中符合给定要求的第一项元素，如果没有找到匹配的元素，FirstOrDefault 方法会返回一个默认值。也就是说，我们希望使用代码找到 context. Customer 集合中 Name 字段与输入的 name 参数匹配的第一个元素，如果没有找到匹配 Customer 对象，FirstOrDefault 方法就会返回一个 null 值（Customer 的默认值）。

然后，我们就看到了返回语句中第二个我们不熟悉的地方：?? throw newCustomerNotFoundException();。大家可能会想起本书前面我们曾调用?? 运算符作为"空合并运算符"（null－coalescing operator）。空合并运算符允许我们"如果这个东西为 null，则使用另一个值"。因此，在本示例中，就是"如果 FirstOrDefault 返回一个 null 值（Customer 的默认值），就抛出 CustomerNotFoundException 类型的异常"。如下所示 FirstOrDefault 的异步版本就是 FirstOrDefaultAsync：

```
public async Task<Customer> GetCustomerByName(string name) {
    if (IsInvalidCustomerName(name)) {
        throw new CustomerNotFoundException();
    }

    return await _context.Customer.FirstOrDefaultAsync(c => c.Name == name)
        ➥ ?? throw new CustomerNotFoundException();
}
```

现在我们可以回到成功情况的测试状态，再次运行它，检查所有测试是否通过。

# 7.2　C#的由来

根据神话传说，中世纪有一位叫作 Grutte Pier 的传奇人物（一位七英尺高的叛军领袖，拿着一把大剑，如图 7-5 所示），他使用一句弗里斯谚语判断对面的人是敌人（通常是指哈布斯堡人和撒克逊人）还是真正的弗里斯人。因为弗里斯语与古英语比较接近（现代英语仍然是盎格鲁－弗里斯语系的一部分），大家可以尝试一下能不能理解下面这句话：

"Bûter, brea, en griene tsiis；wa't dat net sizze kin is gjin oprjochte Fries"

翻译成英语，这段奇怪的文字就是："Butter, bread, and green cheese；who cannot say this is not a sincere Frisian"（其中 green cheese 指的是放有孜然和丁香的弗里斯奶酪。这种奶酪的皮呈现出天然绿色）。那么，这段谚语与 C# 或编程又有什么关系呢？关系包含这些元素的集合不太大，这里我们借用这段话作为例子，解释一致性（congruence）：

$$\{b\hat{u}ter, brea, grieneTsiis\} \cong Frisian$$

包含这些元素的集合　　一致，符合　一个弗里斯人

Grutte Pier 就是这样测试某个人是否为弗里斯人。Pier 通过外表测试 A 与 B(特征属性方面，而不是社会属性方面)吗？没有，因为 A 可能有金色头发，而 B 可能没有，这种方法不太好判断。所以，他通过 A 和弗里斯人之间的一致性进行判断。如果满足他的标准，那么他就认为是弗里斯人。如果我们使用数学的集合符号表示，就是集合 A 等价于{bûter、brea、grieneTsiis}，集合 B 等价于{aachje ... zeppelin}，其中集合 B 代表了某个人学过的所有弗里斯语词汇，我们可以说{x | x∈ A ∧ x ∈B} ⇔ frisian。

**图 7-5　Grutte Pier 的画像**

图 7-5 中的图片由 Pieter Feddes van Harlingen(1568—1623 年)绘制。画像下方的拉丁文大致可以翻译为"我们坚决维护 Pier 的伟大自由"，Pier 是弗里斯人民自由的守护者。

在前面第 7.1 节中，我们实现并测试了 CustomerRepository. GetCustomerBy-Name 方法，该方法接受客户姓名作为输入参数，并从数据库中返回了对应的 Customer 实例。在我们调用它之前，我想试一试，看看我们能否进一步改进 CustomerRepositoryTests 类中的单元测试。

实际上,有以下几种更加合适的方式检查数据库的 Customer 实例与我们在 GetCustomerByName_Success 单元测试中断言的 Customer 实例之间的等价性(或者说一致性):

(1) 使用 EqualityComparer 创建一个自定义比较器(详见第 7.2.1 节)。

(2) 覆盖 object.Equals 方法(详见第 7.2.2 节)。

(3) 运算符重载(详见第 7.2.3 节)。

在接下来的内容中,我们会将这些途径合并为一种测试等价性的统一方式。如果要找一种最简单的方法,那么覆盖 object.Equals 就是进行等价性检验的最简单且最常用的方法。

### 7.2.1 应用 EqualityComparer 创建"比较器"类

"比较器"类允许我们定义如何比较两个相同类型的实例,并且判断何时它们为"等价"。在本节中,我们将一致性的概念应用到相等比较方面。

我认为,"等价性"这个词并不是很合适,我们通常会说某些东西与别的东西具有一致性,而不会说具有等价性。但是,使用.NET 和 C# 我们只好用它了。从 EqualityComparer 类可以衍生出"比较器"类,EqualityComparer 类是一个抽象类,包含了以下两种抽象方法,编译器将强制程序进行覆盖和实现:

(1) bool Equals(T argumentX, T argumentY)。

(2) int GetHashCode(T obj)。

通过覆盖和实现 Equals 和 GetHashCode 方法,我们满足了 EqualityComparer 基类的要求。您可能觉得我们实现 GetHashCode 方法这件事没必要做。毕竟,我们只是想要确定某样东西是不是等同于另一样东西而已。这是因为 GetHashCode(和 Equals)是.NET 中 Object 类上的一个方法,而.NET 中的每个类最终都是从 Object 类派生出来的,也就是说,无论这个类是显式还是隐式继承 object 类,GetHashCode 方法都存在于每个类中。

字典实际上也在后台使用哈希代码执行元素查找和相等性比较,这意味字典是概念上的哈希表(C# 却是由显式的 Hashtable 实现,其区别在于字典是泛型的,而 Hashtable 不是)。通过使用哈希码,我们能够比常规列表操作(不使用哈希码)更快地执行查找、插入和删除操作*。哈希码使用了这样一个假设:相同的哈希码总是由同一对象生成,因此,如果两个对象相同,那么它们就会生成两个相同的哈希码。如果偶然出现两个对象不同,却生成了相同的哈希码,那么这个情况就叫作哈希碰撞(hash

---

\* 哈希表的插入、查找和搜索操作(以及扩展出来的字典)的平均时间复杂度是 $O(1)$。这些操作最坏的情况就是 $O(n)$。C# 中的一个泛型列表(List),实际上是动态数组。对于动态数组,搜索、插入和删除的时间复杂度就是 $O(n)$,其中 $n$ 是动态数组中的元素个数。

collision），意味我们必须想出一些其他方法向数组插入项目[*]。

由于在.NET 中，每个对象中都存于 GetHashCode 方法中，因此我们可以通过使用其他类的 GetHashCode 实现生成哈希码。如要生成哈希码，我们确实需要一些种子信息，而 Customer 对象只有两个字段，我们可以基于这些字段为我们的哈希码生成逻辑打下基础。如代码示例 7 - 2 所示，我们可以将 Customer. Name 的长度属性、Customer. CustomerID 属性和一个随机生成的整数结合起来，对于何时使用 GetHashCode，何时不使用 GetHashCode，我推荐大家阅读 Microsoft 文档，了解有关 GetHashCode 的最新信息（以及在使用 GetHashCode 方法时所需要注意的事项）。

代码示例 7 - 2：CustomerEqualityComparer 的 GetHashCode 实现。

```
internal class CustomerEqualityComparer : EqualityComparer<Customer> {
    // ↓覆盖抽象的 GetHashCode 方法
    public override int GetHashCode(Customer obj) {
        // ↓生成上限为最大值一半的随机整数
        int randomNumber = RandomNumberGenerator.GetInt32(int.MaxValue/ 2);
        // ↓将变量和字段拼接在一起，然后生成其哈希值
        return (obj.CustomerId + obj.Name.Length + randomNumber).GetHashCode();
    }
}
```

在 C# 中，我们可以使用以下两种方法生成"随机"数字：

（1）使用 Random 类。

（2）使用 RandomNumberGenerator 类。

这两种方法看起来很相似，但是如果我们仔细观察，就可以看到其中的差异。Random 类位于 System 根命名空间，而 RandomNumberGenerator 类位于 System. Security. Cryptography 命名空间，且它们两者的命名空间表明了它们各自的特点：Random 类是低开销的随机数生成器，可以根据时间种子快速生成随机数。而 RandomNumberGenerator 类擅长通过各种密码学概念生成"随机"数字，确保数字相当独特，而且在一段时间内能够在一定范围内均匀分布。

换句话说，如果在高吞吐应用中使用 Random 类，那么同时请求两个随机数时，就有可能从随机数生成器中获取到相同的数字。对很多应用程序，生成伪随机数就已经足够，但是对于网络服务，如果无法预测系统可能承受的负载，那么应用 Random 类就不合适了。我们很有可能会遇到这样一个情景，两位顾客希望在同一时刻检索同一航班的信息，这时可能就会有两个客户生成了相同的哈希码，并且导致了安全缺陷。这就是我们选用应使用 RandomNumberGenerator 类，而非 Random 类的原因。

---

[*] "哈希碰撞"是我们不希望看到的现象，但是并不罕见。Donald Knuth 在 *The Art of Computer Programming Volume 3：Sorting and Searching* 第 2 版（Addison-Wesley，1998 年）中提出：给定一个基于一个人生日生成哈希值的哈希函数，和一个具有至少 23 个人的房间（有一个对应每个人条目为 365 的表图，每个条目代表一天，将 $n$ 个人映射到这个表，其中 $n \geqslant 23$），那么至少有两个人有相同生日（并生成相同哈希代码）的概率为 0.492 7。

当大家在 C# 中探索随机数和密码学时,可能会遇到主张使用 RNGCryptoService-Provider 类的建议。RandomNumberGenerator 类是包含了 RNGCryptoServiceProvider 类的包装器,并且更加易于使用。进一步了解密码学相关信息,可以参阅 David Wong 的 *Real-World Cryptography*(Manning,2021)。

现在我们覆盖并实现了 GetHashCode 方法,可以对 Equals 方法做同样的事情了。

## "随机"从来都不随机

设想这样一个场景,您想使用自己最喜欢的音乐流应用程序听一些音乐。您的播放列表中有数千首歌曲,但是您不想每次都从头开始听。因此,您按下了"随机"按钮,这样应用程序就会随机打乱播放列表,并按照新的顺序播放歌曲。我要提醒一下,随机播放列表很少能真正随机播放。像 Spotify 这样的应用程序就使用了专用的打乱方法,试图实现一个即时的播放列表打乱的体验,且同时没有来自相同专辑或艺术家的音乐连续播放。

为什么对播放列表进行打乱是一个如此棘手的问题?其问题就在于计算中的随机从来都不是完全随机的。

如要解决这个问题,即计算机必须被告知如何得到一个随机数。随机数生成器使用一个基于种子(seed)数字的算法,其中这个种子通常就是当前时间戳(timestamp)。X 的种子数字总是会返回相同的返回值 Y。如果使用当前时间作为种子数字,从同一时间开始运行相同的算法,就会获得两个相同的(但是"随机"的)输出,这使得随机数的选取存在安全问题。如果您知道了生成器所使用的种子号码和算法,那么就可以预测下一个输出值。

黑客们使用过"随机数生成器攻击"利用这个漏洞。关于计算中的随机性问题,历史上有先例:在索尼的 Playstation 3 电子游戏机中,无法为椭圆数字签名生成正确的随机值。黑客们利用这个错误自制应用程序(以及盗版电子游戏)使系统默认为有效的应用程序,并运行它们。

这里提示大家,不要误解计算中随机性的限制,这句话来自计算先驱 John von Neumann(约翰·冯·诺依曼):

"Anyone who considers arithmetical methods of producing random digits is,of course,in a state of sin"

(任何考虑用算术手段产生随机数的人都是有罪的。)

### 7.2.2　覆盖 Equals 测试等价性

在我们覆盖 Equals 之前,先决定根据什么标准确定 Customer 实例 X 与 Customer 实例 Y"相等"。Customer 类中并没有很多属性需要检查:只有 CustomerId 和 Name 是有用的。Booking 字段代表 Customer 模型中任何外键的集合,但是我们的一致性检查与这些属性无关,因为我们不使用它们建立一致性,也就不会检查这个集合。如果客户 X 的 Name 和 CustomerId 属性的值都与客户 Y 相同,那么它们就是等价的(因此,我们从 Equals 方法返回一个设置为 true 的 bool 值,如代码示例 7 - 3 所示)。

代码示例 7 - 3:CustomerEqualityComparer 的 Equals 方法实现。

```
public override bool Equals(Customer x, Customer y) {
    // ↓验证两个 Customer 实例具有相同的 CustomerId 值
    return x.CustomerId == y.CustomerId
        && x.Name == y.Name;
    // ↑验证两个 Customer 实例具有相同的 Name 值
}
```

我们希望在每次对两个 Customer 类型实例进行比较时,都调用我们的 Equals 方法。大家可以在 Customer 类中暴露 Equals 方法,并调用 CustomerEquality Comparer.Equals 方法。这个方法很有效,因为 Equals 是 object 的一部分,所以可用于大多数的衍生类型。另外,假设您已经可以自己实现这个方法。这个方法可能也是您在实际工作中常用的,但如果我们已经通过实现一个"比较器"类而进入一个新世界,那么我们不妨一直这样做下去,可能检查两个等价性的最常见技术就是使用等价运算符:＝＝。

### 7.2.3　重载等价运算符

大多数时候,大家并不会仔细思考等价运算符背后的功能,当然,可能有时会误打或者意外地使用了赋值运算符(＝),但是可以肯定,等价运算符的实际功能在某种程度上是一成不变的。一般来说,大家可以使用等价运算符执行参考类型等价检查,但是这个功能并不好用。通常,检查两个对象的引用指针并不足以比较两个 Customer 对象,因为结果将总为 false。解决方法很简单,如果实现不能满足对一组特定输入的要求,那么就重载这个实现,在 C# 中,我们可以重载运算符。

重载运算符的工作原理很像是覆盖(确切地说是重载)一个方法。在运算符的世界里,它们的程序名称就是它们的符号(比如,加号"＋"就是加法运算符),但方法重载和运算符重载之间的一个巨大区别就是:运算符重载始终是静态(static)和公开(public)的。创建实例级的(静态)运算符没有太大的意义,而非实例级的运算符重载则会导致一些问题,即同一个运算符针对同一类型具有多个运算方法,这会使得不了解代码的开发人员搞不清楚运算符重载生效的边界。使用运算符的语法不允许[instance].[operator]或 string.＋构造器的结构(这些语法在 Scala 等语言中是被允许的)。就 public 访问修饰符而言,当对特定类型使用运算符时,并不是在这个类型的类文件中进行操作。

要使用运算符重载,请使用以下语法:

```
public static [return type]
operator [operator name] (T x, T y) { … }
```

其中 T 代表您想要操作的类型,在 Customer 类中重载等价运算符时,我们希望调用 CustomerEqualityOperator 的 Equals 方法并返回结果,如下面的代码所示。

**注意**：当运算符被重载时，如果运算符具有与之绑定的运算符（比如，＝＝和！＝），必须对两个运算符都进行重载。

```
public static bool operator == (Customer x, Customer y) {
    CustomerEqualityComparer comparer = new CustomerEqualityComparer();
    return comparer.Equals(x, y);
}

public static bool operator ! = (Customer x, Customer y) => ! (x == y);
```

现在，我们每次调用重载运算符时，都会创建一个比较器的新实例。在实际生产的代码库中，大家应该考虑将实例化过程移到实例层中，这样就可以避免每次调用比较器都出现实例化。

这里，对！＝运算符进行重载时，调用了我们重载的等价运算符，并且对等价运算符的结果取反进行输出，我们将在 CustomerRepositoryTests.GetCustomerByName_Success 单元测试中使用重载运算符，而不是通过比较对象字段检查一致性。

如要检查数据库中的实例与 GetCustomerByName 方法返回的 Customer 对象是否相同，首先需要使用 LINQ 的 First 方法获取内存数据库中的 Customer 对象，如代码示例 7－4 所示。

代码示例 7－4：对于数据库的内部集合（EF Core），使用 LINQ 的 First 方法。

```
[TestMethod]
public async Task GetCustomerByName_Success() {
    // ↓从内存数据库中获取一个 Customer 对象
    Customer customer =
        ➡ await _repository.GetCustomerByName("Linus Torvalds");
    Assert.IsNotNull(customer);

    // ↓直接从内存数据库中获取第一个元素
    Customer dbCustomer = _context.Customer.First();

    // ↓使用重载的等价运算符
    bool customersAreEqual = customer == dbCustomer;
    // ↓检查两个 Customer 实例是否等价
    Assert.IsTrue(customersAreEqual);
}
```

在代码示例 7－4 中，我们使用了重载的等价运算符测试两个 Customer 实例之间的等价性。在我们结束这一章之前，给大家一个小建议：我们可以进一步压缩代码示例 7－4 中的代码，使其变得更加符合 C# 语言习惯。Assert.AreEqual 方法调用了对象的 Equal 方法，而该方法则使用了等价运算符（取决于所提供的实现）。由于我们重载了 Customer 的等价运算符，因此当我们对两个 Customer 实例使用 Assert.AreEqual

方法时，CLR 就会直接调用等价运算符！下面我们调整一下代码示例 7 - 4 的代码：

```
[TestMethod]
public async Task GetCustomerByName_Success() {
    Customer customer =
        ➥ await _repository.GetCustomerByName("Linus Torvalds");
    Assert.IsNotNull(customer);

    Customer dbCustomer = _context.Customer.First();
    Assert.AreEqual(dbCustomer, customer);
}
```

现在，让我们实际运行一下 GetCustomerByName_Success 测试。如果通过了，很棒。同样运行所有的其他测试，每个单元测试都应该可以通过，如图 7 - 6 所示。如果其中某个测试没有通过，请返回到对应的部分检查问题出在哪里，解决之后再编写下一部分代码。

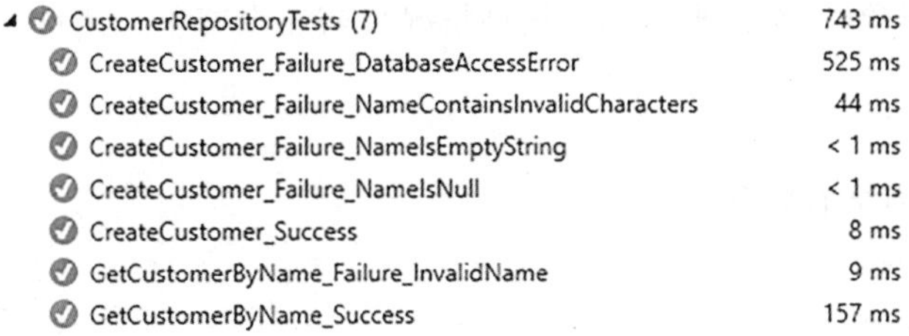

| | | |
|---|---|---|
| ▲ ✅ CustomerRepositoryTests (7) | | 743 ms |
| ✅ CreateCustomer_Failure_DatabaseAccessError | | 525 ms |
| ✅ CreateCustomer_Failure_NameContainsInvalidCharacters | | 44 ms |
| ✅ CreateCustomer_Failure_NameIsEmptyString | | < 1 ms |
| ✅ CreateCustomer_Failure_NameIsNull | | < 1 ms |
| ✅ CreateCustomer_Success | | 8 ms |
| ✅ GetCustomerByName_Failure_InvalidName | | 9 ms |
| ✅ GetCustomerByName_Success | | 157 ms |

图 7 - 6　单元测试通过

在图 7 - 6 中，我们现有的所有测试都通过了（如 Visual Studio Test Explorer 所示），我们还看到了单个测试以及组合测试的运行时间。

现在可以向数据库中添加新客户，以及在给定 ID 时从数据库取回对应的客户数据。这涵盖了我们需要的所有位于 CustomerRepository 的功能，我们将按照 CustomerRepository 的模式处理其他存储库。在本书前面的第 6.2 节中，我们检查了原始代码库向数据库中添加新客户的问题。

如下所示这里，重复一下当时的发现和结论，我们找到了原始代码库中向数据库添加 Customer 对象的几个主要设计缺陷：

（1）代码应该是自文档化的。

（2）我们不应使用硬编码 SQL 语句。

（3）应用显式类型替换隐式类型（var 关键字）。

至此，我们很好地处理了这三方面的问题，我们的代码具有可读性，比较整洁，代码也满足了自文档化的要求，并且我们还用 Entity Framework Core 抽象化了所有 SQL 查询。之前的代码是如何从数据库中取回 Customer 对象的呢？它根本就没有从数据库中检索任何 Customer 对象！这似乎有点奇怪。如果之前的代码库没有从 Customer

表中检索任何内容,为何我们的服务还取回了 Customer 实体? 切记,是这样,如果要预定一个航班,我们需要访问最新的 Customer 对象,旧的服务会在每次有人通过 API 预定航班时创建一个新的 Customer 对象,这就会导致数据库可能会出现重复的条目(相同的 Customer)。

现在,我们向方法中传递了正确的信息,并能够从数据库中根据输入的参数检索到对应的 Customer 对象,显然我们已经解决这个重复条目的问题了。

在本章学习中,除了常规知识,您还学会了如何使用等价"比较器"类和运算符重载测试对象的等价性(或更加确切地说,一致性)。

## 7.3 练 习

练习 7 - 1

向 GetCustomerByName 方法传入一个数据库中不存在的客户姓名时,方法无法匹配 Customer 对象,就会返回 null。这种情况目前还没有单元测试方法,我们应该如何进行测试呢?

练习 7 - 2

下列哪个类型是有效可空的?

(1) Customer!

(2) Customer?

(3) ˆCustomer

练习 7 - 3

填空:自定义异常必须继承____类,我们才能在适当情况下抛出这个异常。

练习 7 - 4

如果 LINQ 扩展方法 FirstOrDefault 在集合中找不到匹配项目,会返回什么?

(1) 一个 null 值

(2) −1

(3) 集合类型的默认值

练习 7 - 5

下面代码片段中,等价运算符测试了什么对象,其结论是什么?

```
int x = 0
int y = 1
x == y
```

(1) 等价运算符测试了引用的等价性,它返回了 false

(2) 等价运算符测试了引用的等价性,它返回了 true

(3) 等价运算符测试了值的等价性,它返回了 false

(4) 等价运算符测试了值的等价性,它返回了 true

练习 7 - 6

下面的代码片段中,等价运算符测试了什么对象,其结论是什么?

```
Scientist x = new Scientist("Alan Turing")
Scientist y = new Scientist("John von Neumann")
x == y;
```

(1) 等价运算符测试了引用的等价性,它返回了 false。

(2) 等价运算符测试了引用的等价性,它返回了 true。

(3) 等价运算符测试了值的等价性,它返回了 false。

(4) 等价运算符测试了值的等价性,它返回了 true。

练习 7 - 7

判断题:当我们重载等价比较运算符时,我们可以决定两种类型等价性的标准,并且返回我们自己定义的等价性。

练习 7 - 8

当我们重载等价运算符时,我们还需要重载吗?

(1) a. ! =

(2) b. ^=

(3) c. ==

练习 7 - 9

判断题:通过使用 Random 类生成一个随机数,我们可以保证得到一个完美的随机数。

练习 7 - 10

判断题:通过使用 RandomNumberGenerator 类生成一个随机数,我们可以保证得到一个完美的随机数。

练习 7 - 11

判断题:在许多(伪)随机数生成算法中,使用两次相同的种子数字会导致相同的随机数出现。

# 7.4 总 结

(1) 我们可以通过 lambda 演算的视角检查输入的有效性。如果我们将任何函数都视为黑箱,只考虑输入、输出,且与其他所有函数分离,那么我们就必须进行输入验证,不然就有可能导致错误的输出。我们不应该依赖其他对象对参数进行验证。

(2) 可空引用类型允许我们显式声明哪个引用类型可能具有一个 null 值,使用可空引用类型可以帮助我们避免空指针异常。

(3) 如要将某个类型指定为可空,可以添加什么? 运算符:int? myNullableInt = 0;。

（4）每个抛出的异常都（最终）派生自 Exception 基类。这允许我们创建自己的（自定义）异常，并像其他任何异常那样抛出。自定义异常有助于原子化的错误处理。

（5）大家可以通过向单元测试添加［ExpectedException（typeof（［your exception］))］方法特性，检查某个方法是否在单元测试运行期间抛出了特定异常。这意味着允许您对代码的失败情况进行测试。

（6）Entity Framework Core 可以在"内存"模式下操作。这表明允许您映射一个本地的，与真实数据库完全相同的内存数据库，我们不想对真实数据进行单元测试，这个功能为我们提供了测试所需的"虚假"（fake）数据库。

（7）如果标准引用等价性检查不能满足需要，可以使用自定义的 Comparer 类创建等价性检验，这意味着允许比较同一对象的两个不同实例，两个对象很可能具有相同的值和不同的指针。

（8）当我们想要比较两种参考类型的一致性，而不是完全相等（内存地址匹配）时，我们可以通过重载运算符（比如等价运算符），按照我们自己的等价性定义进行检验。

# 第8章　stub 泛型和耦合

本章包含以下内容：

（1）使用测试驱动开发创建 Booking 存储库类。

（2）关注点分离与耦合。

（3）使用泛型编程。

（4）使用 stub 进行单元测试。

本章，我们将继续介绍数据库中的每个实体如何实现存储库类。如果从大局来看，我们可以提醒自己为何要首先实现这些存储库：飞翔荷兰人航空公司的 CEO，Aljen van der Meulen 想要我们将他们的旧代码库更新为现代版本。我们要遵循 OpenAPI 规范（服务需要与航班搜索聚合器集成），在新的代码库中使用存储/服务模式。图 8-1 展示了本章目前在本书中的位置。

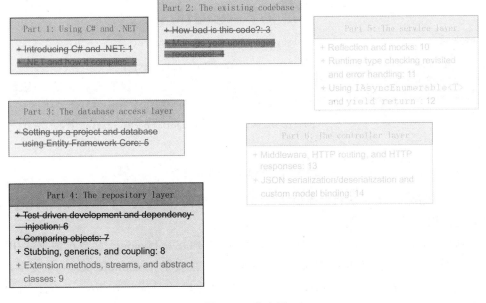

**图 8-1　进度图**

在第 6 章和第 7 章中，我们已经实现了 CustomerRepository 类，我们将在第 9 章实现代码库的存储 AirportRepository 和 FlightRepository 这两个类。

在第 6 章和第 7 章中，我们为 Customer 实体实现了存储库类。在本章中我们关注 Booking 实体，希望大家能熟悉以下内容：

（1）里氏替换原则（The Liskov substitution principle）。

（2）关注点分离与耦合。

（3）如何使用泛型。

（4）如何编写无懈可击的输入验证代码。

（5）使用可选参数。

除以上所述，本章还会介绍其他内容。

# 8.1　Booking 存储库的实现

至此，为了重构和实现新版本的 FlyingDutchmanAirlines 代码库，我们已经设置了 Entity Framework Core 并实现了一个数据库访问层（第 5 章）和一个 Customer 存储库类（第 6 章和第 7 章）。在本节中，我们教大家学习编写 BookingRepository 类，如图 8 - 2 所示。重新审视 Booking 模型，我们会看到有 3 个字段：BookingID（主键）、FlightNumber 和 CustomerID（Customer. CustomerID 的外键），CustomerID 这个整数是可空的，因为可能并没有对应的外键。通常，没有客户预定是非常规的，所以这个情况并不应该发生。

```
public class Booking {
    public int BookingId { get; set; }

    public int FlightNumber { get; set; }

    public int? CustomerId { get; set; }


    public virtual Customer Customer { get; set; }

    public virtual Flight FlightNumberNavigation { get; set; }
}
```

图 8 - 2　Booking 类和预定表

由于 Booking 类是从数据库模式逆向工程得到的，因此代码和数据库之间保持了良好的同构关系。

这里，我们只有一个终端地址是处理预定的：POST/Booking，它会在数据库中创建一个新的预定。因为我们只做这一件事，所以在新的 BookingRepository 类中，只需要一个公共方法：CreateBooking。如下面代码片段所示应该在 RepositoryLayer 文件夹创建 BookingRepository 类，并在 FlyingDutchmanAirlines_Tests 项目中创建对应的测试类（以及成功情况测试的骨架）。冒着重复代码的风险，我们计划为每个数据库实体（Customer，Booking，Airport 和 Flight）创建一个存储库，这样出口类包含了一些通过数据库访问层与数据库进行交互的小方法，服务层的类调用这些存储库，收集信息，并返回到控制器类进行呈现。（我们在第 5.2.4 节中已经讨论过存储/服务模式了）

```
namespace FlyingDutchmanAirlines.RepositoryLayer {
    public class BookingRepository {
        private readonly FlyingDutchmanAirlinesContext _context;

        public BookingRepository(FlyingDutchmanAirlinesContext _context) {
            this._context = _context;
        }
    }
}
```

与前几章介绍的方法一样,我们将使用测试驱动开发确保代码按照我们希望的方式运行,并防止在将来扩展代码进行迭代时代码示例 8-1 出现错误修改。在本书前面的第 6.1 节中,我们引入了(轻)测试驱动开发这种技术,以提高代码的正确性和可测试性,而且在测试驱动开发中,我们在编写逻辑实现之前先创建了单元测试。由于我们同时构建了测试和实际逻辑,因此我们可以在开发过程中不断验证代码是否按照我们的期望运行,从而节省了全部代码编写结束后修复 bug 所耗费的时间,如 8-1 代码示例所示。

代码示例 8-1:BookingRepositoryTests 类的骨架。

```
namespace FlyingDutchmanAirlines_Tests.RepositoryLayer {
    [TestClass]
    public class BookingRepositoryTests {
        private FlyingDutchmanAirlinesContext _context;
        private BookingRepository _repository;

        [TestInitialize]
        // ↓在每个测试之前运行的测试初始化方法
        public void TestInitialize() {
            DbContextOptions<FlyingDutchmanAirlinesContext>
                ➥ dbContextOptions =
                ➥ new DbContextOptionsBuilder<FlyingDutchmanAirlinesContext>()
                ➥ .UseInMemoryDatabase("FlyingDutchman").Options;
            _context = new FlyingDutchmanAirlinesContext(dbContextOptions);
            // ↑创建内存中的 SQL 数据库

            _repository = new BookingRepository(_context);
            Assert.IsNotNull(_repository);
            // ↑检查 BookingRepository 实例是否被成功创建
        }

        [TestMethod]
        public void CreateBooking_Success() { }
    }
```

```
    }
```

这里，我们回忆一下 Booking 相关的代码如何实现，以及有哪些需要改进的地方：旧代码与每个实体相关的代码都塞进了 FlightController 类中。当控制器中包含了具体实现细节，尤其是处理那些与控制器不相关的具体实现细节时，就意味着您将数据库的实现细节紧密地耦合在控制器中。理想情况下，控制器和数据库之间有一些抽象层（服务层、存储库和数据库访问层）。这里，假设在代码库开发完成之后，想要将数据库供应商由 Microsoft Azure 修改为 Amazon AWS。结果是，如果将控制器与数据库紧密耦合，那么切换数据库供应商时，就必须修改每个控制器，而如果通过引入具有数据库访问层的存储/服务模式抽象化数据库逻辑，放松数据库与控制器之间的耦合，那么就只需要对数据库访问层进行修改。对于本示例而言，在 BookingRepository 的上下文中，我们希望将向数据库中插入的新 Booking 对象的代码提取出来，如下所示：

```
cmd = new SqlCommand("INSERT INTO Booking (FlightNumber,
    ➥ CustomerID) VALUES (" + flight.FlightNumber + ",'" +
    ➥ customer.CustomerID + "')", connection);
cmd.ExecuteNonQuery();
cmd.Dispose();
```

这里，原始代码的其他部分还手动抓取了一些与外键约束相关的数据，我们会在本书第 11.3 节中讨论如何在服务层类中处理外键。

## 8.2　关注点分离与耦合

在本节中，我们将模仿前面第 6 章中向数据库添加客户的方式，将其应用到 booking 中，如下所示：

（1）验证输入。

（2）创建 Booking 类型的新实例。

（3）通过数据库上下文向 Entity Framework Core 的 DbSet 中添加新实例。

CreateBooking 方法包含两个输入：一个 customerID 和一个 flightNumber，两者均为 integer 整数类型，并且具有以下相同的验证规则：

（1）customerID 和 flightNumber 必须为非负整数。

（2）customerID 和 flightNumber 必须能够分别与现有客户和现有航班有效匹配。

由上面两条验证规则可知，我们需要检查 Customer 和 Flight 的 DbSet 集合，验证它们是否包含了与输入信息匹配的条目。但是，问题在于，由于关注点分离的原因，我们并不想在 BookingRepository 中处理 Booking 以外的实体 DbSet，此外，我们并不想在存储库层（而非服务层）处理外键约束。对于存储/服务架构的处理，一个很好的经验法则就是：让存储库保持沉默，让服务保持智能。这意味着您的存储库方法应当严格遵守单一职责原则（之前在第 6 章讨论过），而服务层则不用严格执行这一原则。

服务可以调用完成任务所需的任何存储库方法,但存储库方法不应该调用其他存储库来完成工作。如果您发现自己的存储库之间存在交叉调用,请复习本书第 5.2.4 节中关于存储/服务模式相关的内容。在本书第 10 章和第 11 章中,我们将讨论如何编写和管理这些对象的服务,但是现在我们只需要了解为什么我们不想在 BookingRepository 中调用 DbSet 和 DbSet 即可。这里,我们来看关注点分离与耦合。

### 关注点分离与耦合

"关注点分离"(Separation of concerns)是一个由 Edsger Dijkstra 在其论文 *On the Role of Scientific Thought*(EWD 447,Springer-Verlag,1982 年)中提出的术语。从其最基本的层面理解,它是指一个"关注点"只应做一件具体的事情。什么是"关注点"呢?关注点是编程模块的思想模型,它可以是方法或类等形式。当我们将关注点分离应用到类的级别,并将其应用到 BookingRepository 时,这时,我们可以说 BookingRepository 只关注对 Booking 数据库表的操作,这意味着,从 Customer 表检索信息并不在我们的关注范围内。如果我们将关注点分离应用到一个方法,我们也可以说一个方法只做一件特定的事,而不做其他任何事情。这是非常重要的整洁代码原则,它将帮助我们开发可读和可维护的代码。

我们之前讨论过使用小方法编写叙述式代码的概念,关注点分离也是相同的概念。在 Robert C. Martin 的标志性工作 *Clean Code:A Handbook of Agile Software Craftsmanship*(Prentice-Hall,2008 年)中,他曾多次提及这个问题。他的书中甚至专门有一个标题为 *Do One Thing*(做一件事)的章节。他指出,"函数应当做一件事,函数应当做好这件事。函数只应做当下这件事。"如果我们在编写代码时始终牢记这一理念,那么在编写复杂的代码时,我们就可以快人一步。我们在前面第 6 章中讨论的单一职责原则,指的就是一个方法只应做一件事。

什么是耦合(coupling),耦合与关注点分离的想法有何关系?耦合是处理关注点分离问题的一个不同角度。耦合是一个指标,可以量化一个类与另一个类的关联程度。如果两个类高度耦合,则意味着它们高度相互依赖对方,我们称之为紧密耦合。但是我们并不希望出现紧密耦合,紧密耦合通常会导致某个方法在错误的结构级别调用许多其他方法:比如 BookingRepository 调用 FlightRepository 取回有关航班的信息。

松散耦合(loose coupling)是指两个方法(或系统)并不是非常依赖对方,可以独立执行(因此修改的副作用最小)。Larry Constantine 创造了"耦合"(coupling)一词,这个词最初出现在 Constantine 和 Edward Yourdon 的 *Structured Design:Fundamentals of a Discipline of Computer Program and Systems Design*(Prentice-Hall,1979 年)一书中。当我们试图确定两个事物之间的耦合程度时,可以提出 Constantine 和 Edward Yourdon 在书中提出的那个问题:"要理解一个模块,必须知道另一个模块?"

如要理解 BookingRepository,我们必须知道多少 CustomerRepository 和 FlightRepository?存储库之间的关联有多强?如果我们在服务层处理耦合,那么存储库应当具有非常松散的耦合以及关注点高度的分离。

我们再看输入验证：虽然我们不必检查客户和航班数据库表的外键约束是否有效，但是当我们将更改保存到数据库时，我们将用隐式方法检查它们。如果修改请求违反了键约束，数据库就会出现错误。

大家应还记得之前曾经讨论过的方法可以采用任何输入，甚至带有错误的输入，仍应返回适当的情况。如代码示例 8 - 2 所示，如果我们得到一个错误的 customerID 或 flightNumber 输入，更新数据库的方法调用将会抛出一个异常，我们就可以捕获这个异常。通过捕获异常，我们可以控制数据和执行流，并抛出我们自己的自定义异常，提醒用户出现了错误，如代码示例 8 - 2。验证我们的输入很简单：只需检查输入是否为非负整数，我们已经准备好编写这个验证了。

代码示例 8 - 2：带有基础输入验证逻辑的 BookingRepository. CreateBooking 方法。

```
namespace FlyingDutchmanAirlines.RepositoryLayer {
    public class BookingRepository {
        // ↓ CreateBooking 需要 customerID 和 flightNumber 作为参数
        public async Task CreateBooking(int customerID, int flightNumber) {
            // ↓ 验证输入参数：customerID 和 flightNumber 必须是非负整数
            if (customerID < 0 || flightNumber < 0) {
                // ↓ 如果输入参数无效，抛出 ArgumentException 异常。
                throw new ArgumentException("Invalid arguments provided");
            }
        }
    }
}
```

C# 提供了一个我们可以在方法参数无效时使用的异常：ArgumentException。我们想要在 customerID 或 flightNumber 而不是非负整数时抛出一个 ArgumentException 类型的异常。我们要向 ArgumentException 传入了一个（string 类型的）错误信息，使用 throw new 模式，实例化并抛出一个 ArgumentException 的新实例。

在 C# 中，某些类型具有封装了类型的类，我们可以通过提供附加功能对这些类进行扩展，String 类和 string 类型就是其中一例，注意类和类型的大小写。C# 约定一个类应当以大写字母开头，而类型通常以小写字母开头。对于大多数类型及其包装类，通常可以互换使用它们（除非您需要使用该类暴露的方法——比如 String 类的 IsNullOrEmpty）。请注意，String 和 string 通常被解析为相同的底层中间语言代码。

在输入验证代码抛出 ArgumentException 后，开发人员可能会看到我们传递的信息，并且想要知道是哪里出现了问题。开发人员希望知道传入的实际参数是什么，但是我们不想在错误消息中返回输入参数，以及在方法之外暴露这些内容（或者有可能会暴露给最终用户）。您能想象应用程序在使用时返回了一个包含实际输入参数值的错误信息吗？显然任何 UI 工程师或者 UX 设计师都不想如此。当然，事情总有例外（或许您也控制着这个服务曾使用过的唯一一个客户端)。我们至少要将这些参数记录到控制台中,使得开发人员有机会恢复这些值。有一些公司使用了类似 Splunk 的技术,自动捕获写入到控制台的记录,并将其存储到可搜索的数据库中。如代码示例 8-3 所示如果要写入到控制台,我们可以使用 Console. WriteLine 方法。如果不想写入到控制台,ASP. NET 有专门的日志记录功能供您使用(更多信息请参阅 MSDN ASP. NET)。另外,还可以使用第三方日志库,比如 Log4net 或 NLog。我个人更喜欢用最简单的日志记录方式完成工作。在本书例子的情况下,记录到控制台就可以了。

代码示例 8-3:带有字符串插值的 BookingRepository. CreateBooking 方法。

```csharp
public async Task CreateBooking(int customerID, int flightNumber) {
    if (customerID < 0 || flightNumber < 0) {
        Console.WriteLine( $ "Argument Exception in CreateBooking! CustomerID
        ➥ = {customerID}, flightNumber = {flightNumber}");
        // ↑将无效参数的值使用字符串插值记录到控制台中
        throw new ArgumentException("Invalid arguments provided");
    }
}
```

我们写入到控制台的字符串是插值过的字符串。通过字符串插值,我们可以在字符串中插入(或内联)表达式和值,而无需显式拼接多个字符串(其底层仍为字符串拼接)。我们使用美元字符($)作为前缀创建插值字符串,然后,我们将值和表达式(甚至方法调用)包裹在大括号中,直接插入到字符串。{customerID} 字符串将插入 customerID 的值,如图 8-3 所示。

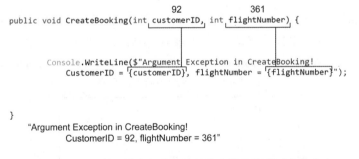

**图 8-3　字符串插值使得我们能够将变量值内联到字符串中**

使用字符串插值时,字符串将有一个美元符号($)作为前缀,并将想要插入的变量使用大括号包裹起来({[variable]})。

编译器会将插值字符串转换为一个将一堆字符串拼接起来的 C# 语句。由于字符串是不可变的,使用字符串插值并不能消除使用字符串拼接的性能缺陷,而由于字符串的不可变特性,字符串插值的性能实际上比正常的字符串拼接更加糟糕,因为它还涉及了额外的开销。另外,我们还需要对输入验证的逻辑进行单元测试,单元测试应对无效输入参数进行断言,并验证输入验证逻辑在输入参数无效(负整数)时抛出了

ArgumentException 类型的错误，如代码示例 8-4 所示。

代码示例 8-4：使用 DataRow 方法特性。

```
[TestMethod]
// ↓[DataRow]方法特性将使用指定测试数据运行测试
[DataRow(-1, 0)]
[DataRow(0, -1)]
[DataRow(-1, -1)]
// ↓该测试预期会抛出 ArgumentException 类型的异常
[ExpectedException(typeof(ArgumentException))]
public async Task CreateBooking_Failure_InvalidInputs(int customerID,
  int flightNumber) {
    // ↓调用 CreateBooking 方法并等待其运行完毕
    await _repository.CreateBooking(customerID, flightNumber);
}
```

CreateBooking_Failure_InvalidInputs 单元测试结合了我们之前所使用过的几个不同的方法，比如：

(1) 我们使用[DataRow]方法特性为单元测试提供了测试数据，而无需为全部测试示例各自编写单元测试。

(2) 我们使用[ExpectedException]方法特性提示 MSTest 运行期，该方法应在测试执行过程中抛出 ArgumentException 类型的异常。

(3) 在 TestInitialize 方法中，将_repository 字段赋值为一个 BookingRepository 的新实例。

在 CreateBooking_Failure_InvalidInputs 单元测试运行时，我们使用了[DataRow]方法特性，检查了 3 个单独的测试案例，如表 8-1 所列：

表 8-1　在 BookingRepositoryTests. cs 的 CreateBooking_Failure_InvalidInputs
测试中运行的 3 个不同测试案例

| customerID | flightNumber |
|:---:|:---:|
| -1 | 0 |
| 0 | -1 |
| -1 | -1 |

表 8-1 中列出的所有测试案例都是不能通过输入验证逻辑的输入参数，它们将导致 CreateBooking 方法抛出 ArgumentException 异常。

# 8.3　对象初始化器的使用

在前一节中，我们验证了 CreateBooking 的输入参数，并了解了关注点分离、耦合和字符串插值。在这一节中,我们将进一步添加逻辑,以向数据库中添加新预定,要将一个预定添加到数据库,我们需要执行以下 4 个主要步骤:

(1) 在 CreateBooking 方法中创建一个 Booking 类型的新实例。

(2) 将 customerID 和 flightNumber 参数填充到这个 Booking 新实例。

(3) 将 Booking 的新实例添加到 Entity Framework Core 的内部 DbSet 中。

(4) 将修改异步保存到数据库。

首先,我们可以轻松处理前两个步骤:①在 CreateBooking 方法中创建 Booking 类型的新实例和②将 customerID 和 flightNumber 参数填充到这个新实例中,如代码示例 8 - 5 所示。

代码示例 8 - 5:BookingRepository. CreateBooking:创建并填充一个 Booking 实例。

```
public async Task CreateBooking(int customerID, int flightNumber) {
    // ↓验证输入参数
    if (customerID < 0 || flightNumber < 0) { Console. WriteLine( $ "Argument Exception
in CreateBooking! CustomerID
        ➡ = {customerID}, flightNumber = {flightNumber}");
    throw new ArgumentException("Invalid arguments provided");
    }

    // ↓创建 Booking 类型的新实例
    Booking newBooking = new Booking();
    // ↓将 customerID 这个输入参数赋值给 newBooking 对象中的对应属性
    newBooking.CustomerId = customerID;
    // ↓将 flightNumber 这个输入参数赋值给 newBooking 对象中的对应属性
    newBooking.FlightNumber = flightNumber;
}
```

至此,代码正在按照计划进行填充:现在我们有了 Booking 类型的一个实例。我们还将验证过的参数填充到 CustomerId 和 FlightNumber 属性中。不过,代码示例 8 - 5 中有一个地方让我们很头疼:如果我们一直按照[instance].[property] = [value]这个模式进行输入,那么新实例中字段的填充有可能会变得非常冗长。大家还记得我们在第 6.2.5 节中讨论过的对象初始化器吗?此处显示的语法有一些细微变化,这一语法在初始化具有大量属性的对象时非常重要,如下所示:

```
Booking newBooking = new Booking {
    CustomerId = customerID,
    FlightNumber = flightNumber
};
```

如图 8 - 4 所示对象初始化器确实将常规对象属性赋值代码"压缩"到一个块中。对象初始化器在处理集合(比如列表)时也非常重要,当使用对象初始化器处理集合时,它们被称为集合初始化器(collection initializer),当然,还可以在集合初始化器中嵌套对象初始化器。

接下来,要做的就是尝试向数据库中添加 newBooking,然后将更改异步逻辑保存到数据库中。因为我们需要确保向数据库添加 Booking 实例时不会出现问题,所以我们将保存更改的逻辑放到 try-catch 语句中,如果数据库发生错误,程序就会抛出一个自定义异常(CouldNot AddBooking To Database Exception,继承自 Could Not Add Entity To Database Exception,进而继承自 Exception)。当这个异常(或者存储库层的任何异常)被抛出时,程序都会在服务层中再次捕获这个异常,大家自己可以练习一下这个自定义异常的任务。

传统方法

```
List<Animal> animals = new List<Animal>();
animals.Add(new MajesticGiraffe());
animals.Add(new AngryPenguin());
animals.Add(new DangerousCorgi());

ZooKeeper john = new ZooKeeper();
john.Subordinates = animals;
john.isQualified = false;
```

使用对象初始化器

```
ZooKeeper john = new ZooKeeper {
    Subordinates = new List<Animal> {
            new MajesticGiraffe(),
            new AngryPenguin(),
            new DangerousCorgi()
        },
    isQualified = false
};
```

**图 8-4  对象初始化方法对比:使用和不适用对象初始化器**

如果要使用 SaveChangesAsync 将新预定保存到数据库中,我们需要使用 await 等待 SaveChangesAsync 调用,等待 CreateBooking 方法意味着这个方法必须异步执行。如代码示例 8-6 所示。我们将方法的类型修改为 Task,并向方法签名中添加 async 关键字。

图 8-4 类比 John 是一位不合格的动物园管理员,这位管理员照顾着一只雄伟的长颈鹿,一只愤怒的企鹅和一只危险的柯基。

代码示例 8-6:完成 Booking Repository. cs Create Booking。

```
public async Task CreateBooking(int customerID, int flightNumber) {
    // ↓验证输入参数
    if (customerID < 0 || flightNumber < 0) {
        Console.WriteLine($"Argument Exception in CreateBooking! CustomerID
            ➡ = {customerID}, flightNumber = {flightNumber}");
        throw new ArgumentException("invalid arguments provided");
```

```
    }

    // ↓使用对象初始化器创建，并初始化一个 Booking 新实例
    Booking newBooking = new Booking {
        CustomerId = customerID,
        FlightNumber = flightNumber
    };

    try {
        // ↓将新预定添加到 EF Core 的 internal DbSet<Booking>中
        _context.Booking.Add(newBooking);
        // ↓将更改异步逻辑保存到数据库
        await _context.SaveChangesAsync();
    } catch (Exception exception) {
        // ↑捕获 try 代码库中抛出的任何异常
        // ↓向控制台写入开发者信息
        Console.WriteLine( $ "Exception during database query:
            ➥ {exception.Message}");
        // ↓抛出 CouldNotAddBookingToDatabaseException 类型的异常
        throw new CouldNotAddBookingToDatabaseException();
    }
}
```

这里，我们使用了 Entity Framework Core 和简洁的代码实现相同的结果，而无需使用硬编码的 SQL 语句、混乱的对象废弃以及 using 语句。

接下来该做什么呢？我们需要补全成功情况的单元测试。这应该很容易，我们只需要传入有效的输入参数。但是如果我们的数据库中有错误，我们依然可以传入有效的 customerID 和 flightNumber，但是因为数据库异常而出错，此时我们的成功情况的测试就会出现问题。

# 8.4　stub 单元测试的使用

在这一节中，将向大家介绍 stub 相关情况。单元测试上下文中的 stub，就是执行 stub 类（一个行为与特定类相同但是覆盖了实现的类）取代原有类的行为。前一节中，我们最后留下了一个问题，即 CreateBooking 方法有可能会因为数据库错误而抛出 CouldNotAddBookingToDatabase 异常。如果要测试一个抛出的异常，我们需要先不管成功情况的测试，关注 stub 和一个新的测试方法：就像下面的代码片段一样，CreateBooking_Failure_DatabaseError。我更喜欢使用蛇形命名法（snake case）为测试命名，您可以使用其他的命名方法：

```
[TestMethod]
public async Task CreateBooking_Failure_DatabaseError() { }
```

stub 是一段在运行时取代正常类的代码(也有可能是整个类),stub 将重定向对原始类进行方法调用,并执行这些类的覆盖版本。在希望抛出异常时抛出异常模拟错误条件时方法重定向和覆盖在单元测试中特别重要,因为它们允许我们通过重定向方法调用。

查看 CreateBooking 方法,我们想要验证我们能否正确处理来自数据库或 Entity Framework Core 内部的错误。处理一个数据库异常,最简单的方法就是扩展 FlyingDutchmanAirlinesContext 依赖注入并重定向。我们希望使用一个内存数据库,但是我们还想要确保特定方法被调用时能够抛出异常,那么我们创建一个类(stub),从 FlyingDutchmanAirlinesContext 继承,并随后注入到 CreateBooking,如图 8-5 所示。

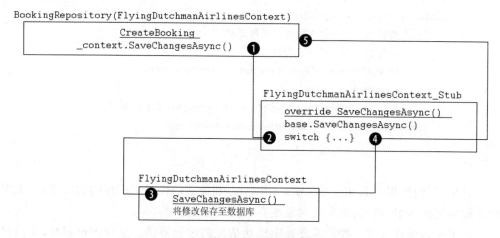

图 8-5　重新定向方法

图 8-5 通过 FlyingDutchmanAirlinesContext_Stub 重新定向 SaveChangesAsync 方法,存储库调用了 FlyingDutchmanAirlinesContext_Stub 依赖注入上的 SaveChangesAsync 方法,stub 调用基类,并在 switch 语句中决定应返回一个什么值。

如代码示例 8-7 所示,此时,我们在 FlyingDutchmanAirlines_Tests 项目中创建了一个名为 Stubs 的新文件夹和一个名为 FlyingDutchmanAirlinesContext_Stub 的新类,这个类继承了 FlyingDutchmanAirlinesContext。

代码示例 8-7:FlyingDutchmanAirlinesContext 的 stub 骨架。

```
namespace FlyingDutchmanAirlines_Tests.Stubs {
    class FlyingDutchmanAirlinesContext_Stub :
        ➥ FlyingDutchmanAirlinesContext { }
    // ↑这个类继承自原始的没有用 stub 的类,允许我们使用它来代替原始类
}
```

如代码示例 8 - 8 所示，回到 BookingRepositoryTests，我们使用 stub 替换上下文中的原始类调用，并看到我们的测试依旧可以通过。

代码示例 8 - 8：BookingRepositoryTests 初始化一个 stub 类，取代了原始类。

```
namespace FlyingDutchmanAirlines_Tests.RepositoryLayer {
    [TestClass]
    class BookingRepositoryTests {
        // ↓字段的类型是非 stub 类
        private FlyingDutchmanAirlinesContext _context;
        private BookingRepository _repository;

        [TestInitialize]
        public void TestInitialize() {
            DbContextOptions<FlyingDutchmanAirlinesContext>
                ➥ dbContextOptions = new
                    ➥ DbContextOptionsBuilder < FlyingDutchmanAirlinesContext
>.UseInMemoryDatab
                ➥ ase("FlyingDutchman").Options;
            // ↑DbContextBuilder 模式使用了非 stub 作为泛型类型
            _context = new
                ➥ FlyingDutchmanAirlinesContext_Stub(dbContextOptions);
            // ↑由于多态性的原因，我们可以将 stub 的新实例赋给之前定义的上下文字段

            _repository = new BookingRepository(_context);
            // ↑存储库接受我们的 stub，取代了非 stub 类
            Assert.IsNotNull(_repository);
        }
    }
}
```

上面这个代码示例没有通过编译。由于我们并没有为 stub 定义显式构造器，CLR 在我们创建 FlyingDutchmanAirlines_Stub 的新实例时创建了一个隐式的默认构造器。但是 FlyingDutchmanAirlinesContext（基类或非 stub 类）有第二个构造器，会读入我们使用内存数据库所需的 DbContextOptions 类型作为参数。如图 8 - 6 所示，由于 stub 继承了非 stub 类，我们也应当能够调用 FlyingDutchmanAirlinesContext_Stub 父类的构造器。毕竟，这个 stub 类的父类是 FlyingDutchmanAirlinesContext。

图 8 - 6 表明当一个衍生类的构造器包含了对基类构造器的调用时，基类的构造器总是最先执行。这里，RockAndRollHallOfFame 的构造器在 RosettaTharpe 的构造器之前执行。

如果要使代码能够成功编译，并使用 stub 替代非 stub 类，我们需要创建一个构造器，将实例以及相关参数原封不动地传递给非 stub 类。如果我们还没有在 stub 中覆盖任何方法，那么每次对 stub 的调用都将自动转到非 stub 类。要将方法调用重定向

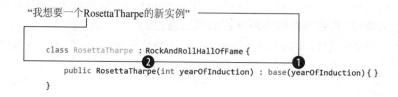

"我想要一个RosettaTharpe的新实例"

```
class RosettaTharpe : RockAndRollHallOfFame {
        public RosettaTharpe(int yearOfInduction) : base(yearOfInduction){ }
}
```

图 8-6　衍生类中包含对构造器的调用

至我们的 stub 逻辑中,就需要添加一个基类构造器的显式构造器,以确保我们在重定向过程中能够正常使用基类的方法。

如下面代码片段所示,如果要调用基类的构造器,请在常规构造器后面添加 base([arguments]),其中[arguments]就是您希望传入到基类构造器的参数。Java 或 Python 语言中的 super 关键字类似。注意,CLR 总是会在我们自己的(派生)构造器之前调用基类的构造器,如果您想在自己的构造器中进行一些处理,请始终牢记这一点。

```
namespace FlyingDutchmanAirlines_Tests.Stubs {
    class FlyingDutchmanAirlinesContext_Stub :
    ➥ FlyingDutchmanAirlinesContext {
        public FlyingDutchmanAirlinesContext_Stub
            ➥ (DbContextOptions<FlyingDutchmanAirlinesContext> options)
            ➥ : base(options) { }
    }
}
```

这里,显式定义构造器将强制代码在初始化新的 Flying Dutchman Airlines_Stub 类时传入 Db Context Options 类型的参数,这时,编译代码,并运行所有的测试,可以看到代码全部通过了,因为我们除了将原始类重定向到 stub 类,什么都没有改变。由于继承的 stub 类中没有覆盖任何方法,因此目前所有调用 stub 的方法仍将被转到 Flying Dutchman Airlines Context 的非 stub 版本中。我们可以正常使用 Flying Dutchman Airlines Context_Stub,就像我们正在使用 Flying Dutchman Airlines Context 实例一样。

### Liskov 替换原则(多态)

这种多态(polymorphism)通常认为是由 Barbara Liskov(一位计算机科学家,其曾获得约翰·冯·诺伊曼奖章和图灵奖)提出,她和 Jeannette Wing 共同发表了一篇描述 Liskov 替换原则的论文:

"Let ø(x) be a property provable about objects x of type T. Then ø(y) should be true for objects y of type S where s is a subtype of T."*

---

* 出自 Barbara H. Liskov 和 Jeannette M. Wing 的 *A Behavioral Notion of Subtyping*(ACM Transactions on Programming Languages and Systems(TOPLAS),1994 年)。

（假设 ø(x)需要一个 T 类型的对象 x。那么,对于一个 S 类型的对象 y,其中 S 是 T 的子类型,则 ø(y)也应是可行的。）

这句话可能得多读几遍才能理解。Liskov 和 Wing 告诉我们,在使用 Liskov 替换原则以及多态时,如果有一个类型(Kit-Kat)是另一个类型(Candy)的子类型,则类型 S(Kit-Kat)应当可以做类型 T(Candy)能做的任何事情。大家可以使用鸭子类型测试(duck-typing test)——"如果它看起来像鸭子,游泳也像鸭子,叫声也像鸭子,那么它很有可能是一只鸭子"——以此方式判断我们能否像类型 T 那样使用类型 S。Liskov 替换原则通常被认为是整洁代码的主要原则之一,它能够帮助我们编写具有适当抽象水平的、可重复使用的代码。

根据 TDD 的规则,在我们实现任何逻辑之前,我们需要向单元测试中添加一个断言,并验证失败的情况(如果参照 TDD 的红绿灯阶段,那么我们现在正处于绿色阶段,即将前往红色阶段)。此时,我们想要测试的(目前还未实现的)代码路径将导致逻辑抛出一个 CouldNotAddBookingToDatabaseException 类型的异常。新添加一个 try-catch 块,将数据库新预定的代码包围起来,然后调用并等待 SaveChangesAsync 方法,我们可以使用此方法根据某个特定条件抛出异常,比如在新 Booking 对象中将 customerId 设置为除了 1 之外的其他值,会怎么样呢? 我们可以通过在 stub 中覆盖 SaveChangesAsync 方法实现这个目标。注意,stub 中覆盖版本的 SaveChangesAsync 方法签名看起来有些陌生(在覆盖一个方法时,必须保持方法签名相同),但是我们可以一点一点来解释它,如下所示:

```
public async override Task<int> SaveChangesAsync(CancellationToken
➡ cancellationToken = default) {
    return await base.SaveChangesAsync(cancellationToken);
}
```

除了 override(大家应该已经很熟悉了)这个关键字,我们还在覆盖的方法中看到了以下两个陌生的概念:
(1)泛型(我们之前在操作中见过)。
(2)可选参数。
下面我们就深入讨论这两个令人兴奋的概念。

# 8.5　泛型编程的使用

在本节中,将为大家介绍泛型(generic)具体是什么,在本书中已经多次提到过这个对象,我们开始就使用了泛型。比如,看到这[type]<[differentType]>,再比之前我们使用过的 List、DbSet 和 EntityEntry,如果您之前熟悉 Java 泛型或 C++模板,学习本节内容会您感到非常熟悉。

泛型是允许我们限制类、方法和集合可以处理一些类型的概念。比如,一个集合通常具有一个泛型版本和一个非泛型版本。List 是非泛型的,而 Tiger 对象的 List(List)则是泛型的。又比如,HashSet 是非泛型的,而 Baklava 对象的 HashSet(HashSet)则是泛型的。以使用泛型参数的方法为例,如 Systems. Collections. Generic. ArraySortHelper 类中的 Sort 方法使用了 Heapsort 方法,对输入执行堆排序算法(heap sort algorithm)*,如下所示:

```
private static void Heapsort(T[] keys, int lo, int hi,
➡ IComparer<T> comparer) {
    int n = hi - lo + 1;
    for (int i = n/ 2; i >= 1; i = i - 1) {
        DownHeap(keys, i, n, lo, comparer);
    }

    for (int i = n; i > 1; i = i - 1) {
        Swap(keys, lo, lo + i - 1);
        DownHeap(keys, 1, i - 1, lo, comparer);
    }
}
```

上述的 Heapsort 方法接受了一个泛型参数 T[],表示要排序的键数组,以及泛型参数 IComparer,代表一个比较对象。

即便您通常遇到泛型是在集合中,但是方法和类有时也会使用泛型。那么,泛型类型看起来是什么样子的呢?泛型类或方法都会使用“泛型类型”,使用任何字母都可以(不只局限于 T),只要在类或方法签名的范围内一致就不会出现问题,限制泛型的使用至某个特定类型或类型子集可以通过使用泛型约束实现。

如果创建一个泛型约束,可以在特定方法或类签名之后添加后缀“where T : [type]”。假设我们希望创建一个只接受 Attribute 类型实例的泛型类,我们可以这样做:

```
public class MyGenericClass where T : Attribute
```

或者,当我们想要创建一个泛型方法,只接受 16 位整数(Int16 或 short)的 List,我们可以写:

```
public void MyGenericMethod<T>(T shorts) where T : List<short>
```

方法也可以有泛型类型的输入参数(无论是 T、X、Y,还是其他您喜欢的字母)。我们可以在一个类或方法中拥有多个泛型类型和多个泛型约束:

---

* 有关堆排序算法的更多细节,请参阅 A. K. Dewdney 的 *New Turing Omnibus*(W. H. Freeman and Company,1993 年)第 40 章“Heaps and Merges”或者 Robert Sedgewick 和 Kevin Wayne 共同编写的 *Algorithms* 第 4 版(Pearson Education, Inc. ,2011 年)第 2.7 章“Heapsort”。

```
public void MyGenericMethod<T, Y>(T key, Y encryption) where T :
➥ List<Int16> where Y : RSA
```

这里,MyGenericMethod 有两个泛型类型:T 被映射到 List,而 Y 被约束为 RSA 类型,其中,RSA 类型是. NET 中所有 Rivest-Shamir-Adleman(RSA)加密函数的基类,而 Y 被约束为 RSA,并不意味着这个类被禁止使用多态像 RSA 类型那样工作。实际上,泛型约束很少使用,在. NET 本身代码中找到一个示例,例如,我们可以在 WindowsIdentity 类中找到一个 GetTokenInformation 方法,如下所示:

```
private T GetTokenInformation<T>(TokenInformationClass
➥ tokenInformationClass) where T : struct {
    using (SafeLocalAllocHandle information =
        ➥ GetTokenInformation(m_safeTokenHandle, tokenInformationClass)) {
        return information.Read<T>(0);
    }
}
```

这里,GetTokenInformation 方法从当前持有的 Windows 令牌返回了请求的字段(由传入的 TokenInformationClass 实例决定),所请求字段的类型可以是任意对象,只要它是一个结构体,这是由对泛型 T 的约束实现的。

# 8.6 使用可选参数提供默认参数

在前一节中,我们深入了解了泛型,并解剖了 SaveChangesAsync 方法签名中出现的新概念。在这一节中,我们将学习第二个新概念:可选参数(optional parameter)。

可选参数在方法签名中可以向参数分配默认值。如果没有传入一个适当的参数,那么 CLR 就会使用分配的默认值作为参数,考虑以下方法签名:

```
public void BuildHouse(int width, int height, bool isPaid = true)
```

isPaid 参数在方法签名中被直接赋值为 true,这就是我们所说的可选参数。

```
BuildHouse(int width, int height, bool isPaid = true)
```

可选参数:可选参数始终位于方法参数列表的最后。它们被分配了一个"备用"值。这里, isPaid就是一个 bool类型的可选参数, 其默认值为true。

如果我们没有传入匹配的参数,CLR 会将可选参数赋值为方法签名中指定的默认值。参数是真正可选的,但是仍然可以在方法调用时为其传入指定的值。我们可以以两种方式调用 BuildHouse 方法,如代码示例 8 - 9 所示。

代码示例 8-9：调用带有可选参数的方法。

```
// ↓可选参数 isPaid 的值为 true
BuildHouse(10, 20);
// ↓可选参数 isPaid 的值为 false
BuildHouse(10, 20, false);
```

在第一个例子中，我们使用了可选参数（isPaid）的默认值 true。在第二个例子中，我们将其赋值为 false。在上述两个例子中，该方法的逻辑都能访问到一个初始化过的 isPaid 参数。

### 带有可选参数的方法重载

如果重载的方法只添加了可选参数，并且在调用时没有为可选参数赋值，那么 CLR 会忽略掉带有可选参数的重载方法，直接调用原始方法。假设我们有两个方法，分别是 BuildHouse(int width、int height) 和 BuildHouse(int width、int height、bool isPaid＝true)，并且我们没有为 isPaid 传入参数，那么 CLR 就会调用 BuildHouse(int width，int height) 版本。

但是，请注意：永远不要在可选参数之后再添加非可选参数，因为编译器要求可选参数必须放在参数行的最后，编译器对可选参数放在最后的要求意味着下面这个版本的方法签名将无法被编译：

```
public void BuildHouse(int width, bool isPaid = true, int height)
```

在后台，可选参数也像常规参数那样工作，但是会向生成的中间语言代码中添加额外的[opt]关键字。由于 CancellationToken 类型的参数在 SaveChangesAsync 方法中是可选的，因此我们可以决定是否向其中传入这个参数。请记住，我们需要将其添加到我们的方法签名中，覆盖基类的 SaveChangesAsync 方法，而覆盖的方法签名必须与原方法的相同，即覆盖的方法签名中必须要包含可选的 CancellationToken 参数。

### CancellationToken 类

我们可以通过使用 CancellationToken 实例调用 CancellationToken.Cancel()方法取消正在进行中的数据库查询，CancellationToken 还被用于将请求取消的消息通知到代码中的其他部分。我们不会在代码中使用这个实例，因为我们的请求只是简单地插入和检索具有有效外键约束的单个记录。

如果您启动了一个可能需要执行几分钟的存储过程，可能会需要在某些临界情况下，可以使用 CancellationToken 取消这个过程。如果程序没有传入 CancellationToken 的实例，CLR 将自行为其分配一个新实例。

目前在 stub 中，我们覆盖的 SaveChangesAsync 方法只有下面一行语句：

```
return base.SaveChangesAsync(cancellationToken);
```

覆盖的 SaveChangesAsync 方法返回了一个对基类（非 stub 类）版本

SaveChangesAsync 的调用。实际上，返回一个对基类方法的调用，对我们来说是没有用的，我们覆盖 SaveChangesAsync 方法只是使其像原始版本那样工作。我们需要使用自己的实现替换非 stub 基类版本的 SaveChangesAsync 方法调用，这点我们将在下一节中学习。

# 8.7 条件语句、Func 和 switch 表达式

在本节中，将进一步实现 SaveChangesAsync 中的逻辑，讨论条件语句、Func 类型以及 switch 表达式。要使用 stub 版本的 SaveChangesAsync，我们需要一些方法区分成功和失败路径。当然我们不希望在每次 CreateBooking 方法调用 SaveChangesAsync 时都抛出异常。由于 CustomerId 的值在我们的控制下，如果我们能够在 entity. CustomerId 设置为除了 1（一个任意数字，我们只是需要一个数字控制代码流）之外的任何非负整数时抛出异常，就可以在不破坏现有测试的情况下测试数据库异常的代码分支。

如代码示例 8 - 10 所示，我们可以使用很多方法检查 entity. CustomerId 是否为正整数 1。我们可以编写一个简单的条件语句，检查 CustomerId 是否为 1 并返回基类的 SaveChangesAsync 结果或者抛出一个异常。但是，我们确实需要从上下文中获取我们刚刚通过 CreateBooking 方法添加到内部 DbSet 的 Booking 对象，因为 Booking 对象并没有被传入到 SaveChangesAsync 方法中。

代码示例 8 - 10：实现 stub 版本的 SaveChangesAsync。

```
// ↓覆盖非 stub 类中的 SaveChangesAsync 方法
public async override Task<int> SaveChangesAsync(CancellationToken
➡ cancellationToken = default) {
    // ↓检查 CustomerId 是否为 1
    if (base.Booking.First().CustomerId ! = 1) {
        // ↓如果 CustomerId 不为 1，则抛出异常
        throw new Exception("Database Error!");
    }
    // ↓如果 CustomerId 为 1，则调用基类的 SaveChangesAsync 方法
    return await base.SaveChangesAsync(cancellationToken);
}
```

由于基类的 Booking DbSet 中只有一个 Booking 实例（我们在调用 SaveChangesAsync 前通过 CreateBooking 方法添加的），因此我们可以使用 LINQ 方法 First 选择这个对象。

## 8.7.1 三元条件运算符

为了进一步精简代码，我们还可以使用三元条件运算符（?:）将条件语句精简为简

单的返回语句,如代码示例 8 - 11 所示。

代码示例 8 - 11:使用三元条件运算符精简一个条件,返回代码块。

```
public async override Task<int> SaveChangesAsync(CancellationToken
➤ cancellationToken = default) {
    // ↓Booking 的 CustomerId 是否被设置为 1?
    return base.Booking.First().CustomerId ! = 1
    // ↓条件为 true:抛出异常
    ? throw new Exception("Database Error")
    // ↓条件为 false:调用非 stub 类的 SaveChangesAsync 方法
    : await base.SaveChangesAsync (cancellationToken);
}
```

**三元条件运算符**

如果曾经混淆过三元条件运算符的操作顺序,那么可以使用下面这个形式找回记忆:"表达式? 真:假"。

使用 if 语句或者三元条件运算符都可以使代码正常工作,但是如果我们想要扩展我们的条件分支,当然,我们可以创建无限的 else 语句跟踪每个条件,但是当条件数量越来越大时,这样操作会非常烦琐。

## 8.7.2　使用函数数组进行分支

我们还可以创建 Func<Task<int>>对象数组,这些对象使用了 lambda 委托,将 CustomerId 的值作为列表索引,只需使用 Invoke 执行合适的逻辑对应的委托即可,如代码示例 8 - 12 所示:

代码示例 8 - 12:使用 Func<Task<int>>,并通过索引调用 lambda 委托。

```
public async override Task<int> SaveChangesAsync(CancellationToken
➤ cancellationToken = default) {
    // ↓创建返回值为 int 类型的 Task 的 Func 数组(Func<T<Y>>)
    Func<Task<int>>[] functions = {
        // ↓这个任务抛出一个异常
        () => throw new Exception("Database Error!"),
        // ↓这个任务返回基类调用的 SaveChangesAsync 方法的整数结果
        async () => await base.SaveChangesAsync(cancellationToken)
    };
    // ↓使用 Booking.CustomerId 作为 functions 的索引调用一个 Task
    return await
        ➤ functions[(int)base.Booking.First().CustomerId].Invoke();
}
```

使用 Func<Task<int>>[]只可用于特定的索引值,如果 functions 数组只有两个元素,而 CustomerId 为 2(记住,在 C# 集合中索引是从 0 开始的),我们将会收到一个超范围(out-of-range)异常,因为请求元素的索引大于集合中最后一个元素的索引。

### 8.7.3　switch 语句和表达式

我提倡大家使用已被验证为可靠的 switch 语句,而不是简单条件语句、三元条件运算符或基于索引调用 Task,如代码示例 8 - 13 所示:

代码示例 8 - 13:使用常规 switch 语句进行代码分支。

```
public async override Task<int> SaveChangesAsync(CancellationToken
➥ cancellationToken = default) {
    // ↓基于 CustomerId 的值选择逻辑分支
    switch(base.Booking.First().CustomerId) {
        case 1:
            // ↓如果 CustomerId 为 1,调用非 stub 类的 SaveChangesAsync
            return await base.SaveChangesAsync(cancellationToken);

        default:
            // ↓如果没有任何匹配,则执行默认操作:抛出一个异常
            throw new Exception("Database Error!");
    }
}
```

可以看出,在代码示例 8 - 13 的 switch 语句中,我们在 CustomerId 为 1 的路径上执行了常规的、未覆盖的 SaveChangesAsync 方法。在一个 switch 语句中,如果没有任何匹配分支,则代码会寻找 default 分支,并执行其中的代码。如果没有提供 default 的情况,并且同样没有任何匹配分支,那么 switch 语句就不会执行任何一种情况的代码。这里,默认情况指 CustomerId 是除了 1 之外的任何值,我们的 default 情况抛出了一个异常。

C # 8 引入了 switch 语句的一个新功能,即名为 switch 表达式(switch expression)。它允许我们使用类似于 lambda 表达式的语法编写更加简洁的 switch 语句,如代码示例 8 - 14。

代码示例 8 - 14:使用 switch 表达式进行代码分支。

```
public async override Task<int> SaveChangesAsync(CancellationToken
➥ cancellationToken = default) {
    // ↓返回 switch 语句的结果
    return base.Booking.First().CustomerId switch {
        // ↓若 CustomerId 为 1,调用非 stub 类的 SaveChangesAsync
        1 => await base.SaveChangesAsync(cancellationToken),
        // ↓默认情况:抛出一个异常
        _ => throw new Exception("Database Error!"),
    };
}
```

使用 switch 表达式可以极大地精简原来冗长的 switch 语句,如果我们还应该看看代码是否抛出了一个 CouldNotAddBookingToDatabaseException,那么对应的单元测试必须使用如下的[ExpectedException]方法特性,其逻辑是:如果 SaveChangesAsync 发生错误,就会抛出 Database Error 的异常,这个异常会被上层 CreateBooking 捕获,然后抛出 CouldNotAddBookingToDatabaseException。

```
[TestMethod]
[ExpectedException(typeof(CouldNotAddBookingToDatabaseException))]
public async Task CreateBooking_Failure_DatabaseError() {
    await _repository.CreateBooking(0, 1);
}
```

这时,运行测试,测试通过后,接着准备编写 BookingRepository 的最后一个测试:BookingRepository_Success。

至此,我们只有一个方法的骨架,我们要做的就是向 CreateBooking 传入有效的参数,如代码示例 8-15 所示。因为 CreateBooking 没有输出,因此我们所做的任何断言都需要在 Entity Framework Core 的内部 DbSet 进行。我们需要检验 Booking 的对象确实被创建在内存数据库中,并且它的 CustomerId 为 1。

代码示例 8-15:完整的 BookingRepository.CreateBooking_Success 单元测试。

```
[TestMethod]
public async Task CreateBooking_Success() {
    // ↓在内存数据库中创建 Booking 对象
    await _repository.CreateBooking(1, 0);
    // ↓从内存数据库中取回 Booking 对象
    Booking booking = _context.Booking.First();
    // ↓验证 Booking 对象不为 null
    Assert.IsNotNull(booking);
    // ↓验证 Booking 对象具有正确的 CustomerId
    Assert.AreEqual(1, booking.CustomerId);
    // ↓验证 Booking 对象具有正确的 FlightNumber
    Assert.AreEqual(0, booking.FlightNumber);
}
```

再运行测试,会发现 CreateBooking_Success 测试失败了,我们会被提示这个方法抛出了一个 CouldNotAddBookingToDatabaseException 类型的异常,因为我们在访问它之前没有保存对 DbSet(以及对数据库)的修改,所以我们陷入了 Entity Framework Core 的一个最常见的陷阱。

### 8.7.4 Entity Framework Core 中的待处理更改查询

如果查看 stub 中的 SaveChangesAsync 方法,可以看到我们在调用 base.SaveChangesAsync 之前访问了 context.Booking。在对内部 DbSet 进行修改保存之

前,访问 Booking DbSet 意味着 Booking 集合中还没有任何内容,会导致一个 NullReferenceException 异常。这个异常在 CreateBooking 方法中被我们捕获,进而抛出了一个 CouldNotAddBookingToDatabaseException 异常。

解决该异常方案非常简单:在访问 context. Booking 之前调用 base. SaveChangesAsync。在本示例中,我们可以在 stub 的 SaveChangesAsync 方法中先执行 base. SaveChangesAsync 方法,然后再根据 customerId 判断执行哪个 switch 分支以及返回什么内容。对于失败情况,最重要的就是测试被抛出的异常,我们并不需要关心 stub 的 SaveChangesAsync 方法返回值;而对于成功情况的测试,我们需要返回一个与基类 SaveChangesAsync 相同类型的返回值。既然如此,我们可以修改非默认语句的执行逻辑,使其直接返回一个整数 1。SaveChangesAsync 方法会返回(在一个非 stub 场景下)写入到数据库的条目数量。我们没有必要违背这个模式。毕竟,我们是在模仿它的运作方式。

非默认 switch 值(在这个场景下)的唯一作用就是满足了要求的返回类型 Task。通过直接返回一个 1 值,我们完成了这个方法并且没有破坏任何功能,但仍然在输入的 CustomerId 不为 1 的情况下抛出了异常,如下面代码片段所示。

代码示例 8 - 16:具有基类 SaveChangesAsync 调用的 stub 的 SaveChangesAsync 方法。

```
public override async Task<int> SaveChangesAsync(CancellationToken
➡ cancellationToken = default) {
    // ↓调用非 stub 的 SaveChangesAsync 方法
    await base.SaveChangesAsync(cancellationToken);
    // ↓基于 CustomerId 选择 switch 分支
    return base.Booking.First().CustomerId switch {
        // ↓如果 CustomerId 为 1,则返回一个 1
        1 => 1,
        // ↓如果 CustomerId 不为 1,则抛出一个异常
        _ => throw new Exception("Database Error!")
    };
}
```

如果现在运行测试,可以看到测试通过。但是,这里还有一个问题。如果 CustomerId 不为 1,将抛出一个异常,但是我们的修改已经保存到数据库了,再次保存到数据库,应该检查 CustomerId 的值,而要做到这一点,我们需要访问数据库的待定更改,可使用 Entity Framework Core 通过查询其内部对实体的 StateTracker 实现,使用 EntityState 的 Added 状态进行筛选,如下所示:

```
IEnumerable<EntityEntry> pendingChanges =
➡ ChangeTracker.Entries().Where(e => e.State == EntityState.Added);
```

生成的 IEnumerable 集合中仅包含了我们待定更改的内容,我们真正需要的是待

定更改中的 Entity 对象，可以使用 LINQ 的 Select 语句做到获取 Entity 对象，如下所示：

```
IEnumerable<object> entities = pendingChanges.Select(e => e.Entity);
```

这里，可以将 EntityEntry 转换到我们的 Booking 类型，并获取其中的 CustomerId。如下所示如要将实体转换到 Booking，我们可以在 IEnumerable 上使用 OfType 方法：

```
IEnumerable<Booking> bookings =
➥ pendingChanges.Select(e => e.Entity).OfType<Booking>();
```

可以使用上述这些 Booking 实例验证待定更改中没有任何 CustomerId 为 1 的项目，如下所示：

```
bookings.Any(c => (b => b.CustomerId ! = 1)
```

此时，只要有这样一个 CustomerId 不为 1 的项目（上面一行代码为 true），就需要抛出一个异常。如果待定修改中所有实例的 CustomerId 均为 1（上面一行代码为 false），那么我们就可以继续保存数据库的更改，如代码示例 8-17 所示。

代码示例 8-17：保存到数据库之前在 stub 中检查有效 CustomerId。

```
public override async Task<int>
➥ SaveChangesAsync(CancellationToken cancellationToken = default) {
    IEnumerable<EntityEntry> pendingChanges = ChangeTracker.Entries()
        ➥ .Where(e => e.State == EntityState.Added);
    IEnumerable<Booking> bookings = pendingChanges
        ➥ .Select(e => e.Entity).OfType<Booking>();
    if (bookings.Any(b => b.CustomerId ! = 1)) {
        throw new Exception("Database Error!");
    }

    await base.SaveChangesAsync(cancellationToken);
    return 1;
}
```

为了确保我们没有破坏任何其他内容，我们运行一下解决方案中的所有单元测试。似乎 CreateBooking_Success 测试在单独运行时可以通过，但是与其他测试串联运行时，却没有能够通过，测试运行器报告抛出了一个 CouldNotAddBookingToDatabaseException 类型的异常。这时，我们直接从 Entity Framework Core 陷阱掉入了另一个继承陷阱：当创建一个类的新实例时，如果基类已经存在，那么基类就不会被实例化。当我们请求 FlyingDutchmanAirlinesContext_Stub 的新实例时，如果它的父类已经存在，那么 CLR 将不会实例化这个父类。实际上，这意味着我们在单元测试中一直在处理相同的数据库上下文，内存数据库的内容不会在每次测试后被清除。当我们执行了 CreateBooking _Success 测试案例时，数据库上下文中很有可能保留了一个 Booking 实例

(CreateBooking_Failure_DatabaseError 测试会产生一个没有保存的待定更改),而在我们覆盖的 SaveChangesAsync 方法中,我们请求了上下文中第一个预定的 CustomerId,于是,我们可能最终会得到一个错误的 CustomerId。应该怎么办呢? 下面两种方法都可以解决这个问题:

(1) 在 TestInitialize 方法中手动清除数据库的 DbSet。

(2) 使用 Entity Framework Core 的 EnsureDeleted 方法,它将检查数据库是否已经删除。如果数据库仍然有效,EnsureDeleted 就会直接删除数据库。

这两种方法同样有效,我们可以在 TestInitialize 方法中调用 EnsureDeleted 方法,也可以在 FlyingDutchmanAirlines _Stub 的构造器中调用这个方法。在我看来,最好把它放到 stub 的构造器中,如代码示例 8 - 18 所示。

使用 EnsureDeleted 方法很大程度上与我们使用了 stub 有关,另外一个原因是想要尽可能保持 TestInitialize 方法在测试类之间的相似性。

代码示例 8 - 18:使用 EnsureDeleted 删除一个内存数据库。

```
public
➥ FlyingDutchmanAirlinesContext(DbContextOptions
➥ <FlyingDutchmanAirlinesContext> options) {
    // ↓删除非 stub 类的内存数据库
    base.Database.EnsureDeleted();
}
```

如果现在运行所有测试,会看到,CreateBooking_Success 测试案例完美通过。

至此,我们已经完成了 BookingRepository 类。学到这里,您现在已经精通泛型、可选参数、switch 表达式以及 Liskov 替换原则了。

## 8.8  练  习

练习 8 - 1

填空:在关注点分离的上下文中,一个关注点指的就是____。

(1) 一个令人担忧的想法

(2) 一个业务

(3) 一个逻辑模块

练习 8 - 2

判断题:如果两个类严重依赖对方,那么我们称其为松散耦合。

练习 8 - 3

填空:在存储/服务架构中,实际的数据库查询应在____层上进行,而调用方法进行数据库查询的过程应在____层进行。

(1) 存储;服务

(2) 服务;存储

(3) 服务;服务

(4) 存储;存储

练习 8 - 4

如果 fruit 的值为"kiwi",那么下面这段代码会向控制台打印什么内容?

```
Console.WriteLine( $ "I enjoy eating {fruit}");
```

(1) 什么都不会输出,它将导致编译错误

(2) "I enjoy eating {fruit}"

(3) "I enjoy eating kiwi"

(4) "$ I enjoy eating kiwi"

练习 8 - 5

判断题:一个字符串是不可变的。这意味着它是一个引用类型,其中对字符串进行的所有更改都会覆盖内存中的相同位置。

练习 8 - 6

判断题:使用 stub 时,必须重载基类的方法。

练习 8 - 7

基于下面哪个原则,我们能够像使用 FlyingDutchmanContext 类型实例那样使用 FlyingDutchmanContext_Stub 的实例?

(1) Liskov 替换原则

(2) DRY 原则

(3) Phragmén-Lindelöf 原则

练习 8 - 8

使用泛型编程时,能否向 List 中添加一个 float 类型的实例?

(1) 能

(2) 不能

(3) 使用 Stack Overflow 提问一下

练习 8 - 9

下面表达了什么对象的示例 where T:Queue<int>

(1) 泛型集合

(2) 泛型归纳

(3) 泛型约束

练习 8 - 10

判断题:只可以对类使用泛型。

练习 8 - 11

判断题:具有泛型的类只能有一个泛型约束。

练习 8 - 12

判断题：不能将泛型类型作为方法参数的类型。

练习 8 – 13

判断题：可选参数的使用是任意可选的。

练习 8 – 14

在方法的参数列表中，可选参数应该放在哪里？

（1）最开始

（2）最后

（3）任何地方

练习 8 – 15

判断题：与默认隐式构造器类似，如果没有在 switch 语句中声明一个 default 情况，编译器会生成 default，并执行我们指定的第一个情况。

# 8.9　总　结

（1）关注点分离意味着我们希望将逻辑模块彼此分开，这确保了我们的代码是可测试和原子化的，原子化代码更加可读，并且更易扩展。

（2）耦合指的是两个关注点的关联程度。紧密耦合可能意味着某个类严重依赖另一个类，而两个类之间的松散耦合则意味着一个类可以任意更改和扩展，而不会为其他类带来问题。具有紧密耦合的类更难维护，因为当不知道依赖的全部范围时，贸然修改极有可能带来副作用。

（3）大家可以使用字符串插值将变量内联到字符串中，这使得我们无需使用显式拼接操作即可轻松创建复杂的字符串。

（4）字符串是不可变的。对字符串进行的任何操作（拼接、删除、替换）都会导致 CLR 为字符串新副本分配新内存。这意味着，如果执行了很多拼接操作，那么中途的每一步（串联、删除）都会产生新的内存分配。请在处理大量字符串拼接和删除时，需要牢记这一点。

（5）如果需要为实例化的新对象分配大量属性，可以使用对象初始化器。对象初始化器允许使用精简且更加可读的语法。在没有提供合适构造器时，对象初始化器就是实例化复杂对象的最惯用方式。

（6）Liskov 替换原则规定，一个类型的子类型应当能够做到父类型能做到的情况，这意味着我们可以像使用父类型那样使用子类型，而 Liskov 替换原则解释了为什么我们可以使用多态。

（7）stub 是一段利用 Liskov 替换原则，子类可以像父类（或父功能）一样使用的代码，并且其可以覆盖和重定向特定方法，以确保特定的功能。stub 非常有用，它可以在单元测试时抛出异常以及返回特定响应。

（8）泛型允许我们限制类、方法或类型以处理特定类型。例如，Stack 或 List 使用泛型将其功能限制到一个或一组特定类型,以这种方式限制代码是一种非常重要的技术,大家可以控制数据类型,并确保它们在整个代码中都始终保持在自己期望的范围内。

(9) 可选参数允许我们定义方法的非必要参数。如果没有传入匹配的参数,可选参数将采用在方法签名中定义默认值。当我们的代码依赖多组可能的参数值时,可选参数可以使得我们在没有传入特定参数值时仍然能够继续处理逻辑。

(10) Entity Framework Core 的 EnsureDeleted 方法可以检查数据库是否被删除,如果没有被删除,这个方法就会将其删除。在使用内存数据库进行测试时,这一功能可以确保没有之前的测试数据残留。

# 第 9 章　扩展方法、流和抽象类

本章包含以下内容：

（1）使用流重定向控制台输出。

（2）使用抽象类在派生类中提供共用功能。

（3）使用 AddRange 这个 LINQ 方法向集合中一次添加多个内容。

（4）使用 SortedList 集合。

（5）使用扩展方法为现有类型扩展新功能。

（6）重构"魔法数字"。

在本书第 3.1 节和第 3.2 节中，飞翔荷兰人航空公司的 CEO 要求我们编写现有服务程序的新版本，其现有的代码库已经很老旧，并且有很多设计缺陷，不能满足新合作的搜索聚合器提供的 API 要求；在第 3 章和第 4 章中，我们查看了现有代码库，并确定了潜在的改进措施；在第 5 章中，开始重构，并使用 Entity Framework Core 实现了一个数据库访问层；随后，第 6 章到第 8 章我们已经实现（并测试）了以下 4 个类中的两个存储库类：

（1）CustomerRepository——我们在第 6 章和第 7 章中实现了这个存储库类。

（2）BookingRepository——我们在第 8 章中实现了这个存储库类。

（3）AirportRepository——我们将在本章实现这个存储库类。

（4）FlightRepository——我们将在本章实现这个存储库类。

图 9-1 展示了本章在本书内容在本书中的进度安排位置。在本章中，我们将实现 AirportRepository 和 FlightRepository 这两个类，这是我们重构过程中在存储层需要完成的最后两个存储库类。

前面，我们已经学习了测试驱动开发、DRY 原则、Liskov 替换原则以及 LINQ 等内容，并且熟悉了这些存储库的整体结构与测试模式。我们在本章中将学习如何实现 AirportRepository 和 FlightRepository 这两个类，完成存储层的全部代码，还将了解抽象类（接口的替代方案，强制我们在所有衍生类中实现相同方法），并且回顾扩展方法（第 9.6 节内容），以便我们可以为现有类型提供新功能。

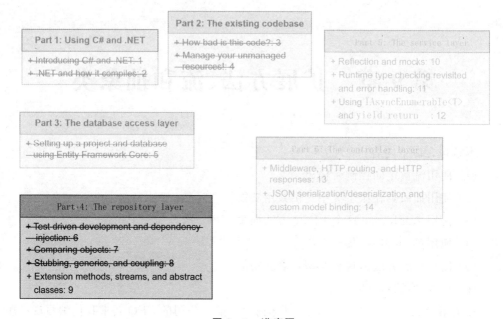

图 9-1　进度图

# 9.1　Airport 存储库的实现

在本书第 6 章到第 8 章中,我们遵循了相同的第一步:为存储库和单元测试创建类骨架。在本章中也将遵循相同的步骤。

AirportRepository 的骨架使用了依赖注入,将一个 FlyingDutchmanAirlines-Context 类型的实例注入到 AirportRepository 的显式(非默认)构造器中(如图 9-2 所示),这时构造器将注入的 FlyingDutchmanAirlinesContext 赋值给一个私有字段。the AirportRepositoryTest 类有一个 TestInitialize 方法,它初始化了 FlyingDutchman-AirlinesContext,并且将其赋值给一个私有字段,因此我们可以在每个单元测试中使用全新的内存数据库。另外,TestInitialize 方法还实例化了一个新的 AirportRepository 实例,并将其赋值给一个私有字段,除此之外,AirportRepositoryTest 类还使用了

图 9-2　Airport Repository 骨架使用了依赖注入

［TestClass］特性。如果您对上面所述理解困难，请重温第 6 章和第 7 章内容。

图 9-2 表明无论正在创建常规类还是测试类，第一步都要创建实际类文件，如果正在使用一个常规类，那么请向类和构造器中添加依赖注入，如果创建了一个测试类，也可以设置可选的 TestInitialize 方法。

当处理 Airport 实体时，程序需要支持哪些 HTTP 操作？传统上讲，对于每个实体，通常都需要创建—读取—更新—删除（create - read - update - delete，CRUD）操作相关的逻辑。我认为，代码仅应暴露和实现完成任务所需的功能，对于 Airport 来说，通过 API 暴露创建、更新或删除功能是没有意义的，因为我们只需要一个读取操作。

## 9.2　Airport 对象的获取——通过机场 ID 数据库

在 AirportRepository 的上下文中，读取操作应该做些什么呢？通常，我们需要从数据库中"读取"Airport 实体，这意味着需要在给定机场 ID 时返回一个 Airport 对象。我们在前面第 6.2 节中做了类似的事情，在给定客户 ID 时，从数据库中返回了一个对应的 Customer 对象。在本节中，我们来实现这个方法，在给定机场 ID 时，从数据库中返回一个 Airport 对象：GetAirportByID。

但是，和往常一样，我们首先来看测试驱动开发的红灯阶段——GetAirportByID 方法成功情况的单元测试，如下所示：

```
［TestMethod］
public void GetAirportByID_Success(){
    Airport airport = await _repository.GetAirportByID(0);
    Assert.IsNotNull(airport);
}
```

当我们尝试对其进行编译时，会得到一个"编译器无法找到 GetAirportByID"（这在预期内，因为我们还没有实现这个类）的编译错误。这时，还得到另外一个编译错误，如下所示：

"await 运算符只能在异步方法中使用。"

在您的 C# 生涯中，可能会多次遇到这个错误。因为大家总是很容易忘记将某个方法标记为 async。需要等待异步方法执行完毕，并且会有一个合适的返回值（Task）。

**注意**：正如我们在第 6.2.8 节中讨论的那样，异步方法期望 Task 类型的返回值。如果什么都不想要返回（void），请使用非泛型版本 Task。如果想要返回一个实际值，请使用泛型版本 Task，其中 T 是返回类型。例如，要通过一个 Task 返回一个布尔值（Boolean）\*，可以使用 Task。Task 代表一个单独的工作单元（一个关注点）。

---

\*　为何 Boolean 首字母要大写，而 bool 却不需要呢？当我们说布尔值（Boolean value）时，我们指的是布尔代数视角的真实值（true 和 false）。布尔代数是由英国数学家 George Bool 发明的，第一次出现在他的书 *The Mathematical Analysis of Logic*：*Being an Essay towards a Calculus of Deductive Reasoning*（Bool，1847 年）中。当我们谈及 bool 时，指的是 C# 编程语言中的类型，代表了布尔的真实值，由 System.Boolean 支持。

如下所示,我们来复习一下,如果我们想要将方法由同步执行转换为异步执行,需要在方法签名中使用 async 关键字,以及 Task 或 Task 返回类型(如果 Task 返回了一些数据):

```
[TestMethod]
public async Task GetAirportByID_Success() {
    Airport airport = await _repository.GetAirportByID(0);
    Assert.IsNotNull(airport);
}
```

如下所示,如果要编译代码,并通过成功情况下的单元测试(测试驱动开发的绿色阶段),需要在 AirportRepository 中创建一个 GetAirportByID 方法,它需要接受一个 integer 类型的参数:

```
public async Task<Airport> GetAirportByID(int airportID) {
    return new Airport();
}
```

如果我们现在编译代码,并运行 GetAirportByID_Success 测试案例,会看到测试通过。但是,GetAirportByID 方法中的代码并没有真正完成它的工作,它只是返回了 Airport 类型的一个新实例,而不是数据库中特定的条目。大家想一想从数据库中取回一个 Airport 对象所需的 4 个步骤。

想起来了吗?我们需要遵循的 4 个主要步骤如下,它们的流程如图 9-3 所示:

(1)验证给定的 airportID。

(2)从数据库取回正确的 Airport 对象。

(3)使用自定义异常处理任何数据库中的潜在 Exception。

(4)返回找到的 Airport 实例。

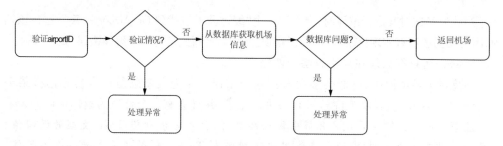

图 9-3 从数据库中取回 Airport 对象

图 9-3 为从数据库中返回 Airport 所涉及的步骤。首先,要检查给定的输入参数是否有效。如果输入有效,尝试从数据库中获取正确的 Airport 对象,如果数据库遇到问题,我们抛出,异常并处理。

建议大家按照这些步骤实现 GetAirportByID 方法。在完成之后,将我的实现与您的进行比较,如果我的实现与您的实现不同,也没有问题。如果测试支持您的功能,并且通过了测试,您就可以确定您的代码很棒(代码是否整洁是另外一个问题,这并不会影响测试,如要检查代码整洁度,请使用附录 B 的整洁代码检查表)。

在尝试之前,我再给您一条建议:保持代码简单。在我的职业生涯早期,使用编程语言中冷僻的知识点以及古怪的算法,我认为是很聪明,然而这导致后来人都无法读取代码,并且无法扩展,无法维护,所以保持简单是聪明的选择。

## 9.3　AirportID 输入参数的验证

正如我们在第 9.2 节所讨论的,从数据库获取以一个 Airport 的 4 个步骤如下所示:

(1) 验证给定的 airportID。

(2) 从数据库取回正确的 Airport 对象。

(3) 使用自定义异常处理任何数据库中的潜在 Exception。

(4) 返回找到的 Airport 实例。

在本节中,我们将处理 4 个步骤中的第一个:验证用户输入。GetAirportByID 方法接受了一个 integer 类型的参数。AirportID 应当是一个非负整数。要测试 AirportID 是一个非负整数,我们使用与 GetCustomerByID 方法和 CreateBooking 方法类似的条件语句,如代码示例 9 - 1 所示,如果参数的值无效,则向控制台写入一条日志,并抛出一个 ArgumentException 异常,写入控制台日志使用了字符串插值,将 airportID 的值内联到了字符串中。

代码示例 9 - 1:在 GetAirportByID 中验证 airportID 参数。

```
public async Task<Airport> GetAirportByID(int airportID) {
    // ↓确定是否 airportID 是否具有有效值
    if (airportID < 0) {
        // ↓将 AirportID 的值记录到控制台,供开发者查看
        Console.WriteLine( $ "Argument Exception in GetAirportByID! AirportID
            ➡ = {airportID}");
        // ↓抛出 ArgumentException 类型的异常
        throw new ArgumentException("invalid argument provided");
    }

    // ↓返回一个 Airport 的新实例。我们将在本章修改这部分实现
    return new Airport();
}
```

上面代码看起来不错。但是接下来我们需要添加一个失败情况的单元测试,检查无效的输入值。我们可以使用[DataRow]方法特性为失败情况单元测试提供大量测试数据,但我们应该提供哪些数据呢? 只需要测试一个无效的输入数据点:一个负整数。

由于只需要测试一个数据点,因此不需要使用[DataRow]方法特性。我们确实可以使用[DataRow]方法特性进行单数据点的单元测试,但是这是大材小用。如果我们只测试一个数据点,那么不使用[DataRow]方法特性可以使得代码更加整洁,如下所示:

```
[TestMethod]
public async Task GetAirportByID_Failure_InvalidInput() {
    await _repository.GetAirportByID(-1);
}
```

GetAirportByID_Failure_InvalidInput 单元测试向 GetAirportByID 方法传入了一个(无效的)负整数。我们希望 GetAirportByID 方法能够判断出我们为其提供了一个无效的 AirportID 参数。之后,我们希望该方法能够将消息记录到控制台,并抛出一个 ArgumentException。那么如何验证 GetAirportByID 方法是否抛出期望的 ArgumentException 类型异常呢? 我们需要使用 [ExpectedException ( typeof (ArgumentException))]方法特性标记这个单元测试,如下所示:

```
[TestMethod]
[ExpectedException(typeof(ArgumentException))]
public async Task GetAirportByID_Failure_InvalidInput() {
    await _repository.GetAirportByID(-1);
}
```

运行测试,可以看到测试通过了。对于输入验证,还有其他可以测试的东西吗? 在 GetCustomerByName 方法中,我们满足于输入验证代码在检查到无效输入时抛出一个 ArgumentException 类型的异常,但是 GetAirportByName 方法除了抛出异常之外,还向控制台记录了一条消息,也许也应该检查一下控制台记录。

# 9.4　输出流

如果要验证程序是否向控制台记录了消息,那么需要访问控制台的内容。取回控制台输出的诀窍就是提供一个替代输出,并设置控制台写入到这个输出。在本节中,我们会讨论如何绕开控制台,输出到我们自己的数据流中。

**提示**:C# 中流的概念不同于 Java 中使用的 Stream API。在 Java 中,使用 Stream API 非常类似于使用 C# 中的 LINQ,本节将解释 C# 中流的概念。

如图 9-4 所示,Console 类封装了一个数据的输入和输出流,一个流代表了一系列数据(通常以字节表示),Console 类处理以下 3 个数据流:

(1) System. IO. TextReader,代表输入流(input stream)。

(2) 一个 System. IO. TextWriter,代表输出流(output stream)。

(3) 一个 System. IO. TextWriter,代表错误流(error stream)。

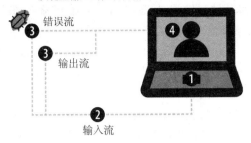

图 9 - 4 从输入到输出的周期

图 9 - 4 为从输入到输出的可能生命周期。首先,键盘输入 1 被发送到输入流 2。其次,应用程序内部进行一些处理(这里可以是任何处理),处理后,如果抛出异常,则错误被写到错误流 3,如果没有异常,信息被写入到输出流 3,最后,错误流和输出流被显示在控制台中。

在 Console 应用程序的上下文中,输入流可以处理任何键盘输入。输出流可以让我们写入任何我们想要在输出展示的内容,错误流可以记录异常。我们无法访问默认的 TextReader 和 TextWriter,但是我们可以通过使用 Console 的 SetOut,SetIn 和 SetError 自行指定。

我们可以实例化一个 StringWriter 类型的实例(处理字符串的数据流),并将其挂载到某个变量的引用上,进而在 Console 的输出流中使用这个变量,这样就可以轻松地获取历史数据。如图 9 - 5 所示,Console. WriteLine 方法将写入到我们的 StringWriter,而非写入到某些无法访问的输出流。请注意,某些编程语言(比如 Java)会在类型级别上区分输入和输出流,C# 并不会这样区分,大家可以使用任何 Stream 的派生类作为一个输入流或者输出流。

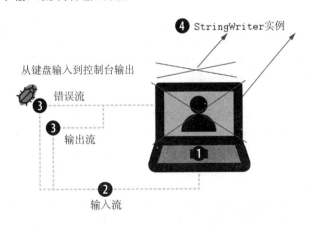

图 9 - 5 将控制台输出重定向到 StringWriter 实例

图 9 - 5 中,输出流和错误流将会写入到 StringWriter 实例,而不是写入常规的控制台输出。图 9 - 4 中的生命周期发生了变化:首先,键盘输入 1 被发送到输入流 2;其

次,应用程序内部会进行一些处理(这里可以是任何处理);处理后,如果抛出异常,则错误被写入到错误流 3,如果没有异常,信息被写入到输出流 3,最后,错误流和输出流被写入到 StringWriter 实例。

　　Stream 基类是所有数据流的基础,Stream 是一个 abstract 类,并且是很多处理字节流的派生类(比如 StringWriter)的基类。StringWriter 是一个处理一系列字节的流,并且暴露一些基于这些字节代表的字符串(由于一个字符串本质上就是一组字符,因此,基于字符也可)的功能。由于 Stram 的所有派生类都实现了 IDisposable 接口,因此我们需要在使用结束后清理初始化过的 Stream,否则可能会有内存泄漏的风险。

### 1. 抽象类

　　一个抽象(abstract)类是不能直接实例化或设置为静态类的。大家可以实例化一个抽象类的具体类,间接实例化一个抽象类。我们可以通过在类的方法签名中使用 abstract 关键字,使得一个类成为抽象类。抽象类是一种支持继承(进一步说,支持多态)的不同方式。我们通常使用抽象类作为“基”类,位于一个继承链的最顶部。与接口相反,抽象类可以提供方法主体(只要方法本身不是抽象的)以及使用访问修饰符,这意味着抽象类通常被用于将方法的特定实现扩展到派生类。另外,一个抽象方法必须被具体实现覆盖,因为抽象方法是隐式(virtual)的,可以被认为是一个“不完整”的方法,它们不能包含一个方法主体,而且抽象方法只能位于抽象类中,而派生类必须覆盖抽象方法,并根据其要求扩展功能,或者将派生类本身也标记为抽象。

　　如果要使用我们的 Console 输出流,需要实例化一个 StringWriter 类型的实例,将流包装在一个 using 语句中,并将其设置为 console 的输出流。然后,所有代码处理完毕之后,就取回 StringWriter 的内容,进而就可以验证输出是否与我们的期望匹配,如代码示例 9-2 所示。

　　代码示例 9-2:定义我们的控制台输出流。

```
[TestMethod]
[ExpectedException(typeof(ArgumentException))]
public async Task GetAirportByID_Failure_InvalidInput() {
    // ↓创建一个 StringWriter,保证其可以安全废弃
    using (StringWriter outputStream = new StringWriter()) {
        // ↓将我们的 StringWriter 实例设置为控制台输出
        Console.SetOut(outputStream);
        // ↓GetAirportByID 方法写入到 StringWriter,并抛出异常
        await _repository.GetAirportByID(-1);

        // ↓断言 outputStream 中包含了预期记录的输出
        Assert.IsTrue(outputStream.ToString().Contains("Argument Exception in
            ➥ GetAirportByID! AirportID = -1"));
    }
}
```

运行这个测试,可以看到测试能够通过。测试通过确实很好,但这真的是在测试想要测试的东西吗?我认为并不是,我们一步一步回顾一下代码,如下所示:

(1) TestInitialize 方法执行。

(2) GetAirportByID_Failure_InvalidInput 方法开始。

(3) 单元测试创建了一个 StringWriter,将其设置为控制台的输出流,并进入 GetAirportByID 方法。

(4) 检查了传入的 AirportID 是否有效(无效)。

(5) 代码向我们的 StringWriter 流写入一个错误日志。

(6) 方法抛出一个 ArgumentException 类型的 Exception。

(7) 方法被中止。

(8) 由于一个 Exception 被抛出,并且没有被捕获,测试停止执行。

(9) 测试确定预期的 Exception 被抛出,因此将测试标记为"通过"。

事实证明,我们根本没有根据控制台的输出流进行断言。由于我们没有捕获 GetAirportByID 中抛出的 ArgumentException,单元测试在代码执行到 outputStream 断言之前停止了执行。

如果要解决这个问题,应该捕获 ArgumentException,执行输出流的断言,然后再抛出另外一个 ArgumentException 类型的异常,以满足 ExpectedException 方法特性要求,这都需要在 GetAirportByID_Failure_ InvalidInput 单元测试中进行,如代码示例 9-3 所示:

代码示例 9-3:在单元测试中捕获抛出的 ArgumentException 异常。

```
[TestMethod]
[ExpectedException(typeof(ArgumentException))]
public async Task GetAirportByID_Failure_InvalidInput() {
    try {
        using (StringWriter outputStream = new StringWriter()) {
            Console.SetOut(outputStream);
            await _repository.GetAirportByID( - 1);
        }
    } catch (ArgumentException) {
        // ↑捕获 GetAirportByID 中抛出的 ArgumentException 异常
        Assert.IsTrue(outputStream.ToString().Contains("Argument Exception in
            ➥ GetAirportByID! AirportID =  - 1");
        // ↑断言 outputStream 的内容与记录的错误相同
        throw new ArgumentException();
        // ↑抛出一个新的 ArgumentException 异常,以满足 ExpectedException 特性的要求
    }
}
```

但是,这里有一个问题,即这段代码无法编译,因为当 GetAirportByID 抛出了 ArgumentException 异常,单元测试的 try-catch 块捕获了异常时,outputStream 就已

经超出其范围了,如图 9 - 6 所示。

```
try {
    using (StringWriter outputStream = new StringWriter()){
        Console.SetOut(outputStream);
        await _repository.GetAirportByID(-1);    输出流的范围
    }
}
catch (ArgumentException){
    Assert.IsTrue(outputStream.ToString().Contains("Argument
        Exception in GetAirportByID! AirportID = -1");
    throw new ArgumentException();
}
```

**图 9 - 6    outputStream 变量在 catch 代码块中超出了范围**

图 9 - 6 中 outputStream 的范围到 using 代码块结束的地方为止。

由于 outputStream 超出了范围,我们就再也无法访问它或者它的值。如果我们可以扩大 outputStream 的范围,同时也可以正确废弃实例就好了。这里,我们可以将整个 try-catch 模块包含到 using 语句中,我本人更喜欢 using 语句包含尽可能少的代码。我们可以通过在 finally 代码块中添加一个 outputStream.Dispose 的调用,使用传统的方式手动废弃 outputStream。另外,我们还需要在 try-catch-finally 的外面实例化 StringWriter,如代码示例 9 - 4 所示。

代码示例 9 - 4:修正 outputStream 的范围问题。

```
TestMethod]
[ExpectedException(typeof(ArgumentException))]
public async Task GetAirportByID_Failure_InvalidInput() {
    // ↓创建我们的 outputStream
    StringWriter outputStream = new StringWriter();
    try {
        // ↓告诉控制台,使用 outputStream 作为输出流
        Console.SetOut(outputStream);
        // ↓调用 GetAirportByID 方法
        await _repository.GetAirportByID( -1);
    } catch (ArgumentException) {
        // ↑捕获 GetAirportByID 中抛出的 ArgumentException 异常
        Assert.IsTrue(outputStream.ToString().Contains("Argument Exception in
            ➥ GetAirportByID! AirportID = -1");
        // ↑断言 outputStream 的内容与期望的错误日志匹配
        throw new ArgumentException();
        // ↑抛出一个新的 ArgumentException 异常,以满足 ExpectedException 特性的要求
    } finally {
        // ↓废弃 outputStream
        outputStream.Dispose();
    }
}
```

现在,当我们判定 outputStream 的内容包含了 GetAirportByID 方法中的错误记录时,outputStream 变量已经在范围内了,因此我们可以编译这个单元测试,并运行。如果这个单元测试通过了,我们就可以说,输入验证代码有效。

**2. 重新抛出异常,并保留堆栈跟踪**

代码示例 9-4 中的代码让我们捕获了一个 ArgumentException 类型的异常,并在之后抛出了一个相同类型的新异常。这适用于很多使用情况,但是如果想要重新抛出同一个异常,该怎么办呢? 如下所示,可以为捕获到的异常生成一个引用变量,然后使用 throw 关键字带上或者不带上这个变量均可,有两种方式做到:

```
catch (Exception exception) {
throw;
}

catch (Exception exception) {
throw exception;
}
```

上述这两种重新抛出异常的方法都可以生效。但是,这里有一个问题,重新抛出异常可能会导致保存在异常的堆栈跟踪信息丢失。为了确保在重新抛出异常之后仍然能够访问异常的堆栈跟踪,我们需要深入到 .NET 的一个偏僻角落:ExceptionDispatchInfo 类。

ExceptionDispatchInfo 类允许我们保存一个异常的特定状态,包括其堆栈帧在内。这样做可以防止异常的堆栈帧在重新抛出异常时被新的堆栈帧抹除。如果要保存一个异常的状态,我们需要向 ExceptionDispatchInfo.Capture 方法传入异常的 InnerException 属性(其中包含了抛出原始异常的状态)。之后,我们可以调用 Throw 方法,如下所示,一切照旧:

```
catch (Exception exception) {
ExceptionDispatchInfo.Capture(exception.InnerException).Throw();
}
```

通过 ExceptionDispatchInfo 类捕获异常的当前状态,进而重新抛出 Exception,可以保护原始异常的内部信息(包括堆栈跟踪)免于被覆盖。

# 9.5　Airport 对象的获取——通过数据库查询

至此,我们有了 AirportRepository.GetAirportByID 方法的基础,并且对 AirportID 参数的输入进行了验证。我们知道了什么是抽象类以及如何使用流。在这节中,我们将介绍完成 GetAirportByID 的实现,为此,我们需要完成以下任务:

(1)查询 Entity Framework Core 的 DbSet,寻找匹配的 Airport 对象。

（2）确保在数据库出现问题时，抛出适当的自定义异常。

（3）拥有覆盖成功和失败代码分支的单元测试。

之前在第 7.1.2 节已经要求 Entity Framework Core 在给定一个 ID 的情况下返回一个实体，因此这里会具体介绍如何实现接下来的类似代码。大家可以额外使用测试驱动验证您的代码。

```
public async Task<Airport> GetAirportByID(int airportID) {
    if (airportID < 0) {
        Console.WriteLine( $ "Argument Exception in GetAirportByID! AirportID
            ➡ = {airportID}");
        throw new ArgumentException("invalid argument provided");
    }

    return await _context.Airport.FirstOrDefaultAsync(a => a.AirportId ==
        ➡ airportID) ?? throw new AirportNotFoundException();
}
```

我们快速查看一下 return 语句，这是本节的重点：

```
return await _context.Airport.FirstOrDefaultAsync(a => a.AirportId ==
    ➡ airportID) ?? throw new AirportNotFoundException();
```

我们可以把以上返回语句拆分为以下 4 个步骤：

（1）await——异步执行表达式，并等待完成。

（2）_context.Airport.FirstOrDefaultAsync——异步取回第一个匹配项（基于第 3 步的表达式）或实体的默认值（对于 Airport 实体而言，默认值为 null）。

（3）a => a.AirportId == airportID——这是步骤 2 中所使用的匹配表达式。这个表达式将返回 Airport 集合中匹配给定 airportID 的第 1 个元素。

（4）?? throw new AirportNotFoundException();——使用空合并运算符，如果第 2 步和第 3 步返回了默认值 null，程序将抛出一个 AirportNotFoundException 异常。

在上述简短的 return 语句中，结合了 6 种不同的技术：异步编程用于获取表达式的完成情况和返回值；Entity Framework Core 允许我们查询内部 DbSet 以寻找特定实体，并且保持数据库和运行代码之间的同构关系；LINQ 方法 FirstOrDefaultAsync 枚举了一个集合，并且基于一个表达式返回了特定值；可以使用 lambda 表达式寻找匹配给定 airportID 参数的 Airport 对象；空合并运算符可以检查返回的空指针，并执行其表达式；最后抛出了一个使用了继承的自定义异常。

我们在使用测试驱动开发实现 GetAirportByID 方法时有点作弊，即我们没有遵循红绿灯模式的每个细节，不过，没有关系，任何技术都不应该被规则束缚，这里，意味着我们需要为 GetAirportByID 完成成功情况的单元测试。

我们需要做些什么来完成 GetAirportByID _ Success 测试案例（以及 AirportRepository）呢？如代码示例 9 - 5 所示。

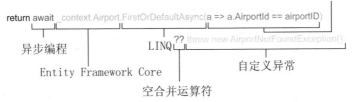

（1）在 TestInitialize 方法中向内存数据库中添加一个 Airport 对象。

（2）尝试通过调用带有恰当 airportID 的 GetAirportByID 的方法，从数据库中取回新添加的 Airport 对象。

（3）断言返回的对象与我们在调用 GetAirportByID 之前保存到数据库中的 Airport 对象相同。

代码示例 9 - 5：基础的 TestInitialize 方法以及 GetAirportByID 单元测试的骨架。

```csharp
[TestInitialize]
public async Task TestInitialize() {
    DbContextOptions<FlyingDutchmanAirlinesContext> dbContextOptions =
        ➥ new DbContextOptionsBuilder<FlyingDutchmanAirlinesContext>()
        ➥ .UseInMemoryDatabase("FlyingDutchman").Options;
    _context = new FlyingDutchmanAirlinesContext_Stub(dbContextOptions);

    // ↓ 创建一个 Airport 的新实例(Nuuk, Greenland; GOH)
    Airport newAirport = new Airport {
        AirportId = 0,
        City = "Nuuk",
        Iata = " GOH"
    };

    // ↓ 将该 Airport 实例添加到 EF Core 内部数据库集合
    _context.Airport.Add(newAirport);
    // ↓ 将 Airport 对象保存到内存数据库
    await _context.SaveChangesAsync();

    _repository = new AirportRepository(_context);
    Assert.IsNotNull(_repository);
}

[TestMethod]
public async Task GetAirportByID_Success() {
    Airport airport = await _repository.GetAirportByID(0);
```

```
            Assert.IsNotNull(airport);
            // ↓检验取回的 Airport 对象是否与保存的 Airport 对象相同
            Assert.AreEqual(0, airport.AirportId);
            Assert.AreEqual("Nuuk", airport.City);
            Assert.AreEqual("GOH", airport.Iata);
        }
```

但是,如下所示,当我们运行测试时,发现测试没有通过,编译器抛出了一个异常,因为我们使用了 FlyingDutchmanAirlinesContext_Stub,它覆盖了 SaveChangesAsync 方法,并在待定更改中没有 CustomerId 为 1 的 Booking 实例时抛出了异常(这里将任何实体都强制转换为 Booking):

```
public override async Task<int> SaveChangesAsync(CancellationToken
    ➥ cancellationToken = default) {
    IEnumerable<EntityEntry> pendingChanges =
        ➥ ChangeTracker.Entries().Where(e => e.State == EntityState.Added);
    if (pendingChanges.Any(c => ((Booking) c.Entity).CustomerId ! = 1)) {
        throw new Exception("Database Error!");
    }

    await base.SaveChangesAsync(cancellationToken);
    return 1;
}
```

如果我们在编写代码时,多花时间考虑一下我们的实现,就可以发现这个错误,但是这也是一次接受教训的机会。

由于我们没有在 AirportRepositoryTest 的 TestInitialize 方法中向数据库添加任何预定,SaveChangesAsync 方法将会抛出一个异常。如果要解决这个问题,我们可以在 stub 的 SaveChangesAsync 方法中创建一个条件语句,检查在 Booking DbSet 中是否包含一个实体。如果数据库中没有预定存在,代码就会跳过 Booking 相关的代码块,或者,也可以为这个测试创建一个不同的 stub,这意味着 stub 永远只应包含一个特定测试的逻辑。这是一个有效的途径,但是为了简洁和简单,我们坚持使用一个 stub。同样,如代码示例 9-6 所示,我们可以检查是否有任何 Airport 模型的待定更改。

代码示例 9-6:在 stub 中覆盖 SaveChangesAsync 方法。

```
public override async Task<int> SaveChangesAsync(CancellationToken
    ➥ cancellationToken = default) {
    IEnumerable<EntityEntry> pendingChanges = ChangeTracker.Entries()
        ➥ .Where(e => e.State == EntityState.Added);
    IEnumerable<Booking> bookings = pendingChanges
        ➥ .Select(e => e.Entity).OfType<Booking>();
```

```
if (bookings.Any(b => b.CustomerId ! = 1)) {
    throw new Exception("Database Error!");
}


// ↓取回所有 Airport 的待定更改
IEnumerable<Airport> airports = pendingChanges
    ➡ .Select(e => e.Entity).OfType<Airport>();
// ↓检查是否找到了 Airport 的待定更改
if (! airports.Any()) {
    // ↓如果没有找到 Airport 的待定更改,则抛出异常
    throw new Exception("Database Error!");
}


await base.SaveChangesAsync(cancellationToken);
return 1;
}
```

这里,通过向 stub 中添加额外的逻辑,使得测试可以正常通过。我们还能测试其他对象吗？我们已经覆盖了主要的代码分支,到目前为止,我们在测试中使用的所有内存数据库都只记录了我们测试的实体的一条记录。我们可以使用我们之前学到的技术或者一个新概念。这个新概念可以将多个 Airport 实例添加到数据库中,并对它们进行断言。

想一想:向集合添加相同类型的多个对象的合适方法是什么？我告诉您,"我们可以使用 LINQ 方法!"

### 3. AddRange 和 SortedList

LINQ 方法 AddRange 允许大家一次将多个条目添加到集合中,"Range"代表了一系列对象,通常存储在另外一个集合中。由于这是一个 LINQ 方法,因此它不仅适用于 Entity Framework Core,还适用于整个 C#。如果要使用 AddRange 功能,需要做以下两件事:

(1)将我们希望添加的对象放入另一个集合,为此,我们在 TestInitialize 中创建并填充了一个集合。

(2)将这些对象的集合存储到另一个集合,在本示例中,就是 EF Core 的 DbSet。

首先,我们创建了一个集合,System. Collections 和 System. Collections. Generics 命名空间包含了许多我们可以模仿和使用的集合。通常,我们会使用 List,ArrayList,LinkedList 和 Dictionary <T, X>,但是我们也有更加丰富的集合,比如 BitArray 或 SynchronizedReadOnlyCollection,我们可以对这些 C# 提供的集合(泛型或非泛型)使用 AddRange 方法。

为什么我们另辟蹊径,使用一种叫作 SortedList 的特殊集合呢？或者,您可以将所

有的条目添加到一个泛型的 List,并调用它的 Sort 方法。由于 SortedList 是一个泛型集合,因此我们可以在 System. Collections. Generics 命名空间找到它。如果我们想要使用 System. Collections. Generics 命名空间,这意味着我们必须要导入这个命名空间。

SortedList 允许对集合进行排序。如果要使用 SortedList,我们只需要添加一些数据,有时还要指定如何对元素进行排序,这不仅包含了整数的 SortedList 会按照整数值进行排序,还包含了字符串的 SortedList 则会按照字母顺序进行排序。如果我们想要对对象(比如 Airport 类型的实例)进行排序,则有一个地方需要注意:在对非基本类型进行排序时,SortedList 会被转换为 SortedList<K,V>,其中 K 是可排序的基本类型,V 是我们的对象。

我们要对 Airport 类型的对象进行排序,需要将这些 Airport 对象按照 IATA 代码的字母顺序(而非 AirportID 的顺序)进行排序,这意味着我们将使用字符串基本类型作为 SortedList<K, V>的第一个泛型类型。

首先,我们在 TestInitialize 方法中创建一个 SortedList<string, Airport>,并向其中填充少量对象。除了之前我们已经在 TestInitialize 方法中添加过的机场(GOH—Nuuk, Greenland)之外,又添加了 PHX(Phoenix, AZ),DDH(Bennington, VT)和 RDU(RaleighDurham, NC)的 Airport 元素,如下所示:

```
SortedList<string, Airport> airports = new SortedList<string, Airport> {
    {
        "GOH",
        new Airport {
            AirportId = 0,
            City = "Nuuk",
            Iata = "GOH"
        }
    },
    {
        "PHX",
        new Airport {
            AirportId = 1,
            City = "Phoenix",
            Iata = "PHX"
        }
    },
    {
        "DDH",
        new Airport {
            AirportId = 2,
            City = "Bennington",
            Iata = "DDH"
        }
```

```
        },
        {
            "RDU",
            new Airport {
                AirportId = 3,
                City = "Raleigh-Durham",
                Iata = "RDU"
            }
        }
    };
```

在添加了这些代码之后,我们检查 SortedList<string，Airport>,可以看到一个已经按照字母排序的集合,如图 9 - 7 所示。

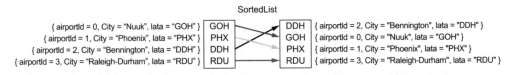

**图 9 - 7　SortedList 读入数据,并按照排序类型对数据进行排序**

在本示例中,我们基于字符串基本类型进行排序,这会使集合按照字母顺序进行排序。

如果要将已排序列表中的值添加到内存数据库,我们可以对 context's DbSet 使用 AddRange 这个 LINQ 方法,如下所示:

```
_context.Airport.AddRange(airports.Values);
```

使用 AddRange 将 SortedList<string，Airport>的所有值添加到 DbSet 很容易。之前将一个元素集合添加到另一个不同集合,可能必须使用 fo - reach 循环或者人工向数据库添加所有元数。从底层上讲,当我们使用 AddRange 方法时,代码确实在使用循环,但是我仍然非常感谢 LINQ 为我们提供的语法糖,使用 AddRange 可以提高代码的清晰度,使得代码非常精简且可读。也就是说,需要确保我们在 AddRange 中调用了 SortedList<string，Airport>的 Value 属性,否则会得到列表中的键值对,而不是 Airport 实例。由于 DbSet 有一个 Airport 类型的泛型约束,因此我们无法向集合添加 string 类型的实例。

为了安全起见,运行所有的测试,并验证我们是否破坏了某些实现逻辑。看起来我们的代码没有问题,可以断言进入数据库的实体存在,并且我们可以取回它们。我们可以使用熟悉的[DataRow]方法特性传入 AirportId,然后,我们调用 GetAirportByID,并将返回的 Airport 实例与 MSTest 运行器传入 airportId,并从数据库上下文取回的 Airport 实例进行对比,如代码示例 9 - 7 所示。

代码示例 9 - 7:使用 DataRow 方法特性测试 GetAirportByID 的成功情况。

```
[TestMethod]
```

```
// ↓使用[DataRow]方法特性来联测试数据
[DataRow(0)]
[DataRow(1)]
[DataRow(2)]
[DataRow(3)]
public async Task GetAirportById_Success(int airportId) {
    Airport airport = await _repository.GetAirportById(airportId);
    Assert.IsNotNull(airport);

    Airport dbAirport =
        ➥ _context.Airport.First(a => a.AirportId == airportId);
    // ↑从数据库中取回(基于airportId)匹配的 Airport
    Assert.AreEqual(dbAirport.AirportId, airport.AirportId);
    Assert.AreEqual(dbAirport.City, airport.City);
    Assert.AreEqual(dbAirport.Iata, airport.Iata);
    // ↑断言取回的 Airport 实例与数据库中的对应对象相同
```

我们还可以创建一个硬编码的 Airport 实例,将其在测试初始化时添加到数据库中,然后用它检查是否插入了正确的 Airport 对象。这个方法很好,但是我更喜欢在每个测试中查询内存数据库,这样更加明确,因为不需要依赖不同地方的代码运行正在查看的测试。

在声明 AirportRepository 编写完成之前,还有一件事要做,那就是为数据库异常的逻辑分支编写单元测试。

### 4. 使用 stub 测试数据库异常的情况

在本节中,我们还要介绍测试数据库在调用 SaveChangesAsync 时遇到错误的情况的逻辑分支。如要测试数据库异常的逻辑路径,需要在 FlyingDutchmanContext_Stub 中,基于机场 ID 执行一个条件语句,更新被覆盖的 SaveChangesAsync 方法。如果 AirportId 为 0、1、2、3(我们将这些值作为成功测试情况的 AirportId)之外的任何数,stub 就会抛出一个异常。这里,我们使用 10 这个整数值,如代码示例 9 - 8,当然,使用任何其他符合要求的数字也是可以的。

代码示例 9 - 8:修改 stub 的 SaveChangesAsync 方法,以测试 AirportRepository。

```
public override async Task<int> SaveChangesAsync(CancellationToken
➥ cancellationToken = default) {
    IEnumerable<EntityEntry> pendingChanges = ChangeTracker.Entries()
        ➥ .Where(e => e.State == EntityState.Added);
    IEnumerable<Booking> bookings = pendingChanges
        ➥ .Select(e => e.Entity).OfType<Booking>();
    if (bookings.Any(b => b.CustomerId != 1)) {
        throw new Exception("Database Error!");
    }
```

```
IEnumerable<Airport> airports = pendingChanges
    ➡ .Select(e => e.Entity).OfType<Airport>();
// ↓ 如果 AirportId 为 10,则抛出异常
if (! airports.Any(a => a.AirportId == 10)){
    throw new Exception("Database Error!");
}

await base.SaveChangesAsync(cancellationToken);
return 1;
}
```

现在,让我们创建一个名为 GetAirportByID_ Failure_DatabaseException 的新单元测试方法。由于 GetAirportByID 方法在数据库错误发生时抛出了一个 AirportNotFoundException 类型的异常,因此单元测试应当检测到这个异常。我们可使用常规的[ExpectedException]方法特性完成,如下所示:

```
[TestMethod]
[ExpectedException(typeof(AirportNotFoundException))]
public async Task GetAirportByID_Failure_DatabaseException() {
    await repository.GetAirportByID(10);
}
```

这个测试应该是可以通过的,至此,我们完成了 AirportRepository,在实现服务层之前,只剩下最后一步了。

# 9.6　Flight 存储库的实现

现在,虽然可能有点看不出来,但是我们实际上已经完成了实现飞翔荷兰人航空公司下一代服务所需的大部分工作,并且能够满足 FlyTomorrow 的 API 要求。由于我们在存储层的类中执行了大部分的逻辑,因此服务和控制器更像是充当数据传递和组合的角色。由于数据库处理的固有复杂性,代码库中最复杂的逻辑通常位于存储层内。实际上,在存储/服务模式中,实现了所有存储库之后,就已经将操作模型状态的逻辑封装起来了,但是我们还没有完全实现存储层,接下来,我们将实现 FlightRepository 及对应的单元测试。

我们继续创建 FlightRepository 和 FlightRepositoryTests 的类骨架,就像 AirportRepository 一样,在 FlightRepository 中只需要一个方法:GetFlightByFlight-Number,接着,请在 FlightRepository 类中创建一个 FlightRepository 方法骨架。如果有困难,请参阅本书第 6 章和第 7 章内容,查看详细的步骤。

GetFlightByFlightNumber 方法接受了以下 3 个 integer 类型的参数:

（1）flightNumber。

（2）originAirportId。

（3）destinationAirportId。

originAirportId 和 destinationAirportId 参数分别表示航班出发（originAirportId）和到达（destinationAirportId）的机场。机场的 ID 在数据库中受外键约束，这意味着，在 Flight 实例中，originAirportId 和 destinationAirportId 将指向数据库中受这些 ID 约束的特定 Airport 实例。请注意：这 3 个输入参数都是非负整数，我们可以只使用航班编号识别航班，而无需花费心思了解额外的机场细节。为了教大家使用外键约束检索数据，我们将取回机场 ID。之前，在 BookingRepository. CreateBooking 方法中，我们定义了一个条件代码块，检查 customerID 和 flightNumber 的输入参数是否为有效参数，可以将同样的验证规则应用到 originAirportId 和 destinationAirportId（它们同样需要为非负整数）：

```
public async Task CreateBooking (int customerID, int flightNumber) {
    if (customerID < 0 || flightNumber < 0) {
        Console.WriteLine( $ "Argument Exception in CreateBooking! CustomerID = {
            ➥ customerID}, flightNumber = { flightNumber}");
        throw new ArgumentException("invalid arguments provided");
    }

    ...

}
```

我们可以使用上述这段代码对 GetFlightByFlightNumber 的 originAirportId 和 destinationAirportId 输入参数进行验证。但是我们不想复制和粘贴代码，这会违反 DRY 原则，我们应该将这个条件语句提取到一个 BookingRepository 和 FlightRepository 都可以访问的方法中。

此时，我们可以将方法命名为 IsPositive，并读取一个 integer 作为参数，检查其是否不小于 0，并返回结果。然后，我们可以在 FlightRepository 中创建一个 BookingRepository 的新实例，然后访问 IsPositive 方法，如下所示：

```
public class BookingRepository {
    ...

    internal bool IsPositive(int toTest) {
        return toTest > = 0;
    }
}

public class FlightRepository {
    public async Task<Flight> GetFlightByFlightNumber(int flightNumber, int
    ➥ originAirportId, int destinationAirportId) {
```

```
BookingRepository bookingRepository = new BookingRepository(_context);
if (! bookingRepository.IsPositive(originAirportId) ||
➥ ! bookingRepository.IsPositive(destinationAirportId)) {
    ...
}

    ...

    }
}
```

上面代码看起来似乎很混乱,如果 FlightRepository 对 BookingRepository 进行了一个方法调用,我们就会破坏它们的独立性,使它们开始耦合。在这种情况下,修改 BookingRepository 可能会对 FlightRepository 产生意想不到的影响。因此,我们可以在 integer 类型上创建一个扩展方法,以确定一个数是否为非负整数(不小于 0)。

### 9.6.1 IsPositive 扩展方法和"魔法数字"

首先,我们要确保扩展方法与其他代码分隔开,可以创建一个新的名为 ExtensionMethods 的类。由于专门为其创建一个文件夹(也叫作 ExtensionMethods)存放单个类有些夸张(除非您希望将来在这个文件夹中存放多个文件),因此我们将其放在 FlyingDutchmanAirlines 项目的根目录下,如图 9-8 所示。

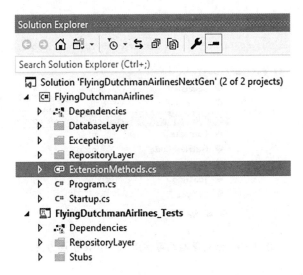

**图 9-8 ExtensionMethods 类被放在 FlyingDutchmanAirlines 项目的根目录下**

图 9-8 中 ExtensionMethods 不是一个架构层,我们也不会有多个相关文件,因此将这个类放在项目根目录没有问题。

ExtensionMethods 类可以有一个 internal 访问修饰符,因为我们没有专门为其编写单元测试。在这种情况下,internal 访问修饰符非常适合,因为我们可以将访问限制在 FlyingDutchmanAirlinesNextGen 解决方案范围内。单元测试将隐式覆盖 ExtensionMethods 类,其他方法会调用相应扩展方法,而覆盖了这些方法的单元测试将同时对扩展方法进行测试。我们希望在整个代码库中使用同一个实例 ExtensionMethods 类应当是静态的,没有必要在每次想要检查一个数是否为非负整数时都创建一个 ExtensionMethods 的新实例,我们编写的扩展方法也不会改变任何对象状态。在本书前面,我指出了一些使用 static 的陷阱,是希望在包装一系列扩展方法的类应当是静态的,如下所示:

```
internal static class ExtensionMethods { }
```

如果要创建一个扩展方法,如前面第 6.3.2 节讨论的那样,可使用 this 关键字,后接我们想要创建扩展方法的类型,作为参数列表的一部分。大家可以为任何类型(接口、类、基本类型)创建扩展,方法如下所示:

```
internal static bool IsPositive(this int input) { }
```

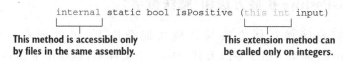

このmethod is accessible only by files in the same assembly.

This extension method can be called only on integers.

在 FlyingDutchmanAirlinesNextGen 项目的范围内,(由于 ExtensionMethods 和 IsPositive 的 internal 访问修饰符),我们可以在 integer 类型的每个实例上调用 IsPositive 方法,如图 9-9 所示。

图 9-9　所有整数均可使用 IsPositive 扩展方法

例如,airportID 就可以调用 IsPositive 方法。

### 编译扩展方法

扩展方法是如何被执行的呢?编译器在编译时解决了对 IsPositive 扩展方法的调用。当编译器遇到 IsPositive 方法调用时,它会首先检查该方法是否存在于调用类的范围。如果没有,如本示例的情况,编译器就会检查同名静态类中的任何 static 方法,找到了 static 方法,并且(通过在方法参数列表中使用 this 关键字)对正确的类型进行操作,编译器就找到了匹配项,并生成调用该方法的中间语言代码。

请注意,与任何其他方法一样,如果在不同的类中有两个具有相同名称和相同操作类型的扩展方法,那么编译器将无法知道应该调用哪个方法。遇到这种情况时,编译器会抛出一个调用不明确的编译错误:"CS0121 对以下方法或属性的调用不明确:[方法/属性 1]和[方法/属性 2]。"要解决调用不明确的错误,需要向编译器提供足够的信息,使得它能够确定调用哪种方法。

就 IsPositive 方法中的实际逻辑而言,我们要做的就是返回输入参数是否大于等于 0,如下所示:

```
internal static bool IsPositive(this int input) => input >= 0;
```

此时,编写了第一个扩展方法。

下面还有一些清理工作要做。我们需要移除 BookingRepository.CreateBooking 方法中对输入参数进行验证的条件代码块,并将其替换为全新的 IsPositive 扩展方法。如下所示,在输入验证代码时,我们需要对 IsPositive 的调用结果取反,因为我们想知道输入参数是不是正的整数。

```
public async Task CreateBooking(int customerID, int flightNumber) {

    ~~~if (customerID < 0 || flightNumber < 0)~~~
    if ( **! customerID.IsPositive()** || **! flightNumber.IsPositive()** ) {
        Console.WriteLine( $ "Argument Exception in CreateBooking! CustomerID
            ➥ = { customerID}, flightNumber = { flightNumber}");
        throw new ArgumentException("invalid arguments provided");
    }
    ...

}
```

在 AirportRepository.GetAirportByID 中有一个相同的条件语句,大家可以练习移除和替换。至此,我们不仅坚持了 DRY 原则,还调用了更加可读的 IsPositive 方法检查参数是否大于零。对于新手的开发人员不会知道我们为何要检查某个东西是否大于零。像这样的硬编码数字,会就称其为"魔法数字"。明确的、不使用魔法数字的代码,任何开发人员都能够看出我们正在检查 customerID 和 flightNumber 是否为非整数。

### 魔法数字

假如我们正在编写代码,处理汽车的转向,设想一下,控制汽车向前移动的方法应该是什么样的? 请看下面的代码,能看出有什么不对的地方吗?

```
public double MoveCarForward(double direction) {
if (direction == 0 || direction == 360) {
    GoStraight();
}
```

```
if (direction > 0 && direction <= 90) {
    GoEast();
}


if (direction >= 270 && direction < 360) {
    GoWest();
}
}
```

MoveCarForward 方法有以下两个有趣的特点：

（1）首先，我们都知道可以使用一个 switch 或 switch 表达式精简代码，但是暂时不这样做，只是清理代码，以尽量减少对现有模式的破坏。

（2）其次，代码通过比较 direction 输入参数与预定义数字，决定汽车前进的方向。这些数字代表单位圆上映射的几个主要角度。在代码中，硬编码且没有上下文的、随机出现的数字，就被我们称为魔法数字（magic number），这些数字（0、90、270 和 360）没什么意义。

当类似的硬编码数字出现时，开发人员就有可能因为不理解意图，而去修改这些数字，以"修复"某些内容。如果您提供了较多有关它们所代表内容的上下文，即代码将更具可读性，其他开发人员可能就不会去试图修改它们。因此，我建议将数字提取到私有常数中。常数值在编译时定义，并且无法在运行时更改，这确保了这些值永远不会被意外修改。

在 MoveCarForward 中，我们可以提取出 4 个潜在常数：DEGREES_NORTH_LOWER_BOUND、DEGREES_NORTH_UPPER_BOUND、DEGREES_WEST 和 DEGREES_EAST。如下所示，我喜欢用蛇形命名法（所有字母均为大写，标点符号包括空格均被替换为下划线）命名常量，这为变量声明了不可变的预定义值。

```
private const int DEGREES_NORTH_LOWER_BOUND = 0;
private const int DEGREES_NORTH_UPPER_BOUND = 360;
private const int DEGREES_WEST = 270;
private const int DEGREES_EAST = 90;

public double MoveCarForward(double direction) {
    if (direction == DEGREES_NORTH_UPPER_BOUND || direction ==
    ➥ DEGREES_NORTH_LOWER_BOUND){
        GoStraight();
    }


    if (direction > DEGREES_NORTH_LOWER_BOUND && direction <=
    ➥ DEGREES_EAST){
        GoEast();
    }
```

```
    if (direction >= DEGREES_WEST && direction <
➡ DEGREES_NORTH_UPPER_BOUND)){
        GoWest();
    }
}
```

上述这段代码"魔法数字"的可读性要强得多,代码中已经没有魔法数字了。每当看到硬编码的数字表示时,多问问自己,应该如何将魔法数字重构为一个常数或本地变量。

当然,在继续编写代码之前,我们应运行 BookingRepository 的单元测试。建议在每次修改代码后,都运行一下所有单元测试,而不是将自己限制在正在处理的文件对应的单元测试中。很不错,单元测试都通过了,因为我们目前唯一所做的事情就是将现有逻辑提取到扩展方法中。

我们使用新的扩展方法验证 FlightRepository. GetFlightByFlightNumber 方法的 originAirportId 和 destinationAirportId 输入参数,如代码示例 9-9 所示。如果其中一个输入参数无效,程序将抛出一个 ArgumentException 类型的参数,并向控制台记录一条消息。

代码示例 9-9:GetFlightByFlightNumber 机场 Id 输入验证。

```
public class FlightRepository {
    public async Task<Flight> GetFlightByFlightNumber(int flightNumber,
➡ int originAirportId, int destinationAirportId) {
        // ↓调用扩展方法验证输入参数
        if (! originAirportId.IsPositive() ||
➡ ! destinationAirportId.IsPositive())) {
            // ↓将无效参数记录到控制台
            Console.WriteLine( $ "Argument Exception in
                ➡ GetFlightByFlightNumber! originAirportId = {originAirportId} :
                ➡ destinationAirportId = {destinationAirportId}");
            // ↓若输入无效,抛出一个 ArgumentException 异常
            throw new ArgumentException("invalid arguments provided");
        }
        // ↓返回一个临时的 Flight 新实例。我们将在第 9.6.2 节中修改这一部分为方法实现
        return new Flight();
    }
}
```

为了证明我们的代码能够按照预期运行,我们创建了以下 2 个单元测试:

(1) GetFlightByFlightnumber_Failure_InvalidOriginAirport。

(2) GetFlightByFlightnumber_Failure_InvalidDestinationAirport。

这两个单元测试都应验证 GetFlightByFlightNumber 方法在执行期间抛出了一个 FlightNotFoundException 类型的异常,具体如下:

```
[TestMethod]
[ExpectedException(typeof(ArgumentException))]
public async Task GetFlightByFlightNumber_Failure_InvalidOriginAirportId(){
    await _repository.GetFlightByFlightNumber(0, -1, 0);
}


[TestMethod]
[ExpectedException(typeof(ArgumentException))]
public async Task
GetFlightByFlightNumber_Failure_InvalidDestinationAirportId(){
    await _repository.GetFlightByFlightNumber(0, 0, -1);
}
```

这里对 originAirportId 和 destinationAirportId 上述两个输入参数进行了验证。对于 flightNumber，我们可以快速添加一个条件语句，检查 flightNumber 是否为一个非负整数。如果 flightNumber 为负数，可以向控制台记录一条消息，并抛出一个名为 FlightNotFoundException 的新异常类型（留给大家自行实现这个异常），如下所示：

```
if (flightNumber < 0) {
    Console.WriteLine( $ "Could not find flight in GetFlightByFlightNumber!
        ➥ flightNumber = {flightNumber}");
    throw new FlightNotFoundException();
}
```

我们还需要一个单元测试，以证明 GetFlightByFlightnumber 方法在 flightNumber 为无效参数时，抛出了一个 FlightNotFoundException 异常错误，如下所示：

```
[TestMethod]
[ExpectedException(typeof(FlightNotFoundException))]
public async Task GetFlightByFlightNumber_Failure_InvalidFlightNumber() {
    await _repository.GetFlightByFlightNumber(-1, 0, 0);
}
```

### 9.6.2　数据库中航班的获取

回顾一下目前在 FlightRepository 和 FlightRepositoryTests 类中所做的工作。在前几节中，我们在 FlightRepositoryTests 类中创建，并部分实现了一个 GetFlightByFlightNumber 方法，现在 GetFlightByFlightNumber 方法可以对输入参数（flightNumber、originAirportId 和 destinationAirportID）执行验证，并且返回一个占位的 Flight 实例，我们还在 FlightRepositoryTests 类中创建了 3 个单元测试，用于检查无效参数情况下的输入验证代码。

在本节中，我们将实现根据给定航班编号取回特定 Flight 实例的实际逻辑。为此，我们采取与之前开发相同的方法。我们查询数据库的 DbSet，寻找匹配的航班。如果数据库抛出了一个异常,我们以一种开发者友好的方式将问题消息记录到控制台,并抛出一个新异常;如果查询结果为正常执行,程序将返回一个匹配的 Flight 类型对象。但我们首先要创建成功情况的单元测试,以及在 TestInitialize 中的设置代码,如代码示例 9 - 10 所示。

代码示例 9 - 10:测试 GetFlightByFlightNumber。

```csharp
[TestInitialize]
public async Task TestInitialize() {
    DbContextOptions<FlyingDutchmanAirlinesContext> dbContextOptions = new
        ➥ DbContextOptionsBuilder<FlyingDutchmanAirlinesContext>().UseInMemoryDat
        ➥ abase("FlyingDutchman").Options;
    _context = new FlyingDutchmanAirlinesContext_Stub(dbContextOptions);

    // ↓ 创建,并填充一个 Flight 实例
    Flight flight = new Flight {
        FlightNumber = 1,
        Origin = 1,
        Destination = 2
    };

    // ↓ 将 flight 实例添加到 EF Core 的内部 DbSet<Flight>
    context.Flight.Add(flight);
    // ↓ 将 flight 实例保存到内存数据库
    await _context.SaveChangesAsync();

    _repository = new FlightRepository(_context);
    Assert.IsNotNull(_repository);
}


[TestMethod]
public async Task GetFlightByFlightNumber_Success() {
    // ↓ 执行 GetFlightByFlightNumber
    Flight flight = await _repository.GetFlightByFlightNumber(1, 1, 2);
    Assert.IsNotNull(flight);

    // ↓ 从数据库中获取航班
    Flight dbFlight = _context.Flight.First(f => f.FlightNumber == 1);
    Assert.IsNotNull(dbFlight);

    // ↓ 比较 GetFlightByFlightNumber 取回的航班与数据库中的航班是否相同
    Assert.AreEqual(dbFlight.FlightNumber, flight.FlightNumber);
    Assert.AreEqual(dbFlight.Origin, flight.Origin);
    Assert.AreEqual(dbFlight.Destination, flight.Destination);
}
```

这里，GetFlightByFlightNumber _ Success 单元测试没有通过，因为我们在 GetFlightByFlightNumber 返回了一个 Flight 的新的(空)实例。我们应该将其修改为在给定 flightNumber 时返回数据库中的第一个匹配项，使用之前在 AirportRepository. GetAirportByID 中使用的相同模式返回一个数据库实体：使用一个 LINQ 的 FirstOrDefaultAsync 调用选择一个实体或返回一个默认值(本示例中为 null)，后接空合并运算符，它将在 null 的情况下抛出一个异常，如下所示：

```
public async Task<Flight> GetFlightByFlightNumber(int flightNumber,
    int originAirportId, int destinationAirportId) {
    if (flightNumber < 0) {
    Console.WriteLine( $ "Could not find flight in GetFlightByFlightNumber!
        flightNumber = {flightNumber}");
    throw new FlightNotFoundException();
    }

    if (! originAirportId.IsPositive() ||
        ! destinationAirportId.IsPositive()) {
        Console.WriteLine( $ "Argument Exception in GetFlightByFlightNumber!
            originAirportId = {originAirportId} : destinationAirportId =
            {destinationAirportId}");
        throw new ArgumentException("invalid arguments provided");
    }

    return await _context.Flight.FirstOrDefaultAsync(f =>
        f.FlightNumber == flightNumber) ?? throw new FlightNotFoundException();
}
```

上面这段代码要么返回数据库中发现的正确实例，要么抛出一个 AirportNotFoundException 类型的异常。使用上面的代码，GetFlightByFlightNumber _ Success 单元测试正常通过了。

在结束本章之前，我们需要做的最后一件事就是创建一个单元测试，证明 GetFlightByFlightNumber 方法在输入参数(flightNumber, originAirportId 和 destinationAirportId)正确，但是数据库错误时抛出了一个 FlightNotFoundException 类型的异常，如下所示。

```
[TestMethod]
[ExpectedException(typeof(FlightNotFoundException))]
public async Task GetFlightByFlightNumber_Failure_DatabaseException() {
    await _repository.GetFlightByFlightNumber(2, 1, 2);
}
```

这就是一个完成的 FlightRepository。现在在 FlyingDutchmanAirlinesNextGen 代码库中，我们有了以下 4 个存储库：

（1）AirportRepository。

（2）BookingRepository。

（3）CustomerRepository。

（4）FlightRepository。

这意味着我们已经完成了重构中的部分存储库，在下一章中，我们将实现服务层，至此，我们已经完成了最繁重的一部分工作。实现存储库时，我们首先保证了每个可用的小方法只做一件事（并且做好这件事），确保每个操作都不会带来副作用。

## 9.7 练 习

练习 9-1

在测试驱动开发中，红色阶段意味着＿＿＿＿＿＿＿。

（1）您的代码编译并测试通过。

（2）您的代码无法编译或测试未通过。

练习 9-2

在测试驱动开发中，绿色阶段意味着＿＿＿＿＿＿＿。

（1）您的代码编译并测试通过。

（2）您的代码无法编译或测试未通过。

练习 9-3

判断题：如果只有一个测试点需要测试，就不能使用［DataRow］特性。

练习 9-4

数据流通常将数据保存为一系列什么？

（1）类似缓慢流动的水。

（2）数据流。

练习 9-5

判断题：没有任何派生类的类是隐式抽象的。

练习 9-6

判断题：抽象类中的每个方法也必须是抽象的。

练习 9-7

判断题：一个抽象方法可以位于非抽象类中。

练习 9-8

判断题：抽象方法不能包含方法主体，它们应当被派生类覆盖。

# 9.8 总 结

(1) 抽象类 Stream 被用作很多派生类(比如 StringWriter 和 TextReader)的基类，我们可以使用流处理连续的数据流，比如字符串或整数。

(2) 我们可以将控制台输出重定向到一个 StringWriter 类型的实例中。这在测试控制台输出时很有帮助，因为我们可以检索 StringWriter 的内容，并检查是否包含预期的记录数据。

(3) 抽象类就是具有 abstract 关键字的类。抽象类不能被实例化或者是静态的，抽象类支持具有主体的方法(这些方法不能是抽象的)，它们通常被用于向所有派生类提供相同的、来自基类的特定方法实现。

(4) LINQ 的 AddRange 方法允许我们将一个集合的内容(或者一组对象)添加到另一个集合，这节省了大量的手动键入和迭代集合的时间。

(5) 一个 SortedList 是一个能够自动排序输入数据的泛型集合。您需要排序集合又不想执行手动排序时可以使用 SortedList。

(6) 扩展方法是用于扩展类型操作及功能的静态方法。扩展方法通常用于对基本类型的执行，这意味着在修复 DRY 原则冲突时可以使用扩展方法。

(7) 魔法数字是没有附加上下文的硬编码值，大家经常在算法或条件语句中看到它们。当看到一个没有解释的硬编码数字时，我们通常很难搞清楚它究竟代表什么，所以请考虑将其重构为类级别的常量。

# 第 5 部分　服务层

在第 4 部分中，我们查看了存储层并实现了 4 个存储库类，涉及异步编程、依赖注入、耦合、stub 和流等概念。在这部分中，我们将学习下一个架构层，并实现服务层类，将讨论反射、模拟、yield return 和错误处理等内容。

# 第 10 章　反射和模拟

本章包含以下内容：

（1）复习存储/服务模式和视图的使用。

（2）使用 Moq 库进行模拟测试。

（3）检测多层测试架构中的耦合。

（4）使用预处理指令。

（5）在运行时，使用反射取回程序集信息。

在第 6 章到第 9 章中，我们实现了 FlyingDutchmanAirlinesNextGen 项目的存储层。在本章中，我们将复习存储/服务模式，并实现下列 4 个必需服务类中的 2 个：

（1）CustomerService（将在本章实现））。

（2）BookingService（将在本章和第 11 章实现）。

（3）AirportService（将在第 12 章实现）。

（4）FlightService（将在第 12 章实现）。

图 10 – 1 反映了本章在本书结构中的位置。

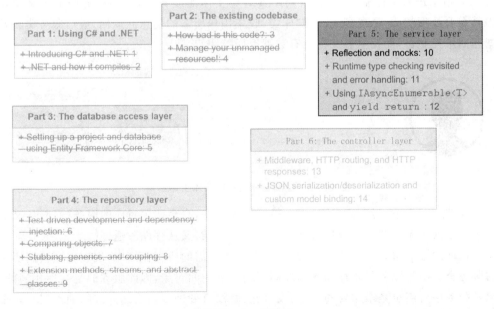

**图 10 – 1　进度图**

我们将在本章中学习实现 CustomerService 和 BookingService，在后面的章节中，将陆续实现 AirportService 和 FlightService。

大家可能已经猜到了,与存储库类一样,我们希望每个数据库实体都有一个对应的服务类。我们将在第 10.1 节中讨论为什么要这样做,然后在第 10.2 节中实现 CustomerService,在第 10.3 节中实现 BookingService 的开头部分。

在接下来的几章中,一旦我们掌握了实现服务类的"套路",具体代码的实现速度就会加快;在之后的章节中,我会留下越来越多的,等待大家去编码的实施细节内容,如果感到困难,可以随时查阅本书对应章节的具体知识。

# 10.1　回顾存储/服务模式

在前面第 5.2.4 节中,我们讨论了存储/服务模式,向大家展示了在存储/服务模式中,对于每个数据库实体(Customer,Booking, Airport, Flight),我们都有如下几个类:

(1) 控制器(Controller)。

(2) 服务(Service)。

(3) 存储库(Repository)。

这些控制器、服务和存储库位于单个数据库访问层之上,我们在第 5 章中实现了这个数据库访问层。图 10-2 中展示了存储/服务模式的请求生命周期,可以看出一个 HTTP 请求进入了控制器,控制器调用其对应实体的服务类,该实体的服务类又会调用其需要处理的(一个或多个)存储库类,收集用户所需的信息并返回,最后服务类将数据返回给控制器,而控制器又将所有数据返回给用户。

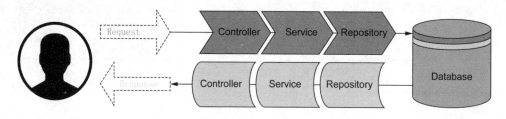

图 10-2　控制器-服务-存储库生命周期

在图 10-2 中,当有请求进入时,控制器先工作,它会调用对应的服务,而服务又会调用一个或多个存储库。数据流从控制器向下流动,又从存储库返回。

在前面第 5 章到第 9 章中,我们实现了架构所需的所有存储库,现在编写我们所需的服务类。由于服务只是存储库和控制器之间的中间对象,因此服务的复杂性相当低,但是服务层可能也是最重要的一层,没有它,就没有处理数据表达方式的抽象层。一个服务类会调用一系列存储库方法,并向控制器返回数据的视图,服务类为控制器提供数据。

### 10.1.1  服务类的用途是什么？

在美国，要买一辆车，您必须面对无数热心的销售人员，然后是几个小时的文书工作，与汽车经销商打交道的经历往往是劣质服务的印象。在查看软件架构时，我们也看到了服务类中的劣质服务现象，如果一个服务类向控制器返回了用户没有请求的数据，那么就是一个劣质服务的示例。

设想一下，假如我们为汽车经销商开发 API，经销商希望向用户展示库存中的任意汽车，而拒绝提供一些更有价值的信息，比如汽车的真实价值（通常远远低于它们的售价）。为了企业利益而拒绝提供信息是否属于劣质服务，这取决于您的角色是谁。如果您是汽车经销商，这听起来可以理解；而如果您是卖家，就会希望得到尽可能多的信息，您会怎样实现这样的 API 呢？返回汽车信息的 API 通常包含以下几个部分：

（1）给定特定汽车的 ID 时，控制器接受到一个 HTTP Get 请求。

（2）服务层从存储库中检索信息，并将其呈现给控制器。

（3）存储库从数据库中收集汽车实例。

如果要服务类调用存储库的方法，需要构建一个我们称之为视图（view）的东西。我们在前面第 3.3.2 节中讨论了视图，现在我们快速回顾一下：视图是一个类的"窗户"，视图允许我们操作和调整一个类的表现，以适应我们的需要。

**注意：** 有时人们会用返回视图（ReturnView）取代视图（view）。它们代表了相同的东西，可以互换使用它们，本书将统一使用视图。

如图 10-3 所示，Car 类的视图可能包含了一些信息，比如 VIN（Vehicle Identification Number，车辆识别号码）、汽车制造商、汽车制造年份以及汽车型号等信息，但是由于它只是模型的"窗户"，因此我们可以选择不在我们的视图中显示汽车的真实价值或者它在过去 6 个月中的车祸数量。

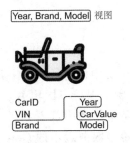

图 10-3  视图是从一个或多个模型中获取的元素的集合，呈现了对用户有意义的信息

在上述例子中，我们从 Car 类中选择展示了 Year，Brand 和 Model 属性。服务类还可以追踪外键限制，以及检索构建数据全貌所需的所有信息。在本书中，我们还将使用另外一个工具，更加深入地探索单元测试的情况。亲爱的读者，本章我们将再次使用测试驱动开发，但是这一次，我们将使用一个全新测试概念：模拟（mock）与 TDD 相结合。

# 10.2 实现 CustomerService

您准备好实现您的第一个服务了吗？在本节中，我们将实现 CustomerService 类，这个类允许我们从 CustomerRepository 取回信息，并将其传递给控制器。

## 10.2.1 为成功做准备——创建类骨架

当开始编写新类时，我们应该做的第一件事是什么？答案是创建一个附带的单元测试类。这次不会向大家展示如何创建一个测试类，您只要确保自己创建了一个带有公共访问修饰符以及 TestInitialize 方法（现在不需要向 TestInitialize 方法添加任何内容）的测试类就可以。此外，为了保持代码的良好组织结构，让我们模仿存储库测试类，在 FlyingDutchmanAirlines_Tests 项目中创建一个 ServiceLayer 文件夹，如图 10 - 4 所示。

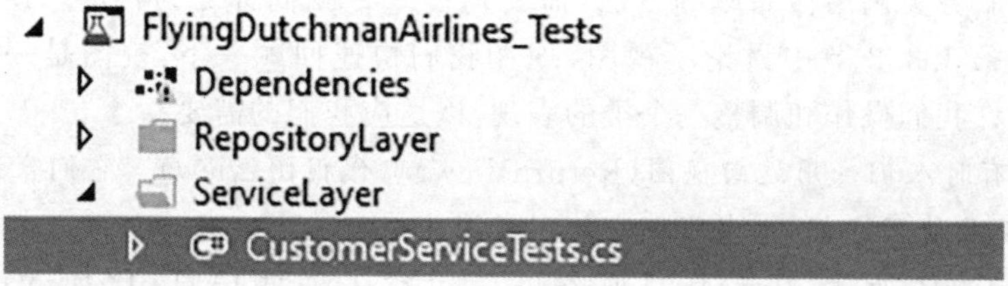

- ▲ 🖾 FlyingDutchmanAirlines_Tests
  - ▷ ⚡ Dependencies
  - ▷ 🖿 RepositoryLayer
  - ▲ 🗀 ServiceLayer
    - ▷ 🖽 CustomerServiceTests.cs

**图 10 - 4　CustomerServiceTests 文件位于 FlyingDutchmanAirlines_Tests 项目下的 ServiceLayer 文件夹中**

在我们能够创建成功情况单元测试之前，我们需要弄清楚 CustomerService 类中需要哪些方法。大家可能还记得在第 7 章中，我们在 CustomerRepository 类中实现了以下两个方法：

（1）CreateCustomer。

（2）GetCustomerByName。

我们应该在 CustomerService 类中模仿这些方法名称吗？是的，在某种程度上，如果我们在存储库和服务的方法名称上保持了同构关系，那么这将使我们的代码更加可读。如果开发人员在服务类和存储库类中都看到了一个名为 GetCombineHarvester 的方法，那么这个开发人员就会希望服务版本的 GetCombineHarvester 能够调用存储库版本的同名方法。当然，一个服务类的方法可能会调用多个存储库方法，因此请选择最能反映您意图的方法名。

命名服务层方法：在决定服务层方法的名称时，请考虑将该方法命名为与您调用的主要存储层方法相同的名称，这有助于开发人员根据直觉判断其用途，并且可以使您的代码更加可读。

实际上，没有控制器会直接调用 CreateCustomer 或 GetCustomerByName 方法；相反，我们与 Customer 实体的唯一交互也是通过其他类进行的。我们是如何知道控制器不会直接调用一个服务的呢？如图 10 - 5 所示,我们看到了飞翔荷兰人航空公司和 FlyTomorrow 的合同中规定的以下 3 个必要终端地址(我们在本书第 3.1 节和 3.2 节中讨论过):

(1) GET/Flight。

(2) GET/Flight/{FlightNumber}。

(3) POST/Booking/{FlightNumber}。

这里有两个 GET 终端地址和一个 POST 终端地址。

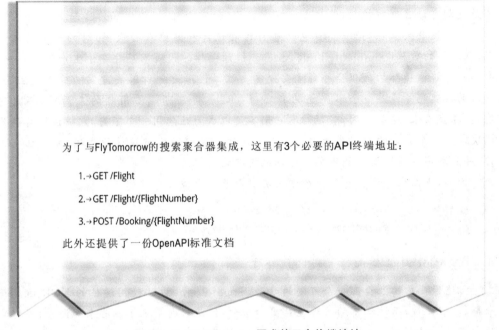

为了与FlyTomorrow的搜索聚合器集成，这里有3个必要的API终端地址：

1.→GET /Flight

2.→GET /Flight/{FlightNumber}

3.→POST /Booking/{FlightNumber}

此外还提供了一份OpenAPI标准文档

图 10 - 5　FlyTomorrow 要求的三个终端地址

这些终端地址均不会直接与 Customer 实体进行交互。"customer"一词也没有出现在任何一个终端地址或路径参数中。我的建议可能有些激进:如果没有控制器调用这个服务,那么我们就不需要这个服务。事实上,还可以说,我们并不需要该实体的控制器。无论如何,它都永远不会被调用。换句话说,我们不需要 CustomerService,也不需要 CustomerController。

### 10.2.2　删除自己代码的方法

现在,要求大家做一件事情:删除代码。当找到一个效果更好的替代方案时,删除自己的旧代码,这将比想象中的更难。

在第 10.2.1 节中,我们创建了以下两个类:

(1) CustomerService。

(2) CustomerServiceTests。

CustomerServiceTests 类包含了一个未实现的 TestInitialize 方法。我们确定,不

需要 CustomerService 类和 CustomerServiceTests 类，因为它们永远都不会被控制器调用，我明确支持大家删除确实需要删除的代码。如果担心会破坏现有代码（应该这样担心），那么我希望您能有一套完整的测试，您可以依靠这些测试验证重构的正确性。如果删除代码产生意外的副作用，还可以通过源代码控制系统将其恢复到原来的状态（您始终应该使用源代码控制系统）。

## 删除代码

删除代码是一件不情愿的事情，删除不好的代码是一个积极的改变，如果新的方法会是更加可读且可维护的，这将大大减少自己（和其他人）阅读代码的痛苦。

我想提醒大家在删除代码（包括您自己的设计和其他人的代码）时的一个特殊情况，注释掉的代码（commented-out code）。被注释掉的代码不应存在于生产代码库中，即不应该将注释掉的代码合并到主要分支。注释代码是一种解决方案的替代方法吗？是旧的实现吗？还是一个不完整的新实现？这是将来可能要用到的东西吗（不太可能）？在我看来，这些原因都不够好，它们不足以成为让您用一个不好的、被注释掉的代码块破坏一个完好的代码库理由。如果想在代码库中保留被注释的代码，要么让它工作（并且取消注释），要么就不那么迫切地需要它。

例如，下面代码块包含了一个方法实现以及一个被注释掉的不同实现。

```
// This code is too complicated! There is a better way.
// public bool ToggleLight() => _light = ! _light;


public bit ToggleLight() => _light ^= 1;
```

上述代码中的注释有一个可用的方面，ToggleLight 方法使用逐位的 XOR 运算符来翻转 light 位，而注释中的实现显然更加易读，但是它也带来了一些未知因素，因为它改变了 ToggleLight 方法的返回类型和 light 的基本类型（都是从 bit 到 bool），我们可以解决这个问题。为什么这段代码没有取消注释或者被实现呢？它没有通过代码审查吗？它不起作用吗？或者是其他原因？这都不重要。

因此，用您喜欢的方式删除不需要的代码。我偏向于使用图 10-6 中展示的传统的命令行删除命令：Windows 中的 del/f [file]以及 macOS 中的 rm-rf [file]。

```
Microsoft Windows [Version 10.0.18363.836]
(c) 2019 Microsoft Corporation. All rights reserved.

C:\Users\Jort\Documents\rodenburg\code\Chapter 10\FlyingDutchmanAirlines\ServiceLayer>
del /f CustomerService.cs
```

图 10-6　用传统命令行删除命令

图 10-6 要在 Windows 命令行中删除一个文件，请使用 del/f [FilePath]语法。

删除文件时，我确实从中得到了一些启发，可能您也会有很多感悟，让我们继续做一些实际的工作，好吗？

## 10.3 BookingService 的实现

在前面第 10.1 节复习了存储/服务模式,并在第 10.2 节开始实现一个实际的服务类。在本节中,我们终于要开始编写真正的服务类了,我们将为 Booking 实体实现一个服务。

当在第 10.2 节讨论服务类的需求时,我们提到,如果没有控制器类调用某个特定服务,那么这个服务也就没有必要被创建。这是一个很好的建议,我自己也是这么做的,我们在 BookingService 类中重复这个练习,有一个 API 终端地址需要直接使用 Booking 实体,我们再回顾一下 FlyTomorrow 合同中要求的 3 个终端地址:

(1) GET/Flight。

(2) GET/Flight/{FlightNumber}。

(3) POST/Booking/{FlightNumber}。

POST/Booking/{FlightNumber}这个终端地址将直接处理 Booking 实体,这点从它的路径中可以很明显地看出来,FlyTomorrow 使用 POST 终端地址在数据库中创建了一个新预定。由于有一个 BookingController 接受 HTTP 请求,因此我们也就有理由从该控制器中调用 BookingService 了。请记住,服务层的目标就是从存储库中收集并组织数据。因此,要创建一个预定,控制器将调用 BookingService 类中的方法,而这个方法将调用所需的存储库执行预定功能,如图 10-7 所示。

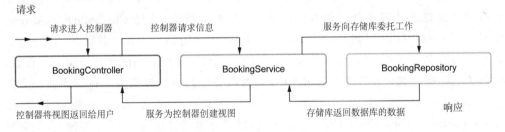

**图 10-7 Booking 实体的生命周期**

在图 10-7 中,请求将在 BookingController(尚未编写)中处理,而 BookingController 将调用 BookingService,BookingService 又会调用 BookingRepository,然后,数据沿着相同的路径返回给调用者。

通过考虑 BookingService 应该提供的功能,我们可以想出创建新预定所需的方法:异步 public 方法,调用了 BookingRepository.CreateBooking,并将合适的信息返回给控制器,这里,合适的信息可以是 Task<(bool, Exception)>,即代表 CreateBooking 方法已经执行并完成。如果预定失败,我们会得到一个 false 布尔值和一个 CreateBooking 方法抛出的异常:(false, thrownException),如果预定成功,程序会返回一个 true 布尔值和一个空指针(如果启用了可空引用类型,可能需要为 Exception 添加一个问号后缀,使其成为可空类型:Exception?)。如果不想定义一个布尔返回值,也可以使用 Task 内部的 IsCompleted 保存的布尔值。

我们看一看数据库模式(图 10-8),Booking 模型有以下两个外键约束:

(1)一个对 Customer. CustomerID 的外键约束。

(2)一个对 Flight. FlightNumber 的外键约束。

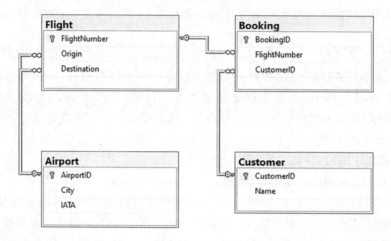

图 10-8　飞翔荷兰人航空公司的数据库模式

图 10-8 中 Booking 模型有两个对外的外键约束:一个对应了 Customer. CustomerID,另一个对应了 Flight. FlightNumber。

作为输入验证的一部分,我们应检查传入的 CustomerID 和 FlightNumber 的值是否有效。我们通过调用合适的存储库方法(在本示例中,就是 CustomerRepository. GetCustomerByID 和 FlightRepository. GetFlightByFlightNumber)验证传入的值,验证输入参数引发了一个问题:如果传入的 CustomerID 或 FlightID 在数据库中不存在,应该怎么办呢? 如果客户不在数据库中,则意味着他们以前没有预定过飞翔荷兰人航空公司的航班。由于我们不想失去任何客户(以及收入),因此我们调用 CustomerRepository. CreateCustomer 方法(这部分逻辑将在第 11 章中实现)。如果航班不存在,则预定失败,因为我们没有权限随时添加新航班。

这里我们将调用 CreateBooking 方法,因为这正是我们在方法中所做的事情,并且需要两个整数作为输入参数(customerID 和 flightNumber)。如果要调用 BookingRepository. CreateBooking 方法,首先需要实例化一个 BookingRepository 类型的实例。在第 8 章我们实现 BookingRepository 时,我们在存储库的构造器中传入一个 FlyingDutchmanAirlinesContext 的实例,这使得我们可以"注入"依赖,而无需纠结于它是如何被实例化的。而我们想要实例化一个 BookingRepository,并且需要传入所需的 FlyingDutchmanAirlinesContext 依赖,所以我们可以考虑得更远一些。如代码示例 10-1 所示,如果我们要求向 BookingService 的构造器注入一个 BookingRepository 实例,这样的问题就解决了。

代码示例 10 - 1：将 BookingRepository 注入到 BookingService

```
public class BookingService {
    // ↓为注入的实例准备一个字段
    private readonly BookingRepository _repository;

    // ↓注入一个 BookingRepository 实例
    public BookingService(BookingRepository repository) {
        // ↓我们可以在构造器中对只读字段赋值
        _repository = repository;
    }
}
```

那么在运行时，从哪里得到 BookingRepository 实例呢？我们可能不希望控制器层处理存储库类的实例化，因为这会使存储层与控制器层发生耦合。这里，存储库层已经与服务层耦合，而服务层已经与控制器层耦合，如图 10 - 9 所示。

图 10 - 9　服务层与控制器层耦合图示

在图 10 - 9 中，如果在 BookingController 内有一个 BookingRepository 实例，我们就在这两个类之间有了一个紧密耦合；如果 BookingController 通过 BookingService 间接调用了 BookingRepository，我们就有了一个松散耦合。

如何避免在控制器中创建 BookingRepository 的同时，不失去创建和使用 BookingService 实例的能力呢？答案显而易见：依赖注入。当程序到达控制器层时，我们向 BookingController 注入了一个 BookingService 实例。而如何实例化 BookingService 则是我留给大家思考的问题（我们将在第 13 章讨论如何在服务启动时设置依赖注入）。这里，了解基本的依赖注入相关知识，以及如何将其与 BookingService 结合使用就可以了。BookingService 也应有一个 CustomerRepository 类型的注入实例，以便我们可以在为客户预定航班之前获取客户细节，大家可以尝试做一下。如果遇到了困难,请参考本书前面的相关章节。当然,在注入 CustomerRepository 类型之前,可能需要将 repository 重命名为类似于 bookingRepository 的名字,但这是自愿的。

在继续实现 BookingService.CreateBooking 方法之前,自愿应创建支持它的单元测试,应当坚持测试开发实践,如果您还未创建测试,请在 FlyingDutchmanAirlines_Tests 项目(一个 ServiceLayer 文件夹)中创建一个名为 BookingServiceTests 的骨架测试文件,如图 10 - 10 所示。

图 10 - 10　位于 FlyingDutchmanAirlines_Tests 项目内部 ServiceLayer 文件夹的 BookingServiceTests 文件

如果要开始编写单元测试,首先需要创建一个名为 CreateBooking_Success 的单元测试方法。它实例化了一个 BookingService,并调用(目前是假想的)CreateBooking 方法,如代码示例 10 - 2 所示。

代码示例 10 - 2:CreateBooking_Success 单元测试骨架。

```csharp
[TestClass]
public class BookingServiceTests {
    private FlyingDutchmanAirlinesContext _context;

    // ↓设置一个内存数据库
    [TestInitialize]
    public void TestInitialize() {
        DbContextOptions<FlyingDutchmanAirlinesContext> dbContextOptions = new
            ➥ DbContextOptionsBuilder<FlyingDutchmanAirlinesContext>()
            ➥ .UseInMemoryDatabase("FlyingDutchman").Options;

        _context = new FlyingDutchmanAirlinesContext_Stub(dbContextOptions);
    }

    [TestMethod]
    public async Task CreateBooking_Success() {
        // ↓创建一个注入了数据库上下文的 BookingRepository 实例
        BookingRepository repository = new BookingRepository(_context);
        // ↓创建一个注入了 BookingRepository 实例的 BookingService 实例
        BookingService service = new BookingService(repository);
        (bool result, Exception exception) =
            ➥ await service.CreateBooking("Leo Tolstoy", 0);
    }
```

从表面上看,我们只需要处理不可避免的编译错误,即编译器在 BookingService 中找不到 CreateBooking 方法。我们早已预料到这个错误,并且可以轻松处理它:在 BookingService 类中添加一个名为 CreateBooking 的方法骨架即可。我们使 CreateBooking 方法接受两个参数,一个表示用户姓名的字符串,另一个代表航班编号的整数,如下所示:

```
public async Task<(bool, Exception)>
➡ CreateBooking(string customerName, int flightNumber) {
    return (true, null);
}
```

代码示例 10 - 2 中还有另外一个错误:即一段代码听起来逻辑合理,但是实际上不会被执行,指的是我们实例化 BookingService,并将其赋值给 service 变量的这一行,如下所示:

```
BookingService service = new BookingService(repository);
```

在下一节中,我们将剖析这一步赋值中存在的问题。

## 10.3.1　跨架构层的单元测试

在本节中,将向大家介绍一种能够将单元测试范围限制到直接架构层的概念,包含一种对于技术书籍来说非常独特的介绍方式:苏格拉底对话式(Socratic dialogue)。

由于 BookingService 要求注入一个 BookingRepository 实例(通过其唯一可用的构造器),因为我们只是在代码示例 10 - 2 中简单地创建了一个 BookingRepository 的新实例。就语法而言,这完全合法,但是我想告诉您并不是这样的。我们在以下苏格拉底式对话(Socratic dialogue)中进行一个实验(形式上有点不真实,并且受到 Alcibiades II 影响):

对话人物:苏格拉底和法伊德拉。

场景:奥林匹斯山深处的一个小房间。

苏格拉底:"法伊德拉,您在测试 BookingService 吗?"

法伊德拉:"是的,苏格拉底。"

苏格拉底:"您似乎很烦恼,一直在盯着地面,在想什么吗?"

法伊德拉:"我应该想些什么?"

苏格拉底:"哦! 各种各样的事情。或者如何正确测试代码库,或者燕子在空中飞行的速度?"

法伊德拉:"确实。"

苏格拉底:"您难道不认为在测试之前要确定测试什么最重要吗?"

法伊德拉:"当然,苏格拉底。您肯定不会觉得我不知道需要测试什么?"

苏格拉底:"让我们讨论一下正确测试某样东西意味着什么。测试牛车意味着要测试牛？测试里尔琴的弹拨是否意味着要测试弹奏人,比如玛西亚斯、缪斯女神和纽约仙女?"

法伊德拉:"当然不是。"

苏格拉底:"抄写员手的准确表现不能反映对演说家嗓音的测试?"

法伊德拉:"我认为是这样的。"

苏格拉底:"那么,在处理服务时,我们是否需要测试一个存储库,并且对其进行准确的表达?"

法伊德拉:"苏格拉底,您很聪明。"

苏格拉底:"那么,我们达成共识,如果要测试 BookingService 类,那么需要测试 BookingRepository 类吗?"

法伊德拉:"达成共识,不需要。"

即使在古希腊,如何正确测试代码也是一个热门话题! 我们问自己一个问题:我们希望在 BookingService 单元测试中测试什么? 我们是否应该验证 BookingService 在给定合适输入时返回了正确的输出? 是的,这听起来是正确的。我们还应测试是否 BookingRepository 也是这样? 是的,一定程度上。

如果 BookingRepository 不能正常工作,那么它就会使 BookingService 产生意想不到的结果。在测试 BookingService 时,我们能否假定 BookingRepository 工作正常,因为我们已经为该类准备了单元测试? 可以,这是有道理的。如果我们以某种方式跳过 BookingRepository 代码,并使其返回有效信息,就可以在测试期间控制存储库中的所有代码的执行。此外,如果我们实例化一个 BookingRepository,并将其注入到 BookingService 中,将会测试真正的 BookingRepository 实例,因此也是对内存数据库进行操作,如图 10 - 11 所示。

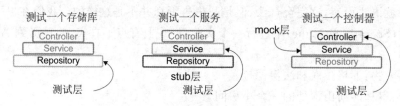

图 10 - 11　多层架构,仅测试执行代码层

在图 10 - 11 的在多层架构中,我们仅测试执行代码的层,并且是 mock 或 stub 下面的一层。因此,我们不会与更深的层进行交互。

在测试多层架构(比如我们使用的存储/服务模式)时,通常不需要测试工作层以下的实际逻辑。如果您正在测试存储层,可以测试 stub 或 mock 数据库访问层(这也是我们在 FlyingDutchmanAirlinesContext _Stub 类所做的事情)。如果正在测试服务层,那么不需要验证存储层的逻辑。

## 10.3.2　stub 和 mock 的区别

在整本书中,我们使用 FlyingDutchmanAirlinesContext _ Stub 对 FlyingDutchmanAirlines 的存储层进行了单元测试。在本节(以及下一节)中,将向大家介绍另一种在测试期间控制代码执行的方法:mock,还将查看 stub 和 mock 之间的区别。

当我们想要执行与原始类不同的代码时,stub 非常有帮助。例如,context.SaveChangesAsync 方法将对 Entity Framework Core 内部的 DbSets 进行的更改保存到数据库。在前面第 8.4 节中,我们希望执行一个不同版本的方法,所以我们制作了一个 stub(FlyingDutchmanAirlinesContext_Stub),并覆盖了父类的 SaveChangesAsync 方法。

在 mock 中,我们可不为方法提供任何新实现。当使用 mock 时,我们要实例化一个伪装成 T 的 Mock 类型。由于 Liskov 替换原则,可以将 mock 作为 T 类型使用。实际上,我们没有真正实例化 T 类,而是实例化了一个 mock,并将其注入到方法中。

在我们的示例中,我们想要有一个 Mock。在测试中,当 BookingService 调用 mock 的 CreateBooking 时,可选择执行下面其中一种操作:

(1) 当想要模拟成功条件时,立即从该方法返回(无需在数据库中实际创建预定)。

(2) 当想要模拟失败条件时,抛出一个 Exception。

因为我们不必执行任何逻辑检查内存数据库中的实体(就像我们在 stub 中那样),所以 mock 使用更加简单。您不相信吗? 我们看下面内容。

### 10.3.3 Moq 库模拟类的使用

在前面 10.3.2 节中,我们简要讨论了 mock 和 stub 之间的区别。现在告诉大家如何在实践中使用 mock,以及使用 mock 我们需要做些什么。首先,C# 和.NET5 都没有专门的 mock 功能,我们需要使用第三方(开源)库的类:Moq。当然,大家可以使用许多其他 mock 库或框架(比如 Telerik JustMock,FakeItEasy 和 NSubstitute)。我选择 Moq,因为它被广泛使用且易于使用。

如果要安装 Moq,可以使用 Visual Studio 中的 NuGet 包管理器,也可以在 FlyingDutchmanAirlines_Tests 文件夹中,使用我们在本书第 5.2.1 节中介绍过的命令行,如下所示:

```
>\ dotnet add package Moq
```

这个命令将会把 Moq 包添加到 FlyingDutchmanAirlines_Test 项目中。如要验证 Moq 包是否被添加,可以检查 Visual Studio 是否存在 Moq 引用,或者打开 FlyingDutchmanAirlines_Test. csproj 文件,查找 Moq 包引用,如图 10 - 12 所示。

在图 10 - 12 中,Visual Studio 扫描文件,并把这个包添加到解决方案浏览器面板。在. csproj 或 Visual Studio 中进行的编辑都会自动同步到这两个地方。

我们在使用 Moq 之前,必须将它的命名空间导入到 BookingServiceTests 类,如要创建一个 BookingRepository 类型的 mock,并从 CreateBooking 方法返回合适的输出(一个完成的 Task),需要做以下事情:

(1) 实例化一个 Mock。

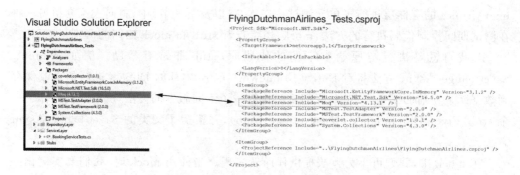

图 10 - 12　包引用被添加到项目的.csproj 文件中

（2）设置 Mock，使其在我们调用 CreateBooking 时返回一个完成的任务。

我们可以实例化一个 Mock，实例化一个 mock 与实例化任何其他类没有什么不同。我们在 CreateBooking_Success 单元测试中创建 mock 实例如下：

```
Mock<BookingRepository> mockRepository = new Mock<BookingRepository>();
```

大家可以使用 mock.Setup（[lambda expression to call method]）).［return]语法设置一个 mock，指定方法被调用时返回的值。由于我们想要调用（和模拟）CreateBooking 方法，因此对于 lambda 表达式，我们就可以使用 repository =>repository.CreateBooking（0，0）完成。随后，指定我们希望返回的内容：Returns（Task.CompletedTask），如代码示例 10 - 3 所示。

代码示例 10 - 3：设置一个 BookingRepository 的 mock 并调用 CreateBooking。

```
// ↓我们实例化了一个 BookingRepository 的新 mock 实例
Mock<BookingRepository> mockRepository = new Mock<BookingRepository>();
mockRepository.Setup(repository =>
➡ repository.CreateBooking(0, 0)).Returns(Task.CompletedTask);
// ↑如果 mock 传入两个 0 值参数调用 CreateBooking，就返回一个 Task.CompletedTask
```

如图 10 - 13 所示，代码示例 10 - 3 中的代码无法正常运行，Moq 抛出了一个运行时异常，称其无法从无法覆盖的类创建 mock。

因为我们尝试 mock 了一个不可覆盖的类，所以图 10 - 13 中 Moq 抛出了一个运行时异常。

因为 BookingRepository.CreateBooking 不是虚拟方法，所以 Moq 无法覆盖方法实现它的新版本。另外，Moq 还需要调用一个无参数构造器，而 BookingRepository 没有这个构造器。

如下所示，为了解决这两个问题，首先需要使 BookingRepository.CreateBooking 带有 virtual 关键字的方法：

```
public virtual async Task CreateBooking(int customerID, int flightNumber)
```

然后，我们为 BookingRepository 创建了一个如下所示的无参数构造器：

```
CreateBooking_Success failed

Test method FlyingDutchmanAirlines_Tests.ServiceLayer.BookingServiceTests.CreateBooking_Success threw exception:
System.NotSupportedException: Unsupported expression: repository => repository.CreateBooking(0, 0)
Non-overridable members (here: BookingRepository.CreateBooking) may not be used in setup / verification expressions.
    at Moq.Guard.IsOverridable(MethodInfo method, Expression expression)
    at Moq.InvocationShape..ctor(LambdaExpression expression, MethodInfo method, IReadOnlyList`1 arguments, Boolean
    exactGenericTypeArguments)
    at Moq.ExpressionExtensions.<Split>g__Split|4_1(Expression e, Expression& r, InvocationShape& p)
    at Moq.ExpressionExtensions.Split(LambdaExpression expression)
    at Moq.Mock.SetupRecursive[TSetup](Mock mock, LambdaExpression expression, Func`3 setupLast)
    at Moq.Mock.Setup(Mock mock, LambdaExpression expression, Condition condition)
    at Moq.Mock`1.Setup[TResult](Expression`1 expression)
    at FlyingDutchmanAirlines_Tests.ServiceLayer.BookingServiceTests.CreateBooking_Success() in C:\Users\Jort\Documents\rodenburg\code
    \Chapter 10\FlyingDutchmanAirlines_Tests\ServiceLayer\BookingServiceTests.cs:line 29
    at Microsoft.VisualStudio.TestPlatform.MSTestAdapter.PlatformServices.ThreadOperations.ExecuteWithAbortSafety(Action action)
```

图 10 - 13    Moq 抛出远行时异常

```
public BookingRepository() {}
```

但是,如果所有确保开发人员通过注入 FlyingDutchmanAirlinesContext 的构造器实例化一个 BookingRepository 实例的工作都会因此失效,如果新的构造器能有一个 private 访问修饰符就可以解决这个问题,但是这样会导致单元测试无法访问它们(因为单元测试位于存储层之外的另一个程序集)。这里有几个技巧可以帮助我们,最常用的有如下 3 个技巧:

(1) 使用[assembly:InternalsVisibleTo([assembly name])]特性。

(2) 使用 ♯warning 预处理指令生成编译器警告。

(3) 验证执行的程序集不与非单元测试程序集匹配。

接下来,我们逐一分析。

## 1. 使用 InternalsVisibleTo 方法特性

我们只能将[assembly:InternalsVisibleTo([assembly name])]特性应用于程序集,允许不同的程序集(在本示例中,为 FlyingDutchmanAirlines_Tests.ServiceLayer 程序集)访问,并操作程序集(FlyingDutchmanAirlines)中使用内部访问修饰符的方法、属性和字段。当 CLR 看到 InternalsVisibleTo 特性时,它将记录给定的程序集,并将其指定为可以访问当前程序集内部的友元程序集(friend assembly)。实际上,CLR 在将程序编译到中间语言时,会将友元程序集视为与当前程序集同处于一个程序集中。

使用友元程序集和 InternalsVisibleTo 特性的问题在于,InternalsVisibleTo 特性有选择性。Stack Overflow 上有大量的问题页面,如何使这个特性能正确工作。在理想情况下,我们会通过使用这些私有方法的公共方法测试所有私有方法,测试应使用常规方法,由于正常用户不会通过调用私有方法与类进行交互,因此单元测试也不应这样做。InternalsVisibleTo 方法特性是一个好东西,但是不应该在实践中使用。当涉及 InternalsVisibleTo 时,建议不要使用它,以免出现令人头疼的问题。

提示:有关方法和成员可访问性的更多相关信息,请参阅 CLR 的"圣经":Jeffrey Richter 的 *CLR via C♯* 第 4 版(Microsoft Press,2012 年)。实际上本书基本包括了这些知识。

## 2. 使用预处理指令（♯warning 和 ♯error）

我们还可以在源代码中使用预处理指令。预处理指令是以"♯"字符开头的命令，需要在编译前执行。编译器会扫描代码库寻找预处理指令，并在编译前执行它们。如要处理编译警告和错误，我们可以使用 ♯warning 和 ♯error 预处理指令，如 ♯warning 会抛出一个编译器警告，而 ♯error 将抛出一个编译器错误。如要通过 ♯warning 指令在我们的公共无参数构造器中添加一个编译器警告，我们可以将指令和一条消息添加到构造器中。请注意，我们始终将预处理指令以无缩进（无论是空格还是 tab）的形式插入到源代码中，如下所示：

```
public BookingRepository() {
#warning Use this constructor only in testing
    }
```

可以看出，使用 ♯warning 预处理指令的效果不错，但是如果我们有很多 ♯warning 指令，那么我们的编译过程将出现很多警告，降低指令的功能，且很容易忽视一些重要的警告。另外，发出警告并不意味着开发人员会注意到它，如图 10-14 所示。

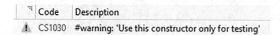

图 10-14  预处理指令生成了编译器警告

图 10-14 中，♯warning 预处理指令生成了一个带有给定字符串的编译器警告，这里是我们在 Visual Studio 2019 中看到了编译器警告。

## 3. 使用匹配执行和调用程序集的名称

这里，我建议对程序进行一些修改，通过使用反射，我们可以访问执行（executing）或调用（calling）程序集的名称（关于什么是程序集的讨论，请参阅第 2.3.1 节）。当从 FlyingDutchmanAirlines 程序集内的类调用 BookingRepository. CreateBooking 时，调用程序集就是 FlyingDutchmanAirlines。如果我们从不同的程序集，比如，FlyingDutchmanAirlines_Tests 程序集调用同一个构造器时，调用程序集就是 FlyingDutchmanAirlines_Tests 程序集，而 CLR 没有为我们提供所需的执行程序集名称的信息，因为它通常只能检索关于执行程序集的信息。

我们可以利用上述这点，判断出调用程序集等于当前的执行程序集，则说明某人正在以错误的方式实例化 BookingRepository。当然，检查程序集名称是否匹配并非万无一失，比如可能会出现创建一个新的程序集，并使用不正确的构造器。我们可以通过使用 Assembly 类，访问调用和执行程序集的名称，如代码示例 10-14 所示，

代码示例 10-4：对比执行和调用程序集名称。

```
public BookingRepository() {
    // ↓比较执行程序集与调用程序集的名称
    if(Assembly.GetExecutingAssembly().FullName ==
```

```
➥ Assembly.GetCallingAssembly().FullName) {
    throw new Exception("This constructor should only be used for
    ➥ testing");
    // ↑如果构造器被不正确访问,则抛出一个异常
  }
}
```

在代码示例 10 - 14 中,如果开发人员试图在 FlyingDutchmanAirlines 程序集内实例化一个 BookingRepository 实例,并且没有使用正确的构造器,代码将在运行时抛出 Exception,因为执行程序集和调用程序集相同。

使用反射获取调用程序集名称时会出现一个警告:CLR 将使用最后执行的堆栈帧获取调用程序集名称,但是如果部分代码被编译器内联,就有可能发生堆栈帧没有包含正确信息的情况。

### 4. 编译器方法内联

在编译过程中,当编译器遇到在一个不同类中调用方法的情况时,将方法调用替换为被调用方法的主体通常会提高系统性能,且降低了跨文件计算的数量。但这样也有可能会导致性能下降。因为当调用方法非常大,并且包含了对其他大方法的调用时,编译器可能会被卡死。若编译器将这些深度嵌套方法的主体赋值到原始调用类中,可能就会崩溃。现代编译器可很好地检测这些方面,所以这不是大家担心的事情。

此外,编译器通常不会内联递归,因为这会导致编译器陷入无限循环中,不断地试图将同一方法的主体赋值到其中。有关编译器内联(以及常见编译器)的更多相关信息,请参阅 Alfred V. Aho,Monica S. Lam,Ravi Sethi 和 Jeffrey D. Ullman 的 *Compilers*:*Principles*,*Techniques* & *Tools* 第 2 版(Pearson Education,2007 年)。

这里,我们可以通过使用 MethodImpl 方法实现方法特性。MethodImpl 方法特性允许我们指定编译器应如何处理方法,阻止编译器内联给定方法。如下所示我们将 MethodImpl 方法特性添加到构造器,使编译器不内联该方法:

```
[MethodImpl(MethodImplOptions.NoInlining)]
public BookingRepository() {
    if (Assembly.GetExecutingAssembly().FullName ==
    ➥ Assembly.GetCallingAssembly().FullName) {
        throw new Exception("This constructor should only be used for
        ➥ testing");
    }
}
```

现在回到 CreateBooking_Success 单元测试,我们有了一个 Mock 实例,可以测试 BookingService 了。这时,向 BookingService 注入一个 mock 实例,这样就可以在无需考虑 BookingRepository 类实现细节的情况下测试 BookingService。如要注入一个 Mock,需要使用 mock 的底层对象,其也是真正被模拟的 Object 对象。如果我们没有

使用 mock 的 Object 属性，BookingRepository 类就会传入了一个 Mock 的实际实例，该实例与所需的依赖项并不匹配。代码示例 10-5 所示使用 mock 的 Object 属性，可以调用[mock].Object 属性。

代码示例 10-5：向 RepositoryService 注入一个 mock 实例。

```
[TestMethod]
public async Task CreateBooking_Success() {
    // ↓ 创建一个 BookingRepository 的 mock
    Mock<BookingRepository> mockBookingRepository = new
    ➥ Mock<BookingRepository>();
    mockBookingRepository.Setup(repository =>
    ➥ repository.CreateBooking(0, 0)).Returns(Task.CompletedTask);
    // ↑ 设置 mock 的 CreateBooking 方法的正确返回

    // ↓ 将 mock 注入到 BookingService
    BookingService service = new
    ➥ BookingService(mockBookingRepository.Object);
    // ↓ CreateBooking 返回一个命名元组
    (bool result, Exception exception) =
    ➥ await service.CreateBooking("Leo Tolstoy", 0);

    Assert.IsTrue(result);
    Assert.IsNull(exception);
```

这里，还需要一个 CustomerRepository 的 mock，并在我们调用 GetCustomerByName 时返回一个新的 Customer 对象。接着，将 virtual 关键字添加到 GetCustomerByName 方法，并确保我们可以模拟 CustomerRepository（添加一个构造器，就像我们对 BookingRepository 所做的那样），如下所示：

```
[TestMethod]
public async Task CreateBooking_Success() {
    Mock<BookingRepository> mockBookingRepository = new
    ➥ Mock<BookingRepository>();
    Mock<CustomerRepository> mockCustomerRepository = new
    ➥ Mock<CustomerRepository>();

    mockBookingRepository.Setup(repository =>
    ➥ repository.CreateBooking(0, 0)).Returns(Task.CompletedTask);
    mockCustomerRepository.Setup(repository =>
    ➥ repository.GetCustomerByName("Leo
    ➥ Tolstoy")).Returns(Task.FromResult(new Customer("Leo Tolstoy")));

    BookingService service = new
```

```
➥ BookingService(mockBookingRepository.Object,
➥ mockCustomerRepository.Object);
(bool result, Exception exception) =
➥ await service.CreateBooking("Leo Tolstoy", 0);

    Assert.IsTrue(result);
    Assert.IsNull(exception);
}
```

现在在测试驱动开发中,程序正处于绿色阶段,并试图进入红色阶段。在继续之前,我们应该做一些快速的清理。由于使用了 mock,所以在这个测试类中,不需要FlyingDutchmanAirlinesContext 的 stub 或 dbContextOptions,我们应当移除 stub 的实例及其对应字段,以及 TestInitialize 方法中的 dbContextOptions,这个任务留给大家来做。

如果现在运行测试,可以看到测试通过了。但是,测试通过的原因是错误的,在前面第 10.3 节中,我们向 BookingService.CreateBooking 方法添加了一个主体骨架,以及一个硬编码的返回值,这是 CreateBooking_Success 单元测试通过的真正原因。对于单元测试中我们需要牢记一个重要教训就是,始终保证测试是因为正确的原因而通过。一般,通过提供硬编码返回值,或者通过对错误的数据进行断言,很容易"伪造"出一个成功的测试结果,那么应如何确保 CreateBooking_Success 单元测试是因为正确的原因而通过的呢? 我们必须继续实现 CreateBooking 方法,这也是将要在第 10.3.4 节中介绍的内容。

### 10.3.4　存储库调用

在第 10.3.3 节中我们完成了 BookingService.CreateBooking 的骨架,以及一个已经完成的、成功情况的单元测试(BookingServiceTests.CreateBooking_Success)。在本节中,我们将进一步实现 CreateBooking 方法,使其调用适当的存储库方法,并返回正确的信息。

如果要完成 CreateBooking 方法,需要实现以下两件事:

(1) 在 try-catch 代码块中异步调用 BookingRepository.GetCustomerByName 方法。

(2) 从方法中返回的适当元组值。

如下所示,在 try-catch 代码块中调用存储库方法允许我们进行错误处理,当被调用的存储库方法中出现异常时,try-catch 代码块捕获异常:

```
public async Task<(bool, Exception)>
➥ CreateBooking(string name, int flightNumber) {
    try {
        ...
    } catch (Exception exception) {
        ...
```

```
        }

        return (true, null);
    }
```

在上述 try-catch 代码块的 try 部分，我们想要使用类级别的属性，包括对注入的 CustomerRepository 实例以及 BookingRepository 实例的引用：customerRepository 和 bookingRepository(在我们的单元测试执行期间，它们的引用均指向对应类的 mock 版本，详见第 10.3.3 节)。我们使用\_customerRepository 实例调用它的 GetCustomer-ByName 方法。GetCustomerByName 方法取回恰当的 Customer 实例或抛出一个 CustomerNotFoundException，让我们知道程序没有找到客户。如果客户不存在，我们将调用 CreateCustomer 方法创建这个客户；之后，我们再次调用 CreateBooking 方法，得到它的返回值。在所在的方法中调用当前方法，被称为递归。由于 GetCustomerByName 方法抛出了一个我们实际上想要利用的异常，因此我们将整个对 GetCustomerByName 的调用包装在 try-catch 代码块中，如代码示例 10-6 所示。

**定义**：当一个方法调用它自己时，递归(recursion)就会发生。当递归发生时，CLR 暂停当前执行的方法，并进入该方法的新调用。递归往往伴随着性能较差和复杂性增加的问题。这里递归方法只是被用于教学，而在生产环境中，它往往不是最好的(最优的)解决特定问题的方式。

代码示例 10-6：递归调用 CreateBooking。

```csharp
public async Task<(bool, Exception)>
➥ CreateBooking(string name, int flightNumber) {
    try {
        Customer customer;
        try {
            // ↓检查客户是否存在于数据库中，如果存在则获取其详细信息
            customer =
                ➥ await _customerRepository.GetCustomerByName(name);
        } catch (CustomerNotFoundException) {
            // ↑客户在数据库中不存在
            await _customerRepository.CreateCustomer(name);
            // ↑将客户添加到数据库
            return await CreateBooking(name, flightNumber);
            // ↑递归调用该方法，现在客户在数据库中了
        }

        ...
    }
```

现在，可以使用\_bookingRepository 变量调用 BookingRepository 中的 CreateBooking 方法了。由于 BookingRepository.CreateBooking 方法应当异步执行，

还需要使用 await 等待这个调用。

当 Task 被完成时，由于 try-catch 代码块没有捕获到异常，并且代码从 BookingRepository. CreateBooking 方法返回，因此就得到一个元组，包含一个 true 布尔值代表 result 变量，以及一个 null 引用，代表了 exception 变量。如果 try-catch 代码块在执行 BookingRepository CreateBooking 方法期间捕获了一个 exception，我们同样应该返回一个元组，其中 result 变量被设置为 false，另一个则被设置为被捕获的 exception 的引用。如下所示通过终止 try-catch 语句中的所有代码路径，我们不再需要（true，null）这样的占位返回。

代码示例 10－7：BookingService. CreateBooking 方法。

```
public async Task<(bool, Exception)>
➡ CreateBooking(string name, int flightNumber){
    try {
        Customer customer;
        try {
            customer = await _customerRepository.GetCustomerByName(name);
        } catch (CustomerNotFoundException) {
            await _customerRepository.CreateCustomer(name);
            return await CreateBooking(name, flightNumber);
        }

        await _bookingRepository.CreateBooking(customer.CustomerId,
        ➡ flightNumber);
        return (true, null);
    } catch(Exception exception) {
        return (false, exception);
    }
}
```

在正式结束 BookingService 类之前，还有以下事情要做：

（1）为 customerName 和 flightNumber 输入参数，添加输入验证。

（2）验证数据库中是否存在请求的航班，如果不存在，我们需要退出方法。

（3）添加用于验证的输入验证、Customer 验证和 Flight 验证的单元测试。

我们将在第 11 章中完成这 3 件事，并彻底实现 BookingService。在本章中，我们开始实现 BookingService，学习了如何使用 mock（使用 Moq 包），并且复习了存储/服务模式的相关知识。

## 10.4　练　习

练习 10－1

在存储/服务模式下，传入请求的正确数据流是什么？

(1) 存储库 →服务 →控制器

(2) 控制器 →服务 →存储库

练习 10 - 2

判断题:服务类(在存储/服务模式中)通常直接与数据库进行交互。

练习 10 - 3

判断题:使用视图时,我们可以返回多个不同数据源的联合表达。

练习 10 - 4

判断题:人们经常互换使用视图(view)和返回视图(ReturnView)以表示相同的概念。

练习 10 - 5

为什么我们要将服务类方法命名为其与调用的存储库类方法相同的名称?

(1) 这建立了两种方法之间的同构关系,有助于为其他开发人员开展后接工作。

(2) 我们不想这样做。如果服务类和存储库类包含了同名方法,则代码将不会被编译。

(3) 我们确实希望这样做,前提是方法名称中含有动词。

练习 10 - 6

假如您遇到一行被注释掉的 diamagnetic,表示当前运行代码的替代方法,您会怎么做?

(1) 离开,这不是您的问题。

(2) 在原始注释中添加问题,要求作者阐明。

(3) 找出它存在的原因,并在大多数情况下删除被注释掉的代码。

练习 10 - 7

"^"运算符代表什么?

(1) 一个逻辑或(OR)运算符。

(2) 一个逻辑与(AND)运算符。

(3) 一个逻辑与非(NAND)运算符。

(4) 一个逻辑异或(XOR)运算符。

练习 10 - 8

对一个布尔值使用"^="运算符,其会有什么影响?

(1) 布尔值翻转(true 变成 false,false 变成 true)。

(2) 什么都不会发生(true 保持为 true,false 保持为 false)。

(3) 布尔值翻转两次(true 保持为 true,false 保持为 false)。

练习 10 - 9

判断题:当使用单元测试对多层架构进行测试时,我们可以使用 mock 或 stub 替换关注点以下的层。

练习 10 - 10

假如您正在使用单元测试对存储/服务架构的控制层中的一个类进行测试,以下哪种是正确的方法？

（1）mock 控制器层，stub 服务层，使用存储层

（2）stub 控制器层，不使用服务层，mock 存储层

（3）使用控制器层，mock 服务层，不使用存储层

练习 10 - 11

判断题：在存储/服务模式中，如果通过使用一个存储层控制对多个存储库的访问，那么控制器和存储库之间的耦合减少，是因为控制器通过服务间接调用了存储库。

练习 10 - 12

判断题：mock 用于为现有方法提供替代实现。如要使用 mock，需要提供一个新的方法主体，并为您覆盖的方法编写替代逻辑。

练习 10 - 13

判断题：InternalsVisibleTo 方法特性可以用于阻止其他程序集查看当前程序集的内部成员。

练习 10 - 14

通常，可以使用哪个预处理指令来生成编译器警告？

（1）＃error

（2）＾&generate

（3）＃warning

（4）＾&compiler：：warning

练习 10 - 15

判断题：可以使用反射和程序集命名空间内的方法，在运行时，询问 CLR 执行和调用程序集的名称。

练习 10 - 16

当编译器内联一个方法时，调用该方法的代码会发生什么情况？

（1）什么都不发生，内联意味着我们立即执行被调用的方法，代码没有改变。

（2）编译器将方法调用替换为方法主体。

（3）编译器将方法调用替换为方法所在类的内容。

练习 10 - 17

如果我们为一个属性添加［MethodImpl（MethodImplOptions. NoInlining）］特性，会发生什么情况？

（1）得到一个编译错误，因为不能在属性上使用 MethodImpl 特性。

（2）属性调用被内联。

（3）只有在性能可以显著提高的情况下，才会内联属性调用。

# 10.5  总  结

（1）存储/服务模式将应用程序分为 3 层：控制器、服务和存储库，这有助于我们控制数据流和分离关注点。

（2）在存储/服务的世界里，控制器持有服务实例，服务持有存储库实例，这是为了保证各个类之间的耦合尽可能松散。如果控制器同时有了服务和存储库的实例，那么控制器将会与存储库紧密耦合。

（3）视图是返回给用户的一个或多个模型的"窗口"，我们可以使用视图收集信息，并将其呈现给用户。

（4）在测试遵循存储/服务模式（或任何其他多层架构）的解决方案时，只需要在要测试的那一层上测试逻辑。比如，假设正在测试控制器层，那么可能会 mock 或 stub 服务层，但是测试并不需要执行服务层的实际逻辑，因此，在这种情况下，根本不需要调用存储层。这会帮助我们只测试原子操作，而不是测试整个堆栈，如果想要跨层测试，需要一个集成测试。

（5）mock 是一个在方法或属性被调用时返回特定返回值的类，它被用于替代原始类，帮助我们关注我们想要测试的层。

（6）InternalsVisibleTo 方法特性被用于指定友元程序集，友元程序集可以访问当前程序集内部的方法、字段和属性。这在单元测试中非常有用，因为测试通常位于一个单独的程序集中，与我们想要测试的代码是分开的。

（7）预处理指令可以生成编译器警告（♯warning）和编译器错误（♯error）。另外，我们还可以使用预处理指令控制我们的数据流，编译器警告可以让开发人员知道代码中特定位置存在潜在的陷阱。

（8）编译器内联意味着编译器将方法调用替换为被调用方法的主体，这有助于性能提升，因为它减少了跨文件调用。

（9）通过使用方法实现（MethodImpl）方法特性，可以控制编译器的内联偏好。我们可以通过添加［MethodImpl（MethodImplOptions. NoInlining）］作为方法特性强制编译器下内联一个给定方法，这在重新抛出异常时保留堆栈跟踪时很有用。

# 第 11 章　运行类型检查回顾和错误处理

本章包含以下内容：

（1）使用 Assert.IsInstanceOfType 测试断言。

（2）从一个服务类中调用多个存储库。

（3）使用丢弃运算符。

（4）使用多个 catch 块。

（5）在运行时，使用 is 和 as 运算符检查类型。

在本章中，我们将接着前面内容进行介绍，并利用我们对服务层的知识完成 BookingService 的实现，图 11-1 展示了本章在全书结构中的位置。

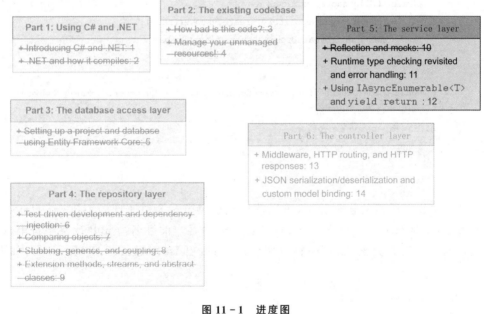

**图 11-1　进度图**

在本章中，我们将完成 BookingService 类的实现。在下一章中，我们将实现 AirportService 类和 FlightService 类，并完成服务层。

除了完成 BookingService 的实现，本章还将讨论使用 Assert.IsInstanceOfType 测试断言以验证对象是否属于特定类型（或特定类型的派生），丢弃运算符（_）的使用及其对中间语言的影响，以及在一个 try-catch 代码块中使用多个 catch 块。

如要完成 BookingService，我们需要执行以下任务：

（1）验证 BookingService.CreateBooking 方法的输入参数（第 11.1 节）。

（2）验证我们想要预定的航班存在于哪个数据库中（第 11.3 节）。

# 11.1　验证服务层方法的输入参数

很多时候，服务层充当了控制器与存储库类的中间桥梁，尽管其涉及的逻辑并不多，但为防止紧密耦合提供了重要的抽象层。有关耦合的具体讨论，请参阅本书第 8.2 节内容。

在此，我们回顾一下我们学习 BookingService . CreateBooking 时所处的位置：

```csharp
public async Task<(bool, Exception)>
➤ CreateBooking(string name, int flightNumber) {
    try {
        Customer customer;
        try {
            customer = await _customerRepository.GetCustomerByName(name);
        } catch (FlightNotFoundException) {
            await _customerRepository.CreateCustomer(name);
            return await CreateBooking(name, flightNumber);
        }

        await _bookingRepository.CreateBooking(customer.CustomerId, flightNumber);
        return (true, null);
    } catch (Exception exception) {
        return (false, exception);
    }
}
```

如果要执行所需的输入验证，可以使用我们在第 9.6 节实现的 IsPositiveInteger 扩展方法，以及 string . IsNullOrEmpty 方法。如果客户的姓名为 null 或空字符串，或者航班编号不是非负整数，程序将返回一组变量，(false，ArgumentException)，如下所示：

```csharp
public async Task<(bool, Exception)>
➤ CreateBooking(string name, int flightNumber) {
    if (string.IsNullOrEmpty(name) || ! flightNumber.IsPositiveInteger()) {
        return (false, new ArgumentException());
    }

    try {
        Customer customer;
        try {
            customer = await _customerRepository.GetCustomerByName(name);
```

```
        } catch (FlightNotFoundException) {
            await _customerRepository.CreateCustomer(name);
            return await CreateBooking(name, flightNumber);
        }

        await _bookingRepository.CreateBooking(customer.CustomerId, flightNumber);
        return (true, null);
    } catch (Exception exception) {
        return (false, exception);
    }
}
```

如代码示例 11-1 所示,我们需要添加一个单元测试,使用[DataRow]方法特性内联测试数据,并检查在给定无效输入参数时 BookingService. CreateBooking 方法返回的(false,ArgumentException)返回值。对于此单元测试,我们不需要设置带有返回值的 BookingRepository 的 mock,因为它永远不会被执行。

代码示例 11-1:测试 BookingService. CreateCustomer 的输入验证。

```
[TestMethod]
// ↓内联测试数据
[DataRow("", 0)]
[DataRow(null, -1)]
[DataRow("Galileo Galilei", -1)]
public async Task CreateBooking_Failure_InvalidInputArguments(string name,
➥ int flightNumber) {
    // ↓设置 mock
    Mock<BookingRepository> mockBookingRepository =
    ➥ new Mock<BookingRepository>();
    Mock<CustomerRepository> mockCustomerRepository =
    ➥ new Mock<CustomerRepository>();
    // ↓调用 CreateBooking 方法
    BookingService service =
    ➥ new BookingService(mockBookingRepository.Object,
    ➥ mockCustomerRepository.Object);
    (bool result, Exception exception) = await
    ➥ service.CreateBooking(name, flightNumber);

    // ↓结果应该是(false, Exception)。
    Assert.IsFalse(result);
    Assert.IsNotNull(exception);
}
```

上述这个测试在输入参数无效的情况下应该是能通过的。但是如果存储层抛出一个异常,怎么办呢? 我们希望 BookingService. CreateCustomer 方法中的 try-catch 块捕获异常,但是在没有对其进行测试的情况下,我们不知道它是否能够正常捕获异常,这时,我们可以创建一个名为 CreateBooking_Failure_RepositoryException 的单元测试,并设置一个 BookingRepository 的 mock,在调用 BookingRepository.CreateBooking 时返回一个 Exception。

接下来,应该怎么做? 存储库会返回 ArgumentException(对于无效输入)或 CouldNotAddBookingToDatabaseException 异常,我们可以检查这些被抛出的异常,或者检查一个通用的 Exception。

如果是开发人员更改了数据库发生错误时抛出的异常类型,比如将 CouldNotAddBookingToDatabaseException 修改为 AirportNotFoundException,而我们只测试基础的 Exception 类是否已被抛出,就不会及时发现捕获 AirportNotFoundException 异常,这将导致测试错误通过。因此,我建议设置以下两个 mock 的返回实例:

(1) 如果我们向 BookingService.CreateBooking 方法传入了{0,1}参数集,就抛出一个 ArgumentException 异常。

(2)如果我们向 BookingService.CreateBooking 方法传入了{1,2}参数集,就抛出一个 CouldNotAddBookingToDatabaseException 异常。

要在 mock 上设置多个返回值,我们可以修改 mock 的逻辑,使其覆盖我们想要测试的所有不同情况。我们向一个方法添加的 mock 返回数量实际上并没有限制,因为它们都是单独可分辨的(就像任何覆盖方法一样)。

如果要验证是否抛出了一个特定类型的 Exception,我们可以使用 Assert.IsInstanceOfType 断言以及 typeof 运算符(在第 4.1.2 节讨论过),如代码示例 11-2 所示。

代码示例 11-2:CreateBooking_Failure_RepositoryException。

```
[TestMethod]
public async Task CreateBooking_Failure_RepositoryException() {
    Mock<BookingRepository> mockBookingRepository =
    ➥ new Mock<BookingRepository>();
    Mock<CustomerRepository> mockCustomerRepository =
    ➥ new Mock<CustomerRepository>();

    // ↓设置一个抛出 ArgumentException 异常的逻辑路径
    mockBookingRepository.Setup(repository =>
    ➥ repository.CreateBooking(0, 1)).Throws(new ArgumentException());
    // ↓设置一个抛出 CouldNotAddBookingToDatabaseException 异常的逻辑路径
    mockBookingRepository.Setup(repository =>
    ➥ repository.CreateBooking(1, 2))
    ➥ .Throws(new CouldNotAddBookingToDatabaseException());

    mockCustomerRepository.Setup(repository =>
```

```
➥ repository.GetCustomerByName("Galileo Galilei"))
➥ .Returns(Task.FromResult(
➥ new Customer("Galileo Galilei") { CustomerId = 0 }));
mockCustomerRepository.Setup(repository =>
➥ repository.GetCustomerByName("Eise Eisinga"))
➥ .Returns(Task.FromResult(new Customer("Eise Eisinga") { CustomerId = 1
➥ }));

BookingService service = new BookingService(mockBookingRepository.Object,
➥ mockCustomerRepository.Object);
// ↓ 使用("Galileo Galilei", 1)参数调用 CreateBooking 方法
(bool result, Exception exception) =
➥ await service.CreateBooking("Galileo Galilei", 1);

Assert.IsFalse(result);
Assert.IsNotNull(exception);
Assert.IsInstanceOfType(exception, typeof(ArgumentException));

// ↓ 使用("Eise Eisinga", 2)参数调用 CreateBooking 方法
(result, exception) = await service.CreateBooking("Eise Eisinga", 2);

Assert.IsFalse(result);
Assert.IsNotNull(exception);
Assert.IsInstanceOfType(exception,
➥ typeof(CouldNotAddBookingToDatabaseException));
// ↑ 判断返回的异常是否为 CouldNotAddBookingToDatabaseException 类型
}
```

Assert.IsInstanceOfType 是一个可以使用的重要断言,大家可以在测试中使用这个断言,而不是通过常规代码(typeof 运算符)断言的对象类型进行测试。或者,您可以通过向 Assert.IsTrue 检查添加 is 语法(将在下一节介绍),模拟 Assert.IsInstanceType 语法的功能。

### 11.1.1　is 和 as 运算符的运行类型检查

Assert.IsInstanceOfType 在其断言失败时会抛出一个 Exception,这在单元测试中效果很好,因为断言失败就意味着测试失败。而在代码中,有时,我们不想在遇到意外类型对象时抛出一个 Exception。我们已经知道 typeof 运算符,如果我们在缩写代码中,需要将某个对象设为特定类型,我们可以采取以下两种方法:

(1)检查是否可以将类型 T 通过使用 is 运算符转换为类型 Y。

(2)使用 as 运算符将类型 T 转换为类型 Y,并处理一个潜在的 null 返回值。

is 和 as 运算符都是使用 Liskov 原则,在运行时做类型检查的方式。typeof 运算

符仅在编译时有效,而我们可以使用 is 和 as 运算符在运行时动态决定某个对象是什么类型。

表 11-1 中表明了 is 和 as 运算符的比较,以及它们的使用情况和语法示例。

表 11-1　is 和 as 运算符比较

| 运算符 | 使用情况 | 语　法 |
|---|---|---|
| is | 检查类型 T 是否为类型 Y | apple is Fruit |
| as | 决定类型 T 是否可以转换为类型 Y | Peugeot as Car |

下面我们将深入了解这两个运算符。

## 11.1.2　is 运算符的类型检查

首先看 is 运算符。当我们想要按照 GetType(在前面第 4.1.2 节介绍过)的方式做运行时类型检查时,经常使用 is。比方说,我们正在编写一个(非常简陋的)洲际互联网包交换系统的实现,可能有一个包含根节点(洲际交换机)、大陆或地区交换机以及专用国家交换机的节点树,如图 11-2 所示。

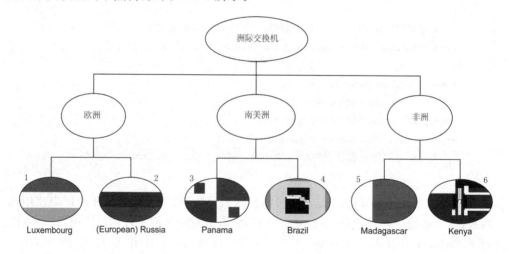

图 11-2　一个可能的简化网络交换机树

图 11-2 中这个"树"包含了一个洲际交换机(根节点),3 个大陆交换机(子节点),以及 6 个特定国家的交换机(叶节点)。

我们假设从基础 Packet 类派生出两种类型:ExternalPacket 和 LocalPacket,其中 ExternalPacket 代表给定一个特定目的地,需要前往不同洲的包。比如,从叶 3 (Panama)到叶 4(Brazil)就是 LocalPacket 类型,因为它只需要通过 South/Middle America 交换机,而从叶 6(Kenya)到叶 1(Luxembourg)的就是 ExternalPacket,因为它需要经过洲际交换机。

我们应该如何将这些数据包指向正确的交换机?一种可能的方法就是编写一个 PacketTransfer 类,尝试为我们处理路由。在 PacketTransfer 中,有一个名为

242

DetermineNextDestination 的 方 法，它 将 返 回 一 个 InternetSwitch 类 型 的 对 象。
InternetSwitch 类还可以有两个派生类型：ContinentalSwitch 和 GlobalSwitch。

如果要知道把包路由到哪里，需要搞清楚包是 ExternalPacket 还是 LocalPacket。
在代码示例 11 - 3 中，大家会看到路由外部包的实现。

代码示例 11 - 3：使用 is 运算符进行包路由。

```
public InternetSwitch DetermineNextDestination(Packet packet) {
    // ↓检查包对象是否可以被强制转换为 ExternalPacket 类型
    if (packet is ExternalPacket) {
        // ↓检查是否包的当前位置可以被强制转换为 ContinentalSwitch 类型
        if (packet.CurrentLocation is ContinentalSwitch) {
            // ↓前往包的目的地或全球交换机，具体取决于当前的位置
            return packet.CurrentLocation == PacketIsInDestinationRegion()
            ➡ ? packet.Destination : GetGlobalSwitch();
        }

        // ↓如果包是一个 ExternalPacket，并且不位于 ContinentalSwitch，就将其发送到某
个 ContinentalSwitch
        return GetContinentalSwitch(packet.Destination);
    }

    ...
}
```

我们可以看出，通过使用多态和 is 运算符，我们可以轻松地判断正在被路由的包
是否为 ExternalPacket 类型，这就是 is 运算符的功能。那 as 运算符又是什么样的呢？

### 11.1.3　as 运算符的类型检查

试想一下，我们将一个包路由到它的目的地，现在目的地交换机想要接收这个包，
但是这个特定交换机只接受本地数据包（不通过 GlobalSwitch 对象），我们尝试使用接
收到的包作为 LocalPacket，如代码示例 11 - 4 所示，看看会发生什么。

代码示例 11 - 4：使用 as 运算符使包被接受。

```
public void AcceptPacket(Packet packet) {
    // ↓尝试使用 packet 变量作为一个 LocalPacket 实例
    LocalPacket receivedPacket = packet as LocalPacket;
    // ↓验证 as 运算符有没有返回一个空指针
    if (receivedPacket ! = null) {
        // ↓处理 LocalPacket 实例
        ProcessPacket(receivedPacket);
    } else {
        // ↓拒绝 LocalPacket 实例
        RejectPacket(packet);
    }
}
```

在使用 as 运算符时,如果变量无法被转换到所要求的类型,CLR 就会向这个变量分配一个空指针。as 运算符是一个强大的工具,在处理传入的未知信息时可能会很有用。现在,我们结合上述方法,在代码示例 11-5 中使用模式匹配。

代码示例 11-5:使用模式匹配使得包被接受。

```
public void AcceptPacket(Packet packet) {
    // ↓ 如果一个包可以被用作 LocalPacket,它就会被赋值给 receivedPacket 并进行处理
    if (packet is LocalPacket receivedPacket) {
        ProcessPacket(receivedPacket);
    } else {
        // ↓ 如果一个包不能被用作 LocalPacket,则调用 RejectPacket 方法
        RejectPacket(packet);
    }
}
```

### 11.1.4 验证服务层方法总结

在 CreateBooking_Failure_RepositoryException 单元测试中,我们测试并验证了我们可以按照预期顺畅地处理存储层抛出的异常。我们还按照 CreateBooking_Success 和 CreateBooking_Failure_InvalidInputs 单元测试中的相同方法实例化了 Mock。我们可以将 mock 的初始化放到 TestInitialize 方法中,并且将 CreateBooking_Failure_RepositoryException 拆分成两个测试,另外,我们还学习了如何使用 is 和 as 运算符进行运行时类型检查。

# 11.2 BookingServiceTests 类清理

总结第 11.1 节,我们在 BookingServiceTests 类中发现了以下两个可以清理的地方:

(1) 将 Mock 的初始化提取到 TestInitialize 方法中。此时,我们似乎在每个测试中都实例化了一个 BookingRepository 的 mock,这违反了 DRY 原则。

(2) 将 CreateBooking_Failure_RepositoryException 拆分为两个单元测试:一个专门测试 ArgumentException 异常,另一个专门测试 CouldNotAddBookingToDatabaseException 异常。

如下所示,我们首先将 Mock 的初始化提取到 TestInitialize 方法,另外,我们可以添加两个私有字段存储对 Mock 的引用。

```
[TestClass]
    public class BookingServiceTests {
    private Mock<BookingRepository> _mockBookingRepository;
```

```
[TestInitialize]
public void TestInitialize() {
    _mockBookingRepository = new Mock<BookingRepository>();
}

...

}
```

现在,需要做的就是在单元测试中使用_mockBookingRepository 字段,而不是实例化它们自己的 mock。

```
[TestMethod]
public async Task CreateBooking_Success() {
    ~~Mock<BookingRepository> mockRepository = new Mock<BookingRepository>();~
~

    ** _mockBookingRepository **.Setup(repository =>
➥ repository.CreateBooking(0, 0)).Returns(Task.CompletedTask);

    BookingService service =
➥ new BookingService( ** _mockBookingRepository **.Object);

    (bool result, Exception exception) = await service.CreateBooking(0, 0);

    Assert.IsTrue(result);
    Assert.IsNull(exception);
}
```

至此,我们可以设置 mock 的返回内容,因为任何现存的 mock 实例在每次运行新测试时都会重置,而不在 TestInitialize 方法初始化 mock,就可以在每个测试基础上设置不同的返回的 mock 实例。

第二处可改进的地方,就是将 CreateBooking_Failure_RepositoryException 单元测试拆分为以下两个单独的单元测试:

(1) CreateBooking_Failure_RepositoryException_ArgumentException。

(2) CreateBooking _ Failure _ RepositoryException _ CouldNotAddBookingToDatabase。

这两个新的单元测试,都会测试一个逻辑分支(抛出各自的 Exception),所以在代码示例 11 - 6 中,将看到 CreateBooking_Failure_RepositoryException_Argument-Exception 单元测试。我把 CreateBooking _ Failure _ RepositoryException _ CouldNotAddBookingToDatabase 单元测试留给大家自己实现。如果遇到了麻烦,大家可以模仿代码示例 11 - 6 的模式来操作。在本书的源代码中,有我的版本的这两个单元测试。

代码示例 11 - 6：CreateBooking _ Failure _ RepositoryException _ Argument-Exception 单元测试。

```
[TestMethod]
public async Task
➥ CreateBooking_Failure_RepositoryException_ArgumentException() {
    _mockBookingRepository.Setup(repository =>
    ➥ repository.CreateBooking(0, 1)).Throws(new ArgumentException());

    _mockCustomerRepository.Setup(repository =>
    ➥ repository.GetCustomerByName("Galileo Galilei"))
    ➥ .Returns(Task.FromResult(
    ➥ new Customer("Galileo Galilei") { CustomerId = 0 }));

    BookingService service =
    ➥ new BookingService(_mockBookingRepository.Object,
    ➥ _mockFlightRepository.Object, _mockCustomerRepository.Object);
    (bool result, Exception exception) =
    ➥ await service.CreateBooking("Galileo Galilei", 1);

    Assert.IsFalse(result);
    Assert.IsNotNull(exception);
    Assert.IsInstanceOfType(exception,
    ➥ typeof(CouldNotAddBookingToDatabaseException));
}
```

至此,学习了什么? 我们实现了 BookingService,并有了以下 3 个单元测试支持我们服务类的功能:

(1) CreateBooking_Success——这个单元测试验证了我们的"愉快路径"设想,并且调用了 mock 的 BookingRepository 模拟数据库操作。

(2) CreateBooking _ Failure _ RepositoryException _ ArgumentException——这个单元测试告诉 mock 的 BookingRepository 抛出一个 ArgumentException。我们验证了我们的服务方法是否可以恰当处理抛出的 ArgumentException。

(3) CreateBooking_Failure_CouldNotAddBookingToDatabase——这个单元测试中,mock 的 BookingRepository 抛出一个 CouldNotAddBookingToDatabaseException 异常。我们验证了我们的服务方法是否可以恰当处理抛出的 CouldNotAdd-BookingToDatabaseException 异常。

## 11.3　服务类中的外键约束

在前面第 10.3 节中,我们确定了 BookingService 必须处理以下两个外键约束(如图 11 – 3 所示):

(1) 对 Customer. CustomerID 的外键约束。

(2) 对 Flight. FlightNumber 的外键约束。

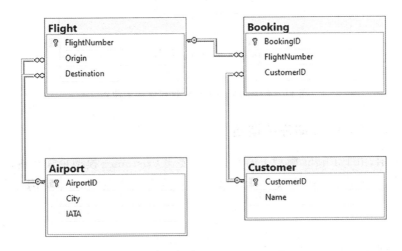

**图 11 – 3　飞翔荷兰人航空公司数据库模式**

图 11 – 3 中的 Booking 模型有两个对外的外键约束:一个对 Customer. CustomerID 的外键约束,以及一个对 Flight. FlightNumber 的外键约束。

如何"处理"这些外键约束? 可以使用 CustomerRepository. GetCustomerByName 方法通过传入的 Name 值验证某个客户是否存在于数据库中。如果找到了该客户,则返回一个包含对应 CustomerID 值的 Customer 对象。如果没有找到该客户对象,我们希望使用 CustomerRepository. CreateCustomer 方法创建这个客户,对于 flightNumber 参数:如果数据库中没有匹配的航班,我们应当从服务方法中返回,而无需在数据库中创建预定(或一个新航班)。

由于我们允许服务层(并且仅允许服务层!)调用存储库(而不是直接调用与之相关的数据库模型),我们可以收集一系列信息,向控制器返回一个视图,如图 11 – 4 所示。以 BookingService 为例,它的直接模型是 Booking 实体,但是如要在数据库中正确创建新预定,需要使用 Customer 和 Flight 的存储层类。

图书 11 – 4 中,BookingService 调用了 BookingRepository(它的直接关注点)、FlightRepository 和 CustomerRepository。

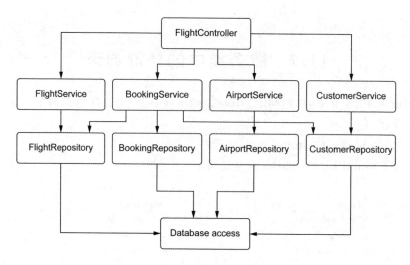

图 11 - 4  **BookingService** 对存储层的调用

### 11.3.1  Flight 存储库的调用

如下所示,由于 Flight 模型上的业务逻辑要比 Customer 模型更加严格,因此我们应进行的第一个检查(在输入验证之后),就是确保请求的 Flight 实例存在于数据库中:

```
public async Task<(bool, Exception)>
➡ CreateBooking(string name, int flightNumber) {
    ...

    FlightRepository flightRepository = new FlightRepository();

    ...
}
```

这里,FlightRepository 构造器要求我们传入(或注入)一个 FlyingDutchmanAirlinesContext 实例。但无法在服务层访问这个实例,我们可以实例化一个 FlyingDutchmanAirlinesContext 实例,可以采用与处理 BookingRepository 时相同的方法:使用依赖注入为 BookingService 类提供一个现成的 FlightRepository 实例。

如要向当前类添加一个注入实例,我们需要做以下几件事,如图 11 - 5 和代码示例 11 - 7 所示:

(1)添加一个类型 T 的支持字段,其中 T 是注入的类型。

(2)向构造器添加一个类型 T 的参数。

(3)在构造器内,将注入的 T 类型实例分配给步骤 1 中创建的私有字段。

如图 11 - 5 所示,如要使用依赖注入,需先添加支持字段,然后注入希望的类型,最后,将注入的参数分配给支持字段,如代码示例 11 - 7 所示。

1. 添加支持字段。　　　　　　　　　　　　2. 向构造器添加参数。

3. 将注入的参数分配给支持字段。

**图 11 - 5　使用依赖注入添加字符段**

代码示例 11 - 7：为 BookingService 注入一个 FlightRepository 实例。

```
public class BookingService {
    private readonly BookingRepository _bookingRepository;
    private readonly FlightRepository _flightRepository;
    private readonly CustomerRepository _customerRepository;

    public BookingService(BookingRepository bookingRepository,
    ➥ FlightRepository flightRepository, CustomerRepository
    ➥ customerRepository) {
        _bookingRepository = bookingRepository;
        _flightRepository = flightRepository;
        _customerRepository = customerRepository;
    }
}
```

现在,我们有了一个注入的 FlightRepository 实例,被分配到一个私有的支持字段,于是,我们就可以在 CreateBooking 方法中使用这个实例了。这里有一个问题:如图 11 - 6 所示,代码示例 11 - 7 中的代码无法编译,编译器抛出了一个异常,称在我们进行单元测试时,没有为 BookingService 的构造器提供足够的参数。

❌ CS7036　There is no argument given that corresponds to the required formal parameter 'customerRepository' of 'BookingService.BookingService (BookingRepository, FlightRepository, CustomerRepository)'

**图 11 - 6　编译器抛出一个异常**

在图 11 - 6 中,如果在调用给定方法时没有提供足够的参数,编译器就会抛出这个异常。在本示例中,我们没有为 BookingService 的构造器提供足够的参数(缺少了 customerRepository 参数)。

如要解决这个编译器错误,需要向 BookingServiceTests 类现有的单元测试中添加一个 Mock 实例。如果模仿实例化 Mock 对象时所使用的模式,那么会非常轻松。如果您遇到了相同问题,您不需要为 mock 的 FlightRepository 类设置任何调用的返回值。最后一个提示:您必须为 FlightRepository 创建一个无参数的构造器,关于为何需要创建无参数虚拟构造器的信息,请参阅本书第 10.3.3 节。

现在,我们的代码编译成功,并且通过现有的单元测试了,接着可以继续验证数据库中是否存在航班。

第一步,同样是添加一个单元测试。在 BookingServiceTests 中添加一个名为 CreateBooking _ Failure _ FlightNotInDatabase 的 单 元 测 试,只 需 要 我 们 在 CreateBooking_Success 添加一个对 FlightRepository. GetFlightByFlightNumber 方法的 mock 调用即可,如下所示:

```
_mockFlightRepository.Setup(repository =>
➥ repository.GetFlightByFlightNumber(0))
➥ .Returns(Task.FromResult(new Flight()));
```

对于失败的路径,我们开始实现 CreateBooking_Failure_FlightNotInDatabase 单元测试,如下所示:

```
[TestMethod]
public async Task CreateBooking_Failure_FlightNotInDatabase() {
    BookingService service =
        ➥ new BookingService(_mockBookingRepository.Object,
        ➥ _mockFlightRepository.Object, _mockCustomerRepository.Object);
    (bool result, Exception exception) =
        ➥ await service.CreateBooking("Maurits Escher", 19);

    Assert.IsFalse(result);
    Assert.IsNotNull(exception);
    Assert.IsInstanceOfType(exception,
        ➥ typeof(CouldNotAddBookingToDatabaseException));
}
```

可以看出,CreateBooking_Failure_FlightNotInDatabase 单元测试可以编译,但是没有通过,但这正是我们目前所希望看到的。测试驱动开发,即是从测试阶段到实现足以通过测试目标的过程。

在 BookingService. CreateBooking 中,我们希望确保我们不会为客户预订一个不存在的航班。我们看一下 FlightRepository. GetFlightByFlightID 方法,这个方法接受以下 3 个参数:

(1) flightNumber。

(2) originAirportId。

(3) desinationAirporId。

可是,这 3 个参数对我们不再适用,请不必害怕修改(或删除)我们的代码。我给大家布置一个任务:使 FlightRepository. GetFlightByFlightID 方法仅接受一个

flightNumber 参数,并返回正确的航班,允许在服务层中使用这个方法。如果遇到了困难,请查看本章的源代码相关内容,代码示例 11-8 给出了一份示例实现。另外,请确保更新单元测试。

现在,FlightRepository. GetFlightByFlightNumber 方法仅接受一个 flightNumber 参数,并且我们可以在服务层中使用它了。可以看到,该方法只提供了两个可能的返回值:返回一个 Flight 实例和抛出一个 FlightNotFoundException 异常。

代码示例 11-8:FlightRepository. GetFlightByFlightNumber。

```
public async Task<Flight> GetFlightByFlightNumber(int flightNumber) {
    if (! flightNumber. IsPositiveInteger()) {
    Console. WriteLine( $ "Could not find flight in
        ➡ GetFlightByFlightNumber! flightNumber = {flightNumber}");
    throw new FlightNotFoundException();
    }

    return await _context. Flight. FirstOrDefaultAsync(f =>
        ➡ f. FlightNumber == flightNumber) ?? throw new FlightNotFoundException();
}
```

如下所示,一个可能的航班验证逻辑可能会包含对 GetFlightByFlight-Number 的调用。如果 BookingService. CreateBooking 中的 try-catch 语句没有捕获到异常,那么就说明没有问题,程序可以继续运行。

```
await _flightRepository. GetFlightByFlightNumber(flightNumber);
```

上述这段代码可以完全正常工作,除非有人决定更改 FlightRepository. GetFlightByFlightNumber 的实现。如果它在数据库中找不到匹配航班时,会突然返回一个空指针,而不是抛出一个异常,会发生什么情况呢? 代码将会正常执行,就像没有任何错误发生,并且允许客户预订一个不存在的航班。

因此,我们在这里进一步检查 GetFlightByFlightNumber 的输出,如代码示例 11-9 所示。如果返回值为 null,则程序会抛出一个 Exception。

代码示例 11-9:航班验证代码的一个更好实现。

```
public async Task<(bool, Exception)>
➡ CreateBooking(string name, int flightNumber) {
    if (string. IsNullOrEmpty(name) || ! flightNumber. IsPositiveInteger()) {
        return (false, new ArgumentException());
    }

    try {
        __ = await _flightRepository. GetFlightByFlightNumber(flightNumber)
        ➡ ?? throw new Exception();

        ...

    }
```

```
    …
}
```

代码示例 11-9 主动处理了 GetFlightByFlightNumber 返回 null 值的情况，并抛出了一个 Exception，这段代码使用了丢弃运算符(_)，大家可以使用这个丢弃运算符来"扔掉"返回值，但是仍会使用依赖值分配的运算符(比如空合并运算符)。

### 丢弃运算符和中间语言

丢弃运算符(_)是一个我们需要考虑的情况。使用丢弃运算符是否意味着我们不会将方法的返回值赋值给任何东西？我们是否应及时丢弃了赋值变量？我们可以通过检查丢弃运算符是如何被编译为中间语言，找到这些问题的答案。

如代码示例 11-9 所示，以对 FlightRepository.GetFlightByFlightNumber 的方法调用为例，移除空合并运算符，以便我们可以只关注丢弃运算符。

```
_ = await _flightRepository.GetFlightByFlightNumber(flightNumber);
```

这将编译成一段很长的 MSIL 操作码，但是赋值部分以下面一条命令结尾：
stloc.3

stloc.3 命令将信息存储到堆栈的第 3 号位置，使用丢弃运算符可能仍然会导致一些内存分配。当然，由于没有对它的调用，内存中被分配的空间会很快被垃圾回收器收集。

回答最初的问题：是的，丢弃运算符会被分配内存空间。但是，由于代码不能直接指向这片内存空间，并像其他变量一样使用它，因此代码仍然具有性能优势。

使用丢弃运算符的另一个好处就是可以使代码整洁。赋值给从未使用过的变量很容易让人感到困惑，通过使用丢弃运算符，大家可以明确告诉其他人："我不会使用此方法的返回值"。

代码示例 11-9 中的代码比代码示例 11-8 中的有所改进，但是我们还可以更进一步完善。4.2 节中曾提到，最好要让代码读起来很顺口。在代码示例 11-9 中，我们可以将航班验证逻辑提取到单独的私有方法中，调用 FlightExistsInDatabase 方法，并使其基于 FlightRepository.GetFlightByFlightNumber 是否返回 null 值返回一个布尔值，如代码示例 11-10 所示。

代码示例 11-10：在 CreateBooking 中使用 FlightExistsInDatabase。

```
public async Task<(bool, Exception)>
➥ CreateBooking(string name, int flightNumber) {
    if (string.IsNullOrEmpty(name) || ! flightNumber.IsPositiveInteger()) {
        return (false, new ArgumentException());
    }

    try {
        if (! await FlightExistsInDatabase(flightNumber)){
```

```
        // ↓ 如果数据库中不存在给定航班,则抛出异常
        throw new CouldNotAddBookingToDatabaseException();
    }

    ...

}

...

}

private async Task<bool> FlightExistsInDatabase(int flightNumber) {
    try {
        // ↓ 如果 GetFlightByFlightNumber 返回一个 null 值,则返回 false,否则返回 true
        return await
        ➥ _flightRepository.GetFlightByFlightNumber(flightNumber) ! = null;
    } catch (FlightNotFoundException) {
        // ↓ 如果 GetFlightByFlightNumber 抛出一个 FlightNotFoundException,返回 false
        return false;
    }
}
```

上述代码片断应当可以用于航班验证代码的实际实现。但是,我们仍然需要更新我们的单元测试,因为当 mockFlightRepository 的 GetFlightByFlightNumber 方法被调用时,程序还没有做好准备返回一个正确的值。

现在,大家应该很熟悉如何设置 mock 的返回值了,我将介绍如何为 CreateBooking_Failure_FlightNotInDatabase 和 CreateBooking_Success 单元测试设置返回值,然后大家可以依此方法尝试修改其他的单元测试,遇到了困难,可以查阅本书提供的源代码。

如果想在 Mock 中看到 flightNumber 为 -1 时抛出一个 FlightNotFound 类型的异常(这也是真实代码的逻辑),可以使用与 10.3.3 节相同的语法,如代码示例 11 - 11 所示:[MOCK].Setup([predicate to call method with arguments]).Throws(new [Type of Exception])。

**注意:** 正如第 10.3.3 节中讨论的那样,如果想要调用 mock 特定的方法,需要为原始方法添加 virtual 关键字。为方法添加 virtual 关键字,将允许 Moq 库对这个方法进行覆盖。有关虚拟方法的讨论,请参见本书第 5.3.2 节内容。

代码示例 11 - 11:设置 Mock<FlightRepository> 的异常返回值。

```
[TestMethod]
public async Task CreateBooking_Failure_FlightNotInDatabase() {
    _mockFlightRepository.Setup(repository =>
    ➥ repository.GetFlightByFlightNumber(-1))
    ➥ .Throws(new FlightNotFoundException());
```

```
BookingService service = new
➥ BookingService(_mockBookingRepository.Object,
➥ mockFlightRepository.Object, _mockCustomerRepository.Object);
(bool result, Exception exception) =
➥ await service.CreateBooking("Maurits Escher", 1);

Assert.IsFalse(result);
Assert.IsNotNull(exception);
Assert.IsInstanceOfType(exception,
➥ typeof(CouldNotAddBookingToDatabaseException));
}
```

在代码示例 11－11 中，我们进行了设置，此时当 mock 的 GetFlightByFlight-Number 方法被调用，并且传入了一个值－1 作为输入参数时，方法就会抛出一个 FlightNotFoundException 类型的 Exception（模仿现有代码）。BookingService.FlightExistsInDatabase 方法会检查其调用的 GetFlightByFlightNumber 方法的返回值是否为 null（本示例中返回了 null，因为抛出了一个异常），并且返回表达式的值。基于这个结果，BookingService 抛出了一个 CouldNotAddBookingToDatabaseException 类型的 Exception。

如要修复 CreateBooking_Success 单元测试，我们需要设置 FlightRepository 的 mock，使之在 GetFlightByFlightNumber 方法被调用时返回一个 Flight 实例。

如下面代码片段所示，如要向 GetFlightByFlightNumber 方法添加一个 Task 类型的 mock 返回，我们需要使用［MOCK］.Setup 语法的异步版本。我们使用同步版本，mock 将会返回一个 Flight 实例，而不是 Task 实例，这会导致一个编译器错误，如图 11－7 所示。

❌ CS1503  Argument 1: cannot convert from 'FlyingDutchmanAirlines.DatabaseLayer.Models.Flight' to 'System.Threading.Tasks.Task<FlyingDutchmanAirlines.DatabaseLayer.Models.Flight>'

**图 11－7　编译器抛出一个错误**

如图 11－7 所示，当我们尝试返回一个没有包装在 Task 类型中的类型时，编译器会抛出一个错误，它无法将 T 转换为 Task。

```
[TestMethod]
public async Task CreateBooking_Success() {
    _mockBookingRepository.Setup(repository => repository.CreateBooking(0,
    ➥ 0)).Returns(Task.CompletedTask);

    _mockFlightRepository.Setup(repository =>
    ➥ repository.GetFlightByFlightNumber(0)).ReturnsAsync(new Flight());

    BookingService service =
```

```
➥ new BookingService(_mockBookingRepository.Object,
➥ _mockFlightRepository.Object, _mockCustomerRepository.Object);

  (bool result, Exception exception) = await service.CreateBooking(0, 0);

  Assert.IsTrue(result);
  Assert.IsNull(exception);
}
```

## 调用客户存储库

我们需要验证的第二个输入就是 name 参数。如要验证 name 参数，BookingService 必须调用 CustomerRepository 的 GetCustomerByName 以及（如果客户在数据库中不存在）CreateCustomer 方法。在第 10.3.4 节中，我们实现了该逻辑，现在我们通过下面的代码来回忆一下：

```
public virtual async Task<Customer> GetCustomerByName(string name) {
    if (IsInvalidCustomerName(name)) {
        throw new CustomerNotFoundException();
    }

    return await _context.Customer.FirstOrDefaultAsync(c => c.Name == name)
    ➥ ?? throw new CustomerNotFoundException();
}

public async Task<bool> CreateCustomer(string name) {
    if (IsInvalidCustomerName(name)) {
        return false;
    }

    try {
        Customer newCustomer = new Customer(name);
        using (_context) {
            _context.Customer.Add(newCustomer);
            await _context.SaveChangesAsync();
        }
    } catch {
        return false;
    }

    return true;
}
```

我们的单元测试现在可以通过在本示例中添加一个新的单元测试，以测试客户不在数据库中时的逻辑：CreateBooking_Success_CustomerNotInDatabase。为什么这个单元测试是成功情况的测试呢？客户验证不会失败吗？当然会失败,但是这只意味着客户之前不存在。如图 11-8 所示,在本示例中,我们只是简单地将客户添加到数据库中,并且照常继续运行逻辑。如要从 BookingService 调用 CustomerRepository 中的方法,可以使用 CustomerRepository 的注入实例,如下所示:

```csharp
private readonly BookingRepository _bookingRepository;
private readonly FlightRepository _flightRepository;
private readonly CustomerRepository _customerRepository;

public BookingService(BookingRepository bookingRepository, FlightRepository
➡ flightRepository, CustomerRepository customerRepository {
    _bookingRepository = bookingRepository;
    _flightRepository = flightRepository;
    _customerRepository = customerRepository;
}
```

这里,我们又向 CustomerRepository 的构造器中添加了一个 CustomerRepository 参数,打破了所有现存的单元测试。接着应该做些什么:向单元测试的构造器调用中添加一个 Mock,这个任务留给大家来做。如要使用 mock 进行测试,必须为 CustomerRepository 设置一个无参数构造器,并且将某些方法设置为 virtual,以便 Moq 能够实例化类并使用 Mock。

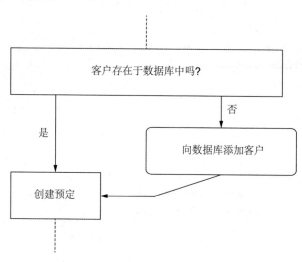

**图 11-8　将客户添加到数据库中**

如图 11-8 所示,如果数据库中不存在该客户,我们应将客户添加到数据库中,在此情况下,我们会创建一个预定。

使用注入的 CustomerRepository 实例,我们首先创建两个私有方法,检查客户是否存在于数据库中,以及在数据库中没有客户时将客户添加到数据库中。Customer-

Repository. GetCustomerByName 方法返回了一个 CustomerNotFoundException 类型的 Exception。如代码示例 11-12 所示，我们可以在 catch 代码块中捕获这个特定错误，并另外创建这个客户。如果一个其他类型的 Exception 被抛出，我们就可以知道某些地方出了问题，可以重新抛出这个异常（CreateBooking 方法捕获并处理异常）。在前面第 9.4 节中，我们已经讨论了如何在保留原始问题堆栈跟踪的同时重新抛出异常。

代码示例 11-12：GetCustomerFromDatabase 和 AddCustomerToDatabase 方法。

```
private async Task<Customer> GetCustomerFromDatabase(string name) {
    try {
        // ↓尝试从数据库中取回客户
        return await _customerRepository.GetCustomerByName(name);
    } catch (CustomerNotFoundException) {
        // ↓如果抛出了 CustomerNotFoundException 异常,则说明客户不在数据库中
        return null;
    } catch (Exception exception){
        // ↓如果抛出了其他类型的异常,则说明某些地方出现了问题,应重新抛出异常
        ExceptionDispatchInfo.Capture(exception.InnerException
        ➡ ?? new Exception()).Throw();
        return null;
    }
}

private async Task<Customer> AddCustomerToDatabase(string name) {
    // ↓向数据库中添加客户
    await _customerRepository.CreateCustomer(name);
    return await _customerRepository.GetCustomerByName(name);
}
```

GetCustomerFromDatabase 和 AddCustomerToDatabase 方法还没有被任何地方调用，因此我们应考虑如何测试它们的功能。我们至少会在每次执行 CreateBooking 时调用 GetCustomerFromDatabase，从这里开始，GetCustomerFromDatabase 可以确定以下 3 种潜在的情况：

（1）客户存在于数据库中。

（2）数据库中没有客户。

（3）CustomerRepository. GetCustomerByName 方法抛出了一个除了 Customer-NotFoundException 之外的 Exception。

如果上述（1）和（2）情况中找不到客户，我们可以通过 AddCustomerToDatabase 方法将客户添加到数据库中，这还涉及一些其他逻辑，因此我们先处理（1）的情况，之后，我们再处理（3）的情况（完全失败的情况）。

但是，在测试任何状态之前，都需要将客户数据库的逻辑添加到 CreateBooking 方法中，如下所示：

```
public async Task<(bool, Exception)> CreateBooking(string name,
➥ int flightNumber) {
    if (string.IsNullOrEmpty(name) || ! flightNumber.IsPositiveInteger()) {
        return (false, new ArgumentException());
    }

    try {
        Customer customer = await GetCustomerFromDatabase(name)
        ➥ ?? await AddCustomerToDatabase(name);

        if (! await FlightExistsInDatabase(flightNumber)) {
            return (false, new CouldNotAddBookingToDatabaseException());
        }

        await
        ➥ _bookingRepository.CreateBooking(customer.CustomerId, flightNumber);
        return (true, null);
    } catch (Exception exception) {
        return (false, exception);
    }
}
```

如果要测试数据库中不存在客户的情况，我们需要设置 Mock，在 GetCustomerByName 方法被调用时抛出一个 CustomerNotFoundException 类型的异常，如下所示：

```
[TestMethod]
public async Task CreateBooking_Success_CustomerNotInDatabase() {
    _mockBookingRepository.Setup(repository =>
    ➥ repository.CreateBooking(0, 0)).Returns(Task.CompletedTask);
    _mockCustomerRepository.Setup(repository =>
    ➥ repository.GetCustomerByName("Konrad Zuse"))
    ➥ .Throws(new CustomerNotFoundException());

    BookingService service =
    ➥ new BookingService(_mockBookingRepository.Object,
    ➥ _mockFlightRepository.Object, _mockCustomerRepository.Object);

    (bool result, Exception exception) =
    ➥ await service.CreateBooking("Konrad Zuse", 0);

    Assert.IsFalse(result);
    Assert.IsNotNull(exception);
    Assert.IsInstanceOfType(exception,
```

➥ typeof(CouldNotAddBookingToDatabaseException ));

}

在我们完成 BookingService 的实现之前,只需要再为以下两条代码路径提供测试即可:

（1）GetCustomerByName 抛出一个除了 CustomerNotFoundException 之外的异常。

（2）CreateCustomer 方法返回了一个 false 布尔值。

很庆幸,我们很容易为这两条路径添加了单元测试。如果 BookingRepository.CreateBooking 抛 出 一 个 Exception,会 发 生 什 么 情 况 呢? BookingService.CreateBooking 的代码应当返回{false,CouldNotAddBookingToDatabaseException},但是真是这样吗? 这里只有一种方法可以找到答案,如下所示:

```
[TestMethod]
public async Task
➥ CreateBooking_Failure_CustomerNotInDatabase_RepositoryFailure() {
    _mockBookingRepository.Setup(repository =>
    ➥ repository.CreateBooking(0, 0))
    ➥ .Throws(new CouldNotAddBookingToDatabaseException());
    _mockFlightRepository.Setup(repository =>
    ➥ repository.GetFlightByFlightNumber(0))
    ➥ .ReturnsAsync(new Flight());
    _mockCustomerRepository.Setup(repository =>
    ➥ repository.GetCustomerByName("Bill Gates"))
    ➥ .Returns(Task.FromResult(new Customer("Bill Gates")));

    BookingService service =
    ➥ new BookingService(_mockBookingRepository.Object,
    ➥ _mockFlightRepository.Object, _mockCustomerRepository.Object);

    (bool result, Exception exception) =
    ➥ await service.CreateBooking("Bill Gates", 0);

    Assert.IsFalse(result);
    Assert.IsNotNull(exception);
    Assert.IsInstanceOfType(exception,
        ➥ typeof(CouldNotAddBookingToDatabaseException));
}
```

可 以 看 出,一 切 都 工 作 正 常。这 样,我 们 就 完 成 了 BookingService 和BookingServiceTests 的实现。在本节中,我们学习了有关如何在单元测试中使用mock,以及如何通过依赖注入实现在服务层调用存储层方法的知识。

# 11.4  练  习

练习 11 - 1

判断题:存储库是控制器与服务之间的传递通道。

练习 11 - 2

填空:如要向一个类添加注入的依赖,需要添加一个类范围的私有_____,它在_____中被赋值,并且要求这个值必须是一个注入的_____。

(1) 方法;构造器;属性

(2) 类;抽象方法;变量

(3) 字段;构造器;参数

练习 11 - 3

假设在某个数据库模式中有两个模型,分别叫作 Apple 和 Banana。Apple. ID 有一个对外的 Banana. TastyWith 外键关系,那么哪个服务允许调用哪个存储库?

(1) Apple 服务允许调用 Banana 存储库。

(2) Banana 存储库允许调用 Apple 存储库。

(3) Kiwi 存储库被注入到 Apple 和 Banana 服务中,并将从中取回数据。

练习 11 - 4

判断题:服务类只要有充分的理由,就可以调用无限数量的存储库。

练习 11 - 5

如果尝试在不提供构造器所需参数的情况下实例化某个类,那么会得到?

(1) 参与奖。

(2) 编译错误。

(3) 运行时错误。

练习 11 - 6

判断题:丢弃运算符可以确保永远不会分配任何内存存储表达式的返回值。

练习 11 - 7

在一个 try-catch 代码块中,有两个 catch 块。第一个是对 Exception 类的 catch,第二个是对 ItemSoldOutException 类的 catch。如果 try-catch 代码块的 try 部分抛出了一个 ItemSoldOutException 异常,那么会进入哪个 catch 块?

(1) catch(Exception exception) {…}

(2) catch(ItemSoldOutException exception) {…}

练习 11 - 8

在一个 try-catch 代码块中,有两个 catch 块。第一个是对 ItemSoldOutException 类的 catch,第二个是对 Exception 类的 catch。如果 try-catch 代码块的 try 部分抛出了一个 ItemSoldOutException 异常,那么会进入哪个 catch 块?

（1）catch(ItemSoldOutException exception)｛…｝

（2）catch(Exception exception)｛…｝

# 11.5 总 结

（1）可以使用 Assert. IsInstanceOfType 对一个对象执行测试断言，检查其是否属于特定类型（或者是否可以使用多态强制转换为特定类型）。如果需要确保其返回某个特定类型，比如检查从方法返回的 Exception 类型时，它就可以在单元测试中派上用场。

（2）可以使用 is 和 as 运算符执行运行时类型检查，这在处理不知道确切类型的对象时非常有用。

（3）服务类可以在适当情况下调用存储库类。可以使用服务类将多个数据流组织到一个视图中，从服务中调用存储库类，允许跟踪外键约束。

（4）丢弃运算符(_)允许显式表明方法的返回值是一次性的，有时候使用丢弃运算符可以提高代码可读性。

（5）丢弃运算符确实分配了内存块，但是由于没有指向该内存块的指针，因此垃圾回收器可以尽快地回收它们，这有助于提高性能。

（6）可以在一个 try-catch 代码块中使用多个 catch 块。只有第一个匹配的 catch 块会被进入，这在处理超过一个 Exception 派生类，并且您的逻辑因特定类而不同时很有用。

# 第 12 章 IAsyncEnumerable 和 yield return 的使用

本章包含以下内容：

（1）使用泛型 Queue 数据结构。

（2）使用 yield return 和 IAsyncEnumerable。

（3）创建视图。

（4）使用带有自动属性的私有 getter 和 setter。

（5）结构体与类的区别。

（6）使用 checked 和 unchecked 关键字。

在前几章，我们检查了之前版本的代码库，并找到了其中可以改进的地方。然后，我们编写了部分新版本的代码库，遵守了 FlyTomorrow 的 OpenAPI 规范。在第 10 章和第 11 章中，我们实现了 BookingService 类，并决定我们不需要一个 CustomerService 类。图 12-1 展示了本章在本书结构中的位置。

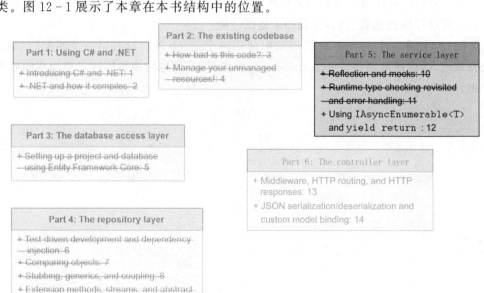

图 12-1 进度图

如图 12-1 所示，在本章中，我们将实现 AirportService 和 FlightService 类，并完成服务层的编写。通过实现这些类，我们重写，并完成了飞翔荷兰人航空公司服务的服务层。

如果回顾一下我们完成服务层需要实现哪些类，可以看到以下令人骄傲的成就：

（1）CustomerService（第 10 章）。

（2）BookingService（第 10 章和第 11 章）。

（3）AirportService（本章）。

（4）FlightService（本章）。

至此，我们已经完成了一半的服务层类。在本章中，我们将通过编写
AirportService 和 FlightService 类，完成全部服务层。

## 12.1　程序需要 AirportService 类吗？

在前面第 10.2 节中，如果某个服务类永远不会被控制器类调用，那么就不需要实
现这个服务类。您可以通过检查控制器模型的名称并与 OpenAPI 标准作对比，确定是
否需要一个特定的控制器。如果不需要这样的控制器，那么也就不需要与之对应的服
务类。

对于 OpenAPI 标准（图 12-2 所示），需要实现以下 3 个终端地址：

（1）GET/Flight。

（2）GET/Flight/{FlightNumber}。

（3）POST/Booking/{FlightNumber}。

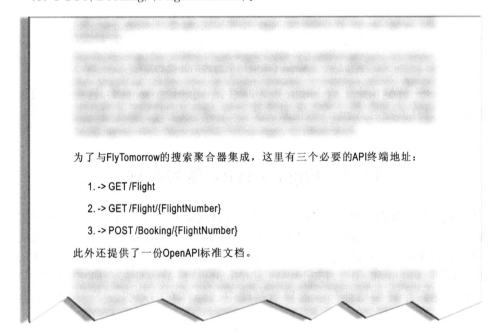

为了与FlyTomorrow的搜索聚合器集成，这里有三个必要的API终端地址：

1. -> GET /Flight

2. -> GET /Flight/{FlightNumber}

3. -> POST /Booking/{FlightNumber}

此外还提供了一份OpenAPI标准文档。

**图 12-2　终端地址**

对于图 12-2 中 FlyTomorrow 的 OpenAPI 标准，我们需要实现 3 个终端地址：两
个 GET 和一个 POST。

对于上述这些终端地址的路径中，是否包含与 Airport 模型相关的控制器？如
图 12-3 所示，我看到两个 Flight 控制器和一个 Booking 控制器，但是没有终端地址需
要的 Airport 控制器。那问题就解决了：不需要实现一个 AirportService 类。

另外,确实有一种使用情况需要保持 AirportRepository 类,如果查看已部署数据库的数据库模式,我们可以看到 Airport 表有以下两个对内的外键约束:

(1) Flight. Origin 到 Airport. AirportID。

(2) Flight. Destination 到 Airport. AirportID。

在第 12.2 节中,我们将深入学习这些外键约束,并实现它们。根据我们在第 11 章的经验,我们需要使用接收表的存储库追踪这些外键约束。

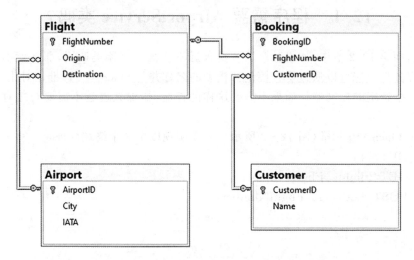

图 12 - 3　Airport 表有两个对内的外键约束

图 12 - 3 中外键约束来自 Flight 表,并取回 Airport. AirportID,这些外键约束可以被用于取回有关特定 Airport 的信息。

## 12. 2　FlightService 类的实现

到目前为止,我们实现了 BookingService,并且决定不为 Airport 和 Customer 实体实现服务类。在本节中,我们将通过实现 FlightService 类完成服务层的编写。与前几节一样,我们先问一下自己:这个类需要实现吗? 我们有两个终端地址需要使用 Flight 控制器,GET/Flight 和 GET/Flight/{FlightNumber}终端地址都会向 Flight 控制器发出请求,这两个终端地址都会返回数据库中已经存在的数据。下面我们先学习 GET/Flight。

### 12. 2. 1　通过 FlightRepository 获取特定航班信息

在本节中,我们将学习如何实现 GET/Flight 终端地址。如 12.1 节所讨论的那样,FlyTomorrow 使用 GET/Flight 终端地址向我们的服务查询所有可用航班。这里,不需要考虑(或验证)任何输入信息,但是有一些外键约束需要跟踪,另外要 Flight 创建一个 View,以便程序能够返回来自 Flight 和 Airport 表的数据组合。

首先,如图 12 - 4 所示,我们需要为 FlightService 和 FlightServiceTests 类创建类骨架。

**图 12 - 4　创建两个骨架类**

如图 12 - 4 所示,如果要实现 FlightRepository,需要首先创建两个骨架类:FlightService 和 FlightServiceTests,这两个类构成了 FlightService 和 FlightServiceTests 实现的基础。

现在,我们的项目中已经具备了所需的类,可以考虑需要用方法做事情了。因为我们的方法 GetFlights 必须返回数据库中每个航班的数据,所以,我们应该使用 FlightRepository 类注入实例。但是,FlightRepository 类中并没有方法能够返回数据库中的所有航班,所以我们需要添加这个方法。

在 FlightRepository 中,可以添加一个名为 GetFlights 的虚拟方法,但不需要使这个方法异步执行,因为我们并不会为要求的信息查询实际数据库。尽管我们希望从数据库的特定表中获取所有数据,但是 Entity Framework Core 在内存中存储了大量的元数据,这使 ORM 出现规模性能问题。如果有一个包含数百万条记录的数据库,那么 Entity Framework Core 仍然会在本地存储大量的数据。另外,这也意味着我们可以通过查询 Entity Framework Core 内部的 DbSet,查看当前数据库中的所有航班。

GetFlights 应当返回一个 Flight 集合,使用哪个集合呢? 因为不需要通过某种键或者序号访问元素,所以不需要使用 Array、Dictionary 或者 List,一个简单的 Queue 就足够了。

如代码示例 12 - 1 所示,队列(queue)是一种"先入先出"(first-in, first-out,FIFO)的数据结构,即第一个进入队列的元素也会第一个出来。在我们的示例中,FIFO 结构有一定优势,因为我们可以确保数据结构和数据库中表示航班的方式存在等价关系。

代码示例 12 - 1:FlightRepository. GetFlights。

```
public virtual Queue<Flight> GetFlights() {
    // ↓创建一个队列存储航班
```

```
Queue<Flight> flights = new Queue<Flight>();
// ↓将每个航班依次添加到队列
foreach (Flight flight in _context.Flight) {
    flights.Enqueue(flight);
}

// ↓返回队列
return flights;
}
```

EF Core foreach 在处理 Entity Framework Core 的 DbSet 集合时，foreach 循环的一个替代实现就是使用 EF Core 的 ForEachAsync 方法：_ context. Flight. ForEachAsync(f => flights. Enqueue(f));。按照对可读性偏好和异步的需求，这可能对您是一个很好的选择。

这就是 FlightRepository. GetFlights 方法的全部内容了，但是需要单元测试支持它。我会教大家编写成功情况的单元测试，但是我想让您自己思考一些可能的失败情况，并为它们编写测试。如果您想要修改 FlightRepository. GetFlights 方法，请大胆尝试！

如果我们查看现有的 FlightRepositoryTest 类的 TestInitialize 方法，可以看到，在每个测试前，只有一个航班被添加到了内存数据库中。如下所示，在理想情况下，我们希望内存数据库中至少有两个航班，以便程序可以对返回的 Queue 中的顺序断言：

```
[TestInitialize]
public async Task TestInitialize() {
    DbContextOptions<FlyingDutchmanAirlinesContext> dbContextOptions =
    ➥ new DbContextOptionsBuilder<FlyingDutchmanAirlinesContext>()
    ➥ .UseInMemoryDatabase("FlyingDutchman").Options;
    _context = new FlyingDutchmanAirlinesContext_Stub(dbContextOptions);

    Flight flight = new Flight {
        FlightNumber = 1,
        Origin = 1,
        Destination = 2
    };

    Flight flight2 = new Flight {
        FlightNumber = 10,
        Origin = 3,
        Destination = 4
    };

    _context.Flight.Add(flight);
```

```
    _context.Flight.Add(flight2);
    await _context.SaveChangesAsync();

    _repository = new FlightRepository(_context);
    Assert.IsNotNull(_repository);
}
```

**yield return 关键字**：如果您打算使用泛型类，而不是具体的集合类型（比如队列、列表或字典），那么可以使用 yield return 关键字，它可使代码更加整洁。

在处理实现了 IEnumerable 接口的集合，程序可以返回 IEnumerable 类型，并且不必在方法内声明一个实际的集合。这听起来可能有些混乱，代码示例 12－2 向大家展示使用此方法的代码是什么样子。

代码示例 12－2：使用 yield return 和 IEnumerable。

```
public virtual IEnumerable<Flight> GetFlights() {
    foreach (Flight flight in _context.Flight) {
        yield return flight;
    }
}
```

代码示例 12－2 中的代码没有显式声明一个存储 Flight 对象的集合。相反，通过使用 yield return 关键字，我们抽象了集合初始化过程（这是一个简单的示例，代码示例 12－2 中的代码简单地返回了现有的 _context.Flight 集合）。编译器后台生成一个实现了 IEnumerable 接口的类，并返回它，这个语法表明我们直接使用了 IEnumerable 接口，但事实上，您使用的是编译器生成的包装类。

有时，大家还会在惰性求值（lazy evaluation）语境下见到 yield return 关键字。惰性求值意味着程序延迟所有的处理/迭代过程，直到它们被使用时才进行计算。与之相反的就是贪婪求值（greedy evaluation），它会提前进行所有处理，并且在它拥有了全部信息之后再让我们迭代结果。通过使用 yield return 关键字，可以提出一个懒惰的逻辑：不对返回的结果进行操作，直到它们被返回时才进行处理。这点将在下面对 IAsyncEnumerable 的讨论内容中进一步解释。

现在，我们可以通过调用 FlightRepository.GetFlights 方法获取数据库中所有航班的队列，组织要返回到控制器的视图了。在默认情况下，Flight 对象有三个属性：FlightNumber、OriginID 和 DestinationID，但是，只返回始发和目的地机场的 ID 是没有什么用的。如果我们查看数据库模式，可以看到，使用外键约束可以获取有关始发和目的地机场的更多信息。

如图 12－5 所示，Flight 表有以下两个对外的外键约束：

（1）Flight.Origin 到 Airport.AirportID。

（2）Flight.Destination 到 Airport.AirportID。

图 12－5 没有展示任何其他的外键约束（入站或出站），我们将使用这些外键约束

图 12 - 5 Flight 表有以下两个对外的外键约束

在第 12.2.2 节中创建一个视图。

如果跟踪这些外键约束，可以根据 AirportID 获得它们的 Airport 信息。AirportRepository 类有 GetAirportByID 方法可以帮助我们获取信息。GetAirportByID 方法接受一个机场 ID，并返回合适机场（如果能够在数据库中找得到），直到 Airport 模型包含一个属性，记录了它的城市名，因此可以将返回始发和目的地城市的名称以及航班编号返回给控制器。将两个数据源的合并，就构成了我们尚未创建的 FlightView 类的基础。

## 12.2.2　数据流视图组合

在前面第 10.1.1 节中，我们讨论了视图，讨论了视图是如何为我们提供一个进入模型的窗口，并且是如何将来自不同数据源的数据组合起来的。在本节中，我们将创建 FlightView 类，并向其中填充来自 Flight 模型和 Airport 模型的数据。

下面可以轻松地创建 FlightView 类，它是一个带有以下 3 个公共属性的公共类：

（1）string 类型的 FlightNumber。

（2）一个包含了 OriginCity（string 类型）和 Code（string 类型）的 Airport 对象。

（3）一个包含了 DestinationCity（string 类型）和 Code（string 类型）的 Airport 对象。

如图 12 - 6 所示，FlightNumber 的数据来自 Flight 模型，而 Airport 对象的数据以及 OriginCity 和 DestinationCity 属性来自 Airport 模型。此信息（包含了数据库中的每个航班）就是在 FlyTomorrow 查询 GET/Flight 终端地址时我们最终返回的数据。FlightView 类将来自 Flight 表的 FlightNumber 与来自 Airport 表的城市和 IATA 代码数据相结合，这使得我们能够向终端用户展示来自多个来源的信息。

为了保持代码组织结构良好，我们为 FlightView 类创建一个名为 Views 的新文件夹，这个文件夹位于 FlyingDutchmanAirlines 项目中。尽管我们并不希望在这个项目中编写大量视图，但这是保持良好组织结构的好习惯。

**结构体：**我们如何处理这个我们希望添加到 FlightView 的 Airport 对象呢？当

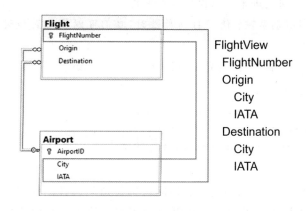

**图 12 - 6 FlightView 将不同代码数据符合**

然,我们可以添加 Airport 实例,并忽略一些字段,但是这对我们的程序负担似乎有些重。这是使用结构体(struct)类型的好机会。很多语言都支持结构体或类,C# 同时支持两者,我们可以将结构体(在 C# 上下文中)视为存储简单信息的轻量级类,倘若您只想要存储少量信息,那么请使用结构体。

如下面代码所示,我们在 FlightView. cs 文件(注意,不是在 FlightView 类中)中添加一个名为 AirportInfo 的结构体。AirportInfo 类型应存储有关目的地 City 和 Code 的信息,这里,可以使用 IATA 取代 Code 反映数据库。但是,由于这是一个视图,如果我们觉得其他名字能够更好地表示数据,那么我们就可以修改字段重新命名。对于不熟悉航空术语的人来说,Code 相比 IATA 更容易理解。

```
public struct AirportInfo {
    public string City { get; set; }
    public string Code { get; set; }
    public AirportInfo((string city, string code) airport) {
        City = airport.city;
        Code = airport.code;
    }
}
```

AirportInfo 构造器接受一个元组,其中包含了 city 和 code 两个字段。使用结构体向结构体添加构造器时,需要为每个属性赋值。在类中,不需要向所有属性赋值,但是这在结构体中并不适用! 如果我们有一个 AirportInfo 构造器,但是只向 City 属性赋了一个值,那么编译器就会报错。通过在结构体中添加构造器,可以确保每个结构体都能够被完整设置,我们可以将这一特性用于防止将来开发人员意外地未按照要求完全初始化一个结构体。

对于 FlightView 类,我们也可以使用私有 setter 确保仅结构体内部的代码可以修改这些属性的值。我们不需要在从数据库取回数据的时候立刻修改结构体的值,无论如何，我们不希望任何人进来尝试设置这些属性。

**访问修饰符和自动属性**：使用自动属性时，我们可以使设置和获取属性具有不同的访问修饰符。

如下所示，我们来看具有分离 get 和 set 系统的 FlightView 类是什么样子的。

```csharp
public class FlightView {
    public string FlightNumber { get; private set; }
    public AirportInfo Origin { get; private set; }
    public AirportInfo Destination { get; private set; }
}
```

在上述情况中，只有可以通过私有访问修饰符访问属性的代码，才能设置新的值，同时，get 仍然是公共的。我们应该在哪里设置这些值呢？在构造器中怎么样？使用私有设置器的另外一种处理方案就是将属性设置为 readonly，因为只能在构造器中设置 readonly 的属性。

我们创建一个私有访问/属性 setter，并接受参数以设置属性的构造器，如下所示：

```csharp
public FlightView(string flightNumber, (string city, string code) origin,
    (string city, string code) destination) {
    FlightNumber = flightNumber;
    Origin = new AirportInfo(origin);
    Destination = new AirportInfo(destination);
}
```

另外，我们还应对传入参数进行一些输入验证，可以使用 String. IsNullOrEmpty 方法查看是否有任何输入参数是一个空指针或空字符串，或者使用 String. IsNullOrWhitespace 检查字符串是否为空或者只包含空白字符。如果是空，我们会将其设置为适当的值，这里仍然使用三元运算符，如下所示：

```csharp
public class FlightView {
    public string FlightNumber { get; private set; }
    public AirportInfo Origin { get; private set; }
    public AirportInfo Destination { get; private set; }

    public FlightView(string flightNumber,
        (string city, string code) origin,
        (string city, string code) destination) {
        FlightNumber = string. IsNullOrEmpty(flightNumber) ?
            "No flight number found" : flightNumber;

        Origin = new AirportInfo(origin);
        Destination = new AirportInfo(destination);
    }
}
```

```
public struct AirportInfo {
    public string City { get; private set; }
    public string Code { get; private set; }
    public AirportInfo ((string city, string code) airport) {
        City = string.IsNullOrEmpty(airport.city) ?
        ➡ "No city found" : airport.city;
        Code = string.IsNullOrEmpty(airport.code) ?
        ➡ "No code found" : airport.code;
    }
}
```

注意：从技术上讲，我们可以使 FlightNumber，Origin，Destination，City，Code 属性只能被"get"，同时移除私有 setter。编译器能够识别我们希望在构造器中（私有地）设置属性的值。但是，我个人喜欢显式声明 private 的 setter。

当然，我们还应该创建一个测试类以及一些用于验证 FlightView 构造器逻辑的单元测试，如图 12-7 所示的新创建的文件。

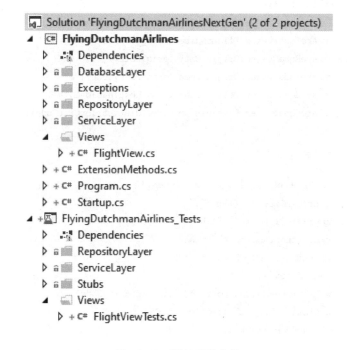

**图 12-7  新创建的文件**

如图 12-7 所示，创建了两个新文件：FlyingDutchmanAirlines/Views 中的 FlightView.cs 以及 FlyingDutchmanAirlines_Tests/Views 中的 FlightViewTests.cs，将类存储在单独的视图文件夹中有助于我们组织代码库。

大家对于测试构造器有一些不同的看法，有人说，测试构造器只是在测试一个新对象的实例化,实际上是在测试一种语言功能。还有人说,测试构造器是有用的,因为大家永远不知道代码会发生什么问题。我赞成后一种说法,当测试一个构造器,恰好有一个测试套件,如以下代码所示:

```csharp
[TestClass]
public class FlightViewTests {
    [TestMethod]
    public void Constructor_FlightView_Success() {
        string flightNumber = "0";
        string originCity = "Amsterdam";
        string originCityCode = "AMS";
        string destinationCity = "Moscow";
        string destinationCityCode = "SVO";

        FlightView view =
        ➥ new FlightView(flightNumber, (originCity, originCityCode),
        ➥ (destinationCity, destinationCityCode));
        Assert.IsNotNull(view);

        Assert.AreEqual(view.FlightNumber, flightNumber);
        Assert.AreEqual(view.Origin.City, originCity);
        Assert.AreEqual(view.Origin.Code, originCityCode);
        Assert.AreEqual(view.Destination.City, destinationCity);
        Assert.AreEqual(view.Destination.Code, destinationCityCode);
    }

    [TestMethod]
    public void Constructor_FlightView_Success_FlightNumber_Null() {
        string originCity = "Athens";
        string originCityCode = "ATH";
        string destinationCity = "Dubai";
        string destinationCityCode = "DXB";
        FlightView view =
        ➥ new FlightView(null, (originCity, originCityCode),
        ➥ (destinationCity, destinationCityCode));
        Assert.IsNotNull(view);

        Assert.AreEqual(view.FlightNumber, "No flight number found");
        Assert.AreEqual(view.Origin.City, originCity);
        Assert.AreEqual(view.Destination.City, destinationCity);
    }

    [TestMethod]
```

```
    public void Constructor_AirportInfo_Success_City_EmptyString() {
        string destinationCity = string.Empty;
        string destinationCityCode = "SYD";

        AirportInfo airportInfo =
        ➥ new AirportInfo((destinationCity, destinationCityCode))
        Assert.IsNotNull(airportInfo);

        Assert.AreEqual(airportInfo.City, "No city found");
        Assert.AreEqual(airportInfo.Code, destinationCityCode);
    }

    [TestMethod]
    public void Constructor_AirportInfo_Success_Code_EmptyString() {
        string destinationCity = "Ushuaia";
        string destinationCityCode = string.Empty;
        AirportInfo airportInfo =
        ➥ new AirportInfo((destinationCity, destinationCityCode))
        Assert.IsNotNull(airportInfo);

        Assert.AreEqual(airportInfo.City, destinationCity);
        Assert.AreEqual(airportInfo.Code, "No code found");
    }
}
```

　　无论 FlightView 类和 AirportInfo 结构体中的代码如何变化,都可通过测试捕获破坏现有功能的更改。此时,我们可以继续将 FlightRepository 中获取的每个航班填充到 FlightView 中。在我们所需的 FlightView 的 5 个组成数据中(航班编号,目的地城市,目的地机场代码,始发地城市和始发机场代码),我们知道了要获取航班编号,只需要调用 FlightRepository.GetFlights 方法。当然,在 FlightService 类中得存在一个 GetFlights 方法。

　　现在,GetFlights 方法返回了一个包装在 IAsyncEnumerable 的 FlightView 实例,前面讨论了 IEnumerable 以及如何使用 yield return 关键词处理它。IAsyncEnumerable 返回类型允许我们返回一个实现了 IEnumerable 接口的异步集合,因为它已经是异步的,所以我们不需要将其包装在 Task 中。

　　如代码示例 12 - 3 所示,我们调用 FlightRepository.GetFlights 方法,并为从数据库中返回的每个航班构造一个 FlightView。另外,我们还需要在 FlightService 类中注入一个 FlightRepository 实例。我将这个任务留给大家来做,如果遇到困难,请参考我们提供的源代码。注意,代码示例 12 - 3 中的代码无法编译,在后面我们会进行解释。

　　代码示例 12 - 3:FlightService.GetFlights 请求数据库中的所有航班。

```
public async Task<IAsyncEnumerable<FlightView>> GetFlights() {
```

```
    // ↓请求数据库中的所有航班
    Queue<Flight> flights = _flightRepository.GetFlights();
    // ↓循环所有返回的航班
    foreach (Flight flight in flights) {
        // ↓为每一个航班创建一个 FlightView 实例
        FlightView view =
        ➥ new FlightView(flight.FlightNumber.ToString(), ,);
    }
}
```

大家看一下代码示例 12 - 3,能否发现这段代码无法编译的原因(除了返回不正确的类型),发现了吗? 由于我们在为每个航班实例化 FlightView 对象时没有提供足够的参数,因此编译器抛出了错误。我们甚至没有为视图提供正确的信息,该视图希望我们传入航班编号、始发地城市和目的地城市的值,而我们只传入了航班编号,却没有传入任何城市信息。在返回的 Flight 对象中,我们拥有的、最接近城市名称的属性就是 originAirportID 和 destinationAirportID。现在,使用它们获得机场的城市名和代码:调用 AirportRepository. GetAirportByID 方法,并获取 Airport. City 属性(我们还需要一个注入的 AirportRepository 实例),如下所示:

```
public async IAsyncEnumerable<FlightView> GetFlights() {
    Queue<Flight> flights = _flightRepository.GetFlights();
    foreach (Flight flight in flights) {
        Airport originAirport =
        ➥ await _airportRepository.GetAirportByID(flight.Origin);
        Airport destinationAirport =
        ➥ await _airportRepository.GetAirportByID(flight.Destination);

        FlightView view =
        ➥ new FlightView(flight.FlightNumber.ToString(),
        ➥ (originAirport.City, originAirport.Code),
        ➥ (destinationAirport.City, destinationAirport.Code));
    }
}
```

上述表明,由于程序返回了一个 IAsyncEnumerable 类型,因此我们可以使用 yield return 关键字将创建的 FlightView 实例自动添加到一个编译器生成列表中,如下所示:

```
public async IAsyncEnumerable<FlightView> GetFlights() {
    Queue<Flight> flights = _flightRepository.GetFlights();
    foreach (Flight flight in flights) {
        Airport originAirport =
        ➥ await _airportRepository.GetAirportByID(flight.Origin);
```

```
        Airport destinationAirport =
        ➥ await _airportRepository.GetAirportByID(flight.Destination);

        yield return new FlightView(flight.FlightNumber.ToString(),
        ➥ (originAirport.City, originAirport.Code),
        ➥ (destinationAirport.City, destinationAirport.Code));
    }
}
```

这里，我们还应在 FlightServiceTests 中添加一个单元测试，验证我们编写的代码是否有效。请记住，在测试服务层方法时，我们不必测试存储层，相反，我们可以使用 Mock 和将 Mock 作为对 FlightService 类的注入依赖。要模拟 AirportRepository 类，请将适当的方法修改为 virtual，并添加一个无参数构造器，如代码示例 12 - 4 所示。我把这个任务留给大家自己练习。

代码示例 12 - 4：单元测试一个返回 IAsyncEnumerable 的方法。

```
[TestMethod]
public async Task GetFlights_Success() {
    // ↓ 设置 FlightRepository.GetAllFlights 的 mock 返回
    Flight flightInDatabase = new Flight {
        FlightNumber = 148,
        Origin = 31,
        Destination = 92
    };

    Queue<Flight> mockReturn = new Queue<Flight>(1);
    mockReturn.Enqueue(flightInDatabase);

    _mockFlightRepository.Setup(repository =>
    ➥ repository.GetFlights()).Returns(mockReturn);

    // ↓ 设置 AirportRepository.GetAirportByID 的 mock 返回
    _mockAirportRepository.Setup(repository =>
    ➥ repository.GetAirportByID(31)).ReturnsAsync(new Airport
    {
        AirportId = 31,
        City = "Mexico City",
        Iata = "MEX"
    });

    _mockAirportRepository.Setup(repository =>
    ➥ repository.GetAirportByID(92)).ReturnsAsync(new Airport
    {
```

```
            AirportId = 92,
            City = "Ulaanbaataar",
            Iata = "UBN"
    });

    // ↓注入 mock 的依赖，并创建一个 FlightService 的新实例
    FlightService service = new FlightService(_mockFlightRepository.Object,
    ➥ _mockAirportRepository.Object);

    // ↓接收我们在 GetFlights 方法中构建的 flightView(本示例中只有一个)
    await foreach (FlightView flightView in service.GetFlights()) {
        // ↓确保我们接收到正确的 flightView 返回
        Assert.IsNotNull(flightView);
        Assert.AreEqual(flightView.FlightNumber, "148");
        Assert.AreEqual(flightView.Origin.City, "Mexico City");
        Assert.AreEqual(flightView.Origin.Code, "MEX");
        Assert.AreEqual(flightView.Destination.City, "Ulaanbaatar");
        Assert.AreEqual(flightView.Destination.Code, "UBN");
    }
}
```

在上述代码示例 12 - 4 中，我们首先了解了如何使用返回的 IAsyncEnumerable 类型，以及了解它为何具有如此出色功能的秘密。IAsyncEnumerable 类型允许我们 await 一个 foreach 循环，并在返回数据进入时及时进行操作，而不是调用 FlightService.GetFlights 方法，然后等待所有数据全部返回再操作。

### 12.2.3   try-catch 代码块与 yield return 使用

在前面第 12.2.2 节中，我们实现了 FlightService.GetFlights 方法。然而，我们还没有处理来自 AirportRepository.GetAirportByID 方法的任何异常。遗憾的是，我们不能简单地添加一个 try-catch 代码块，并将整个方法包装在其中，因为我们不能在这样的代码块中使用 yield return 关键字。一直以来，是否允许在 try-catch 代码块中使用 yield 语句都是 C# 语言社区中的一个讨论话题。由于向 try 代码块(不带 catch)中添加 yield 语句是被允许的，因此为 yield 语句添加 try-catch 代码块支持的唯一障碍就是因垃圾回收困难导致的编译器复杂性问题。目前的解决方案就是将 AirportRepository.GetAirportByID 方法的调用添加到 try-catch 代码块，以便我们能够捕获任何抛出的异常，然后照常对它们进行处理，如下所示：

```
public async IAsyncEnumerable<FlightView> GetFlights() {
    Queue<Flight> flights = _flightRepository.GetFlights();
    foreach (Flight flight in flights) {
        Airport originAirport;
        Airport destinationAirport;
```

```
    try {
        originAirport =
        ➥ await _airportRepository.GetAirportByID(flight.Origin);
        destinationAirport =
        ➥ await _airportRepository.GetAirportByID(flight.Destination);
    } catch (FlightNotFoundException) {
        throw new FlightNotFoundException();
    } catch (Exception) {
        throw new ArgumentException();
    }

    yield return new FlightView(flight.FlightNumber.ToString(),
    ➥ (originAirport.City, originAirport.Code),
    ➥ (destinationAirport.City, destinationAirport.Code));
    }
}
```

**注意**：我们已经看到 IAsyncEnumerable 和 Task 作为返回类型的情况了。从异步方法返回时，IAsyncEnumerable 不需要被包装在一个 Task 中，因为 IAsyncEnumerable 已经是异步的了。使用泛型的 Task 允许程序从一个异步方法返回一个同步类型。

上述代码允许我们捕获来自 AirportRepository.GetAirportByID 方法的任何异常。如果服务类发现存储库方法抛出了一个 FlightNotFoundException 类型的异常，那么它就会抛出一个 FlightNotFoundException 的新实例。如果代码抛出一个不同类型的异常，就会进入第二个 catch 代码块，并抛出一个 ArgumentException，控制器会调用服务层处理此异常。

如代码示例 12 - 5 所示，我们要在服务层中实现的最后一步就是编写一个单元测试，以验证我们刚刚编写的异常处理代码，我们看下面展示的单元测试。

代码示例 12 - 5：测试 FlightService 中的异常。

```
[TestMethod]
// ↓这个测试中执行的逻辑应当抛出一个异常
[ExpectedException(typeof(FlightNotFoundException))]
public async Task GetFlights_Failure_RepositoryException() {
    // ↓从 FlightRepository.GetAllFlights 的 mock 返回值开始(和代码示例 12 - 4 相同)
    Flight flightInDatabase = new Flight {
        FlightNumber = 148,
        Origin = 31,
        Destination = 92
    };

    Queue<Flight> mockReturn = new Queue<Flight>(1);
```

```
mockReturn.Enqueue(flightInDatabase);

_mockFlightRepository.Setup(repository =>
➥ repository.GetFlights()).Returns(mockReturn);

// ↓设置 AirportRepository.GetAirportByID 的 mock 返回值(和代码示例 12-4 相同)
_mockAirportRepository.Setup(repository =>
➥ repository.GetAirportByID(31))
➥ .ThrowsAsync(new FlightNotFoundException());

// ↓创建一个 FlightService 的新实例(和代码示例 12-4 相同)
FlightService service = new FlightService(_mockFlightRepository.Object,
➥ _mockAirportRepository.Object);

// ↓调用 GetFlights 方法,对返回值分配使用丢弃运算符
await foreach (FlightView _ in service.GetFlights()) {
    // ↓空语句
    ;
}
}


[TestMethod]
// ↓这个测试中执行的逻辑应当抛出一个异常
[ExpectedException(typeof(ArgumentException))]
public async Task GetFlights_Failure_RegularException() {
    // ↓从 FlightRepository.GetAllFlights 的 mock 返回值开始(和代码示例 12-4 相同)
    Flight flightInDatabase = new Flight {
        FlightNumber = 148,
        Origin = 31,
        Destination = 92
    };

    Queue<Flight> mockReturn = new Queue<Flight>(1);
    mockReturn.Enqueue(flightInDatabase);

    _mockFlightRepository.Setup(repository =>
➥ repository.GetFlights()).Returns(mockReturn);

    // ↓设置 AirportRepository.GetAirportByID 的 mock 返回值(和代码示例 12-4 相同)
    _mockAirportRepository.Setup(repository =>
➥ repository.GetAirportByID(31))
➥ .ThrowsAsync(new NullReferenceException());
```

```
// ↓创建一个 FlightService 的新实例(和代码示例 12-4 相同)
FlightService service = new FlightService(_mockFlightRepository.Object,
➡ _mockAirportRepository.Object);

// ↓调用 GetFlights 方法,对返回值分配使用丢弃运算符
await foreach (FlightView _ in service.GetFlights()) {
    // ↓空语句
    ;
}
}
```

总体而言,代码示例 12-5 中的代码应当不会对大家造成任何挑战。需要指出的是,使用丢弃运算符告诉其他开发人员不需要使用返回的值。同样地,我们在 foreach 循环中添加了一个空语句,这么做只是能够提供更加可读的代码。通过添加空语句,我们可以准确无误地判断 foreach 循环中没有任何逻辑。

我们可以进一步清理代码:相信大家已经注意到,在两个单元测试中,mock 实例以及航班信息的设置代码是相同的,而这违反了 DRY 原则,因此我们需要重构两个单元测试,并在 TestInitialize 方法中进行该初始化操作,这大大缩短了我们测试方法的代码长度,如下所示:

```
[TestClass]
public class FlightServiceTests {
    private Mock<FlightRepository> _mockFlightRepository;
    private Mock<AirportRepository> _mockAirportRepository;

    [TestInitialize]
    public void Initialize() {
        _mockFlightRepository = new Mock<FlightRepository>();
        _mockAirportRepository = new Mock<AirportRepository>();

        Flight flightInDatabase = new Flight {
            FlightNumber = 148,
            Origin = 31,
            Destination = 92
        };

        Queue<Flight> mockReturn = new Queue<Flight>(1);
        mockReturn.Enqueue(flightInDatabase);

        _mockFlightRepository.Setup(repository =>
        ➡ repository.GetFlights()).Returns(mockReturn);
    }
```

```
[TestMethod]
public async Task GetFlights_Success() {
    _mockAirportRepository.Setup(repository =>
    ➥ repository.GetAirportByID(31)).ReturnsAsync(new Airport
    {
        AirportId = 31,
        City = "Mexico City",
        Iata = "MEX"
    });

    _mockAirportRepository.Setup(repository =>
    ➥ repository.GetAirportByID(92)).ReturnsAsync(new Airport
    {
        AirportId = 92,
        City = "Ulaanbaatar",
        Iata = "UBN"
    });

    FlightService service =
    ➥ new FlightService(_mockFlightRepository.Object,
    ➥ _mockAirportRepository.Object);

    await foreach (FlightView flightView in service.GetFlights()) {
        Assert.IsNotNull(flightView);
        Assert.AreEqual(flightView.FlightNumber, "148");
        Assert.AreEqual(flightView.Origin.City, "Mexico City");
        Assert.AreEqual(flightView.Origin.Code, "MEX");
        Assert.AreEqual(flightView.Destination.City, "Ulaanbaatar");
        Assert.AreEqual(flightView.Destination.Code, "UBN");
    }
}

[TestMethod]
[ExpectedException(typeof(FlightNotFoundException))]
public async Task GetFlights_Failure_RepositoryException() {
    _mockAirportRepository.Setup(repository =>
    ➥ repository.GetAirportByID(31)).ThrowsAsync(new Exception());

    FlightService service =
    ➥ new FlightService(_mockFlightRepository.Object,
    ➥ _mockAirportRepository.Object);

    await foreach (FlightView _ in service.GetFlights()) {
```

```
            ;
        }
    }
}
```

如上述所示,这样 GetFlights 方法的测试就完整了!

### 12.2.4　GetFlightByFlightNumber 的实现

接下来要做的,就是添加一个类似的方法,在给定航班编号时只取回一个特定航班的信息。您现在应该非常熟悉这些模式了,如下面的代码所示:

```
public virtual async Task<FlightView>
  GetFlightByFlightNumber(int flightNumber) {
    try {
        Flight flight = await
          _flightRepository.GetFlightByFlightNumber(flightNumber);
        Airport originAirport = await
          _airportRepository.GetAirportByID(flight.Origin);
        Airport destinationAirport = await
          _airportRepository.GetAirportByID(flight.Destination);

        return new FlightView(flight.FlightNumber.ToString(),
          (originAirport.City, originAirport.Iata),
          (destinationAirport.City, destinationAirport.Iata));
    } catch (FlightNotFoundException) {
        throw new FlightNotFoundException();
    } catch (Exception) {
        throw new ArgumentException();
    }
}
```

我们还应该添加一些单元测试,验证我们能否从数据库取回正确的航班,以及能否处理 FlightNotFoundException 和 Exception 错误路径。为此,我们必须首先添加一个对 TestInitalize 方法的新设置调用,现在我们调用 FlightRepository. GetFlightByFlightNumber 时,mock 不会返回任何数据,我们需要修复这个问题:

```
[TestInitialize]
public void Initialize() {
    …

    _mockFlightRepository.Setup(repository =>
      repository.GetFlights()).Returns(mockReturn);
    _mockFlightRepository.Setup(repository =>
      repository.GetFlightByFlightNumber(148))
```

```
➥ .Returns(Task.FromResult(flightInDatabase));
}
```

由于 mock 的 GetFlightByFlightNumber 返回数据时,我们返回了之前创建的航班实例。因此,我们可以添加如下 GetFlightByFlightNumber_Success 测试案例:

```
[TestMethod]
public async Task GetFlightByFlightNumber_Success() {
    _mockAirportRepository.Setup(repository =>
➥ repository.GetAirportByID(31)).ReturnsAsync(new Airpor
    {
        AirportId = 31,
        City = "Mexico City",
        Iata = "MEX"
    });

    _mockAirportRepository.Setup(repository =>
➥ repository.GetAirportByID(92)).ReturnsAsync(new Airpor
    {
        AirportId = 92,
        City = "Ulaanbaatar",
        Iata = "UBN"
    });

    FlightService service = new FlightService(_mockFlightRepository.Object,
➥ _mockAirportRepository.Object);
    FlightView flightView = await service.GetFlightByFlightNumber(148);

    Assert.IsNotNull(flightView);
    Assert.AreEqual(flightView.FlightNumber, "148");
    Assert.AreEqual(flightView.Origin.City, "Mexico City");
    Assert.AreEqual(flightView.Origin.Code, "MEX");
    Assert.AreEqual(flightView.Destination.City, "Ulaanbaatar");
    Assert.AreEqual(flightView.Destination.Code, "UBN");
}
```

单元测试很简单,我们要复制机场设置的代码,因此我们在内存数据库中添加了一个航班以供使用;然后,调用了 FlightService.GetFlightByFlightNumber 检查我们的服务层逻辑;最后,我们验证了返回数据。现在,您可以从 GetFlights_Success 单元测试看到复制的机场设置代码,但是,这严重违反了 DRY 原则,我们应该重构测试类,并在 TestInitialize 方法中执行这些操作,如下所示:

```
[TestInitialize]
public void Initialize() {
    _mockFlightRepository = new Mock<FlightRepository>();
    _mockAirportRepository = new Mock<AirportRepository>();

    _mockAirportRepository.Setup(repository =>
    ➥ repository.GetAirportByID(31)).ReturnsAsync(new Airpor
    {
        AirportId = 31,
        City = "Mexico City",
        Iata = "MEX"
    });

    _mockAirportRepository.Setup(repository =>
    ➥ repository.GetAirportByID(92)).ReturnsAsync(new Airport
    {
        AirportId = 92,
        City = "Ulaanbaatar",
        Iata = "UBN"
    });

    ...
}
```

上述操作很大程度上缩短了 GetFlights_Success 和 GetFlightByFlightNumber_
Success 单元测试的长度,如下所示:

(～～表示删除～～)

```
[TestMethod]
public async Task GetFlights_Success() {
    ～～_mockAirportRepository.Setup(repository => ～～
    ～～➥ repository.GetAirportByID(31)).ReturnsAsync(new Airport～～
    ～～{～～
    ～～    AirportId = 31,～～
    ～～    City = "Mexico City",～～
    ～～    Iata = "MEX"～～
    ～～});～～

    ～～_mockAirportRepository.Setup(repository =>～～
    ～～➥ repository.GetAirportByID(92)).ReturnsAsync(new Airport～～
    ～～{～～
    ～～    AirportId = 92,～～
    ～～    City = "Ulaanbaatar",～～
    ～～    Iata = "UBN"～～
```

```
～～});～～

    FlightService service = new FlightService(_mockFlightRepository.Object,
➥ _mockAirportRepository.Object);

    await foreach (FlightView flightView in service.GetFlights()) {
        Assert.IsNotNull(flightView);
        Assert.AreEqual(flightView.FlightNumber, "148");
        Assert.AreEqual(flightView.Origin.City, "Mexico City");
        Assert.AreEqual(flightView.Origin.Code, "MEX");
        Assert.AreEqual(flightView.Destination.City, "Ulaanbaatar");
        Assert.AreEqual(flightView.Destination.Code, "UBN");
    }
}


[TestMethod]
public async Task GetFlightByFlightNumber_Success() {
    ～～_mockAirportRepository.Setup(repository =>～～
    ～～➥ repository.GetAirportByID(31)).ReturnsAsync(new Airport～～
    ～～{～～
    ·～·    AirportId = 31,～～
    ～～    City = "Mexico City",～～
    ～～    Iata = "MEX"～～
    ～～});～～

    ～～_mockAirportRepository.Setup(repository =>～～
    ～～➥ repository.GetAirportByID(92)).ReturnsAsync(new Airport～～
    ～～{～～
    ～～    AirportId = 92,～～
    ～～    City = "Ulaanbaatar",～～
    ～～    Iata = "UBN"～～
    ～～});～～

    FlightService service = new FlightService(_mockFlightRepository.Object,
➥ _mockAirportRepository.Object);
    FlightView flightView = await service.GetFlightByFlightNumber(148);

    Assert.IsNotNull(flightView);
    Assert.AreEqual(flightView.FlightNumber, "148");
    Assert.AreEqual(flightView.Origin.City, "Mexico City");
    Assert.AreEqual(flightView.Origin.Code, "MEX");
    Assert.AreEqual(flightView.Destination.City, "Ulaanbaatar");
    Assert.AreEqual(flightView.Destination.Code, "UBN");
```

```
}
```

上述的单元测试都可以通过,且我们没有破坏任何功能。接着,为 GetFlightBy-FlightNumber 方法添加失败情况的测试,然后就可以调用这个方法。

如下所示,我们希望从服务层抛出 FlightNotFoundException 类型异常的失败路径开始:

```
[TestMethod]
[ExpectedException(typeof(FlightNotFoundException))]
public async Task
➡ GetFlightByFlightNumber_Failure_RepositoryException
➡ _FlightNotFoundException() {
    _mockFlightRepository.Setup(repository =>
    ➡ repository.GetFlightByFlightNumber(-1)
    ➡ .Throws(new FlightNotFoundException());
    FlightService service = new FlightService(_mockFlightRepository.Object,
    ➡ _mockAirportRepository.Object);

    await service.GetFlightByFlightNumber(-1);
}
```

在 GetFlightByFlightNumber_Failure_RepositoryException_Exception 单元测试中,我们再次看到了熟悉的 ExpectedException 方法特性。现在我们很清楚它的用途,并在下一个(也是最后一个)异常路径中接着使用它,存储库抛出一个除了 FlightNot-FoundException 意外类型的异常。此时 FlightService.GetFlightByFlightNumber 方法会捕获抛出的异常,并抛出一个新的 ArgumentException,我们看下面实际的代码:

```
[TestMethod]
[ExpectedException(typeof(ArgumentException))]
public async Task
➡ GetFlightByFlightNumber_Failure_RepositoryException_Exception() {
    _mockFlightRepository.Setup(repository =>
    ➡ repository.GetFlightByFlightNumber(-1)
    ➡ .Throws(new OverflowException());
    FlightService service = new FlightService(_mockFlightRepository.Object,
    ➡ _mockAirportRepository.Object);

    await service.GetFlightByFlightNumber(-1);
}
```

由上述可知,使用 Mock 进行 GetFlightByFlightNumber_Failure_-Repository-Exception_Exception 单元测试,在我们调用 FlightRepository.GetFlightBy-FlightNumber,并传入一个 -1 的输入参数时抛出一个 OverflowException 类型的异常。在这里,我们可以使用任何异常类,他们都可以派生自基础的 Exception 类,这正

是方法中 catch 块所寻找的异常,这也是测试没有具体声明异常类型名称的原因。当我们测试(除了一个特定类型以外的)其他类型 Exception 被抛出时所发生的逻辑,由于 Exception 是所有异常的基类,因此我们可以通过这种方法对其进行测试。

## 上溢出和下溢出(checked 和 unchecked 模式)

如果将 2 147 483 647 和 1 加在一起会得多少? 会得到一个负数。同样的,将—2 147 483 647 减去 1,会得到多少呢? 一个正数。这就是我们称之为上溢出和下溢出的情况。当超过基本类型的最大值或低于基本类型的最小值时,就会得到一个"绕回来"的值,为什么会这样? 我们应该如何防范这种情况?

当类型中没有足够的二进制位可以表示您请求的值时,该类型会绕一圈,并翻转(如果它是一个无符号整数),这就是上溢出和下溢出(取决于上下文)。例如,一个整数是四字节数据类型,这意味着我们有 32 个比特位可以使用(一个字节包含 8 个比特位,8×4=32)。因此,如果我们声明一个变量,将 32 个比特位(如果是有符号整数,则是 31 个比特位)设置为"1",我们就得到了 32 位(或 4 字节)类型所能表示的最大值(在 C#中,我们可以直接在我们的代码中使用十进制、十六进制或二进制表示;这里使用了二进制),如下所示:

```
int maxVal = 0b11111111_11111111_11111111_1111111;
int oneVal = 0b00000000_00000000_00000000_0000001;
int overflow = maxVal + oneVal;
```

在 C#中,直接使用二进制表示时,必须为您的值添加一个 0b 或 0B 的前缀(十六进制前缀为 0x 或 0X)。大家可以选择在代码片段的二进制表示中加下划线,以增强可读性,添加了这些值前缀,以便编译器能够顺畅处理这些值。在此代码片段中,在最大值 2 147 483 647 的基础上再加 1,溢出的变量变成了多少呢? 它变成了—2 147 483 648。如果我们再对这个数减 1,就会再次得到一个正数值:2 147 483 647 通常,当正在处理超出特定类型容量的值时,您可能会使用一个不同的类型。比如,您会使用 long 替代整数,或使用 BigInteger 取代 long。但是,如果只能使用一种特定类型,那么上溢出和下溢出就有可能成为现实中出现的情况,这该怎么办呢?

BigInteger 是一种不可变的非基本"类型",它会随着您的数据增长,并且最大值仅由您的内存上限决定。BigInteger 在使用时很像是一个整数,但是它实际上是一个设计巧妙的结构体,Java 开发人员必须非常熟悉 BigInteger。

C#为我们提供了 checked 关键字和编译模式,可以在一定程度上防止意外上溢出和下溢出。在默认情况下,C#以 unchecked 模式编译,这意味着 CLR 不会对计算产生的上溢出和下溢出抛出任何异常,这在大多数情况下并没有问题,因为程序会专门检查其溢出的可能性,而且很多程序并不会经常发生溢出的情况。但是,如果我们使用了 checked 模式,CLR 就会在其检测到上溢出或下溢出时抛出一个异常。如要使用 checked 模式,我们可以通过向构建参数中添加—checked 编译器选项,原位编译整个代码库。此外,我们还可以使用 checked 关键字进行操作。

如果要让 CLR 在特定代码遇到上溢出或下溢出时抛出一个异常,可以将代码包装在一个 checked 代码块中,如下所示:

```
checked {
    int maxVal = 0b_11111111_11111111_11111111_1111111;
    int oneVal = 0b_00000000_00000000_00000000_0000001;
    int overflow = maxVal + oneVal;
}
```

当我们将 maxVal 和 oneVal 相加时,CLR 就会抛出一个 OverflowException 异常,类似地,如果在 checked 模式下编译整个代码库,也可以使用 unchecked 代码块,但在这个块的范围内不要抛出任何 OverflowExceptions 异常。

上述这就是服务层类的全部内容,希望大家学到了一些有价值的东西。我们在第 13 章中,将学习如何实现控制器层以及集成测试。

## 12.3　练　习

练习 12-1

判断题:对于终端地址 GET/Band/Song,需要实现 BandService 类。

练习 12-2

判断题:对于终端地址 POST/Inventory/SKU,需要实现 SKUService 类。

练习 12-3

以下哪个选项最能描述与 Queue 数据结构的交互?

(1) First-in, last-out (FILO)

(2) First-in, first-out (FIFO)

(3) Last-in, first-out (LIFO)

d. Last-in, last-out (LILO)

练习 12-4

如果在一个带有 IEnumerable 返回类型的方法中,嵌入了一个使用了 yield return 关键字的 foreach 循环,我们应当期望从该方法中取回什么样的值?

(1) 一个实现了 IEnumerable 接口的集合,包含了来自 foreach 循环的所有数据。

(2) 一个实现了 IEnumerable 接口的集合,仅包含了要在 foreach 循环中处理的第一个数据。

(3) 一个没有实现 IEnumerable 接口的集合,返回了一个对原始集合的引用。

练习 12-5

假设有一个名为 Food 的类,包含了一个布尔属性 IsFruit。这个属性有一个公共(public)的 getter 以及一个受保护(protected)的 setter。那么从 Food 类派生的 Dragonfruit 能否设置 IsFruit 的值?

练习 12 - 6

下面这个的值是什么？

string. IsNullOrEmpty(string. empty);

练习 12 - 7

下面这个的值是什么？

string. IsNullOrWhitespace(" ");

练习 12 - 8

判断题：如果向一个结构体添加了一个构造器，只能设置一个属性，其他的属性无法设置。

# 12.4　总　结

（1）如要确定是否需要实现一个特定服务，可以查看所需的 API 终端地址。如果不需要特定模型的控制器，那么也就不需要为该模型准备一个服务，这可以避免我们实现不必要的代码。

（2）Queue 是一种"先入先出"(first-in，first-out，FIFO)的数据结构。队列在我们想要保存顺序时非常有用，队列中排在第一位的也是第一个被处理的，或者可以说，"早起的鸟儿有虫吃"。

（3）如果我们正在遍历一些数据，我们可以使用 yield return 关键字异步返回一个 IEnumerable 实现，这可以使我们的代码更加可读和简洁。

（4）结构体可以被认为是"轻量级"的类。我们可经常使用它们存储少量信息，并且通常不会在结构体中对数据进行任何处理。结构体是向同行开发人员表明这段代码充当数据存储位置的好方法。

（5）在为结构体添加构造器时，编译器会要求我们为结构体中的每个属性赋值，这是为了防止结构体被部分初始化，并且可以避免出现开发人员忘记设置值的问题。

（6）我们可以为自动属性中的 getter 和 setter 设置不同访问修饰符。这允许某个属性可以被公开访问，但是(setter 被设置为 private 的情况下)只能在其各自的类中进行设置。访问修饰符的任何组合都是被允许的，因为封装通常是我们的目标，通过使用这些访问修饰符，可以更好地控制封装之后的代码。

（7）我们只能在声明或构造器中为 readonly 的属性赋值。由于我们只能为 readonly 的属性赋值一次，并且声明一个字段意味着编译器会自动为其在内存中分配一个默认值，因此需要尽早设置这些属性。readonly 字段可以有效减少其他人对我们代码中数据进行操作。

（8）通过和 yield return 关键字一同使用 IAsyncEnumerable，可以创建能够异步等待数据，并且在接收到数据的同时进行代码处理，这在处理外部交互(比如数据库查询)时非常有用。

（9）当我们试图表示一个超出特定类型能够访问的比特位数的数据时，就会出现上溢出和下溢出。当这种情况发生时，您的变量值会突然变得不正确，有可能会产生意想不到的副作用。

（10）在默认情况下，C#代码以 unchecked 模式编译。这意味着 CLR 在出现上溢出或下溢出时，不会抛出一个 OverflowException，相反，checked 模式就意味着 CLR 会抛出这样一个异常。

（11）我们可以使用 checked 和 unchecked 代码块更改每个代码块的编译模式，这在我们想要控制 Exception 抛出情况时非常有用。

（12）在 C# 中，我们可以使用十进制、十六进制或二进制表示整数值。在使用十六进制时，需要值添加 0x 或 0X 前缀。在使用二进制表示时，需要添加 0b 或 0B 前缀。这些不同的表示便于我们选择最有利于代码可读性的模式。

# 第6部分  控制器层

在第 5 部分中，我们创建了服务层的类，这些类是存储库和控制器架构层之间的连接体。我们还查看了运行时类型检查以及 IAsyncEnumerable 的使用方法。在这部分中，我们将介绍如何实现控制器层的类，并完成飞翔荷兰人航空公司服务的重写，另外，本章还将介绍 ASP. NET 中间件，自定义模型绑定以及 JSON 序列化/反序列化等内容。

# 第 13 章　中间件、HTTP 路由以及其响应

本章包含以下内容：

(1) 将 HTTP 请求路由至控制器和终端地址。

(2) 声明带有 HttpAttribute 方法特性的 HTTP 路由。

(3) 使用中间件注入依赖。

(4) 使用 IActionResult 接口返回 HTTP 响应。

在之前的章节中，我们学习了实现数据库访问层、存储层和服务层。所要求的服务大部分已经实现，只是现在还不能提供给 FlyTomorrow(我们的客户端)使用。如果要使用我们的服务进行交互，需要提供能够接受 HTTP 请求，并启动必要处理的控制器。

在本章 13.1 节，会讨论存储/服务架构中控制器的功能定位；之后，在第 13.2 节中，将确定需要实现哪些控制器；之后，将学习实现 FlightController(第 13.3 节)，并探索如何将 HTTP 请求路由至我们的终端地址(第 13.4 节)。

图 13-1 展示了本章在全书结构中的位置。

在下一章中，我们将完成编写我们的控制器，并使用 Swagger 深入进行验收测试，以证明我们的工作圆满完成。

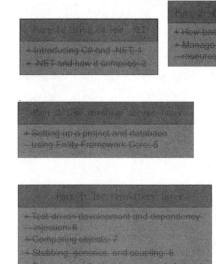
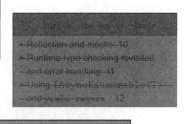

**图 13-1　进度图**

# 13.1 存储/服务模式中的控制器类

在第 5.2.4 节中,我们介绍了存储/服务模式,在整本书中都采用了这个模式来实现新的飞翔荷兰人航空公司服务。我们使用的是存储/服务模式,而不是控制器/服务/存储模式,但是在控制器层,控制器如何嵌入这个模式?控制器层又会被嵌入到存储/服务模式的哪里呢?

快速回答:控制器通常是存储/服务模式中面向外部的顶层,控制器通常是服务的最顶层,因为它通常是唯一在客户端展现的地方。如图 13 - 2 所示,其外部系统包括 FlyTomorrow 网站、请求信息以进一步处理的微服务,或者加在数据库信息中的桌面应用程序,代码库之外的任何消费者都是外部系统。这里附加说明:假定我们生活在一个这样的世界,在这个世界,我们的服务器充当一个"服务员",为所有调用我们服务工作的外界提供服务,如果需要调用任何外部的 HTTP 服务作为该服务工作的系统,可能最终都会在服务层或存储层中执行此操作。

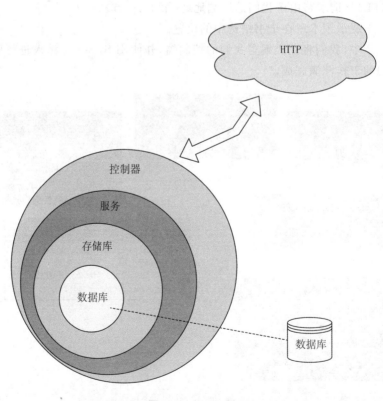

图 13 - 2　控制器

如图 13-2 所示,控制器是我们架构的最外层,并且与任何潜在的外部系统交互(如果服务作为服务器)。了解此模型原理后,我们就可以轻松地构建存储库、服务以及控制器模型。

至此,我们已经实现了服务的内层。但是,如果现在 FlyTomorrow 发送获取数据库中所有航班信息的请求,我们仍无法接受该请求。如果没有完全实现控制器,那么就没有人能够使用我们的服务。大家可以编写最整洁、效率最高、且足够安全的服务,但是如果没有人使用您的产品,那么就表示它还不够好。

如图 13-3 所示,控制器会保留一些我们称之为终端地址(endpoint)的方法,这些方法可以接受 HTTP 请求,并返回 HTTP 响应。一个 HTTP 请求通常包括以下 3 个部分:

(1) 一个 HTTP 状态码,比如 200(OK)、404(Not Found)、500(Internal Server Error),控制器在处理请求后根据服务状态决定这个状态码。

(2) 消息头(Headers),这是一个键值对的集合,通常包含了返回数据的类型,以及是否存在任意跨域资源共享(cross-origin resource sharing,CORS)的说明。除了需要传递特别的消息头,正常情况下,ASP.NET 通常都能够自动处理这个步骤。

(3) 主体(body),在适当的情况下,可以将数据返回给用户。通常数据会以 JSON 值的形式返回,并伴随着一个 200(OK)状态码。某些 HTTP 状态码不允许返回数据(比如 201 状态码,它代表"no content"无内容),这部分数据在"body"部分返回。

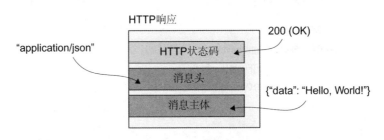

**图 13-3　HTTP 响应**

如图 13-3 所示,HTTP 响应通常包含 HTTP 状态码、消息头和主体,我们可以使用这些字段将适当的信息返回给调用者。

有关 HTTP 和网络服务交互的更多信息,请参阅 Barry Pollard 的 *HTTP/2 in Action*(Manning,2019 年)。如果想要学习更多有关开发与多个服务互相交互、彼此作为外部服务的体系结构的相关内容,可以阅读 Chris Richardson 的 *Microservices Patterns*(Manning,2018 年),Sam Newman 的 *Building Microservices*:*Designing Fine Grained Systems*(O′ReillyMedia,2015 年),或者 Christian Harsdal Gammelgaard 的 *Microservices in .NET Core* 第 2 版(Manning,2020 年)。

## 13.2  决定要实现的控制器类别

在实现服务层类的时候,我们讨论了如何确定某个服务层类是否必要。由于我们需要搞清楚是否需要一个调用特定服务层的控制器,因此,再次重复这个过程,快速找出我们需要实现哪些控制器。

如图 13-4 所示,再次查看 FlyTomorrow 和飞翔荷兰人航空公司合同中定下的终端地址标准(第一次介绍是在第 3.1 节和 3.2 节):

(1) GET/Flight。

(2) GET/Flight/{FlightNumber}。

(3) POST/Booking/{FlightNumber}。

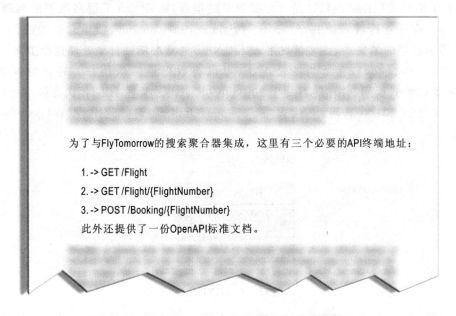

为了与FlyTomorrow的搜索聚合器集成,这里有三个必要的API终端地址:

1. -> GET /Flight

2. -> GET /Flight/{FlightNumber}

3. -> POST /Booking/{FlightNumber}

此外还提供了一份OpenAPI标准文档。

**图 13-4  与 FlyTomorrow 的合同中所要求的终端地址**

我们需要实现控制器反映图 13-4 中的这些终端地址。图 13-4 中的这些终端地址构成了我们工作的基础。在数据库访问、存储和服务层中,不必考虑太多实际的终端地址,但是当我们开始讨论控制器时,就需考虑了。

如要确定需要实现哪些控制器,我们在要求的终端地址中看到了哪些实体? 实体指的是数据库实体(由模型类反映到数据库中),如图 13-5 所示看到这些终端地址,您能想到什么? 对于图 13-5 中的地址,我们可以通过查看实体要求,决定我们需要实现哪些控制器。

例如,如果我们查看第一个终端地址(GET/Flight),会看到 Flight 实体存在于路

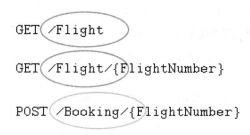

**图 13 - 5　确定潜在控制器所需的终端地址**

径中,这是明确的信号,说明应该实现 FlightController 类,类似地,当查看 GET/Flight/{FlightNumber}终端地址,说明还需要一个 FlightController 类,对于 POST/Booking/{FlightNumber}终端地址,它展示了对 BookingController 的需求,在下一章中,我们将完整实现 BookingController。

对于 Airport 和 Customer 实体的控制器,由于没有终端地址需要前往 Airport 和 Customer 的控制器,因此我们并不需要它们。

## 13.3　FlightController 的实现

在第 13.1 节中,我们讨论了架构中的控制器层,在 13.2 节中,我们利用现有的知识,介绍了需要实现哪些控制器,而在本节中,我们将学习实际实现一个控制器。控制器层的类如何实现呢? 按照惯例:首先要创建两个类骨架:FlightController 和 FlightControllerTests 类,如图 13 - 6 所示。

**图 13 - 6　创建两个骨架类**

如图 13 – 6 所示,我们添加了两个骨架类:FlightController 和 FlightController Tests,这两个类构成了我们实现 FlightController 的基础。

在创建了骨架类之后,FlightController 需要派生自 Controller 类,之后才能讨论如何创建可以被外部系统访问的控制器方法。如下面一段代码所示,这个基类提供了可以用于向用户返回 HTTP 数据以及允许路由终端地址的标准方法:

```
public class FlightController : Controller
```

现在,我们需要实现以下 3 个部分,以便在运行时外部系统能够访问我们的终端地址:

(1) IActionResult 接口(第 13.3.1 节)。

(2) 中间件的依赖注入(第 13.3.2 节)。

(3) 路由终端地址(第 13.4 节)。

在本章结束前,我们还要学习一下实现 FlightController 及其配套的单元测试,并通过外部系统模拟(比如 Postman 或 cURL)访问终端地址。

### 13.3.1　HTTP 响应(GetFlights)的返回

在第 13.2 节中,我们学习了典型 HTTP 响应的组成。大多数情况下,HTTP 响应包含 HTTP 状态码、消息头和包含一些数据的主体。我们如何从方法中返回类似的对象,且没有原生数据类型能够保存这些信息?可以使用 C# 中的 object 基类进行处理,但处理起来有些棘手,因为它不是 HTTP 传输可接受的形式。

比较合适的返回解决方案就是使用 ASP.NET 的 IActionResult 接口,IActionResult 接口可以被一些类,比如 ActionResult 类和 ContentResult 类实现。但是在实际使用 ASP.NET 时,可以不指定具体使用的类,这是多态的另一个示例,我们称之为"对接口编程"。

---

**对接口编程**

在本书第 8.4 节中,我们讨论了有关使用多态和 Liskov 替换原则的内容,我们可以编写通用代码,而不是局限为一个标准实现,为了让大家更加深入理解这一点,我们可以举个示例。

设想一下,您在 2005 年左右为图书出版商编写服务系统,此时电子书正广泛流行,但是您编写的代码并没有考虑到这方面。因此,您的代码与 Book 类紧密耦合。在下面的代码示例中,作者完成了书籍的编写,然后我们想将其送给出版商*:

```
public void BookToPrinter(Book book) {
    if (book.IsApproved()) {
     BookPrinter printer =
     ➥ ExternalCompanyManager.SelectPrintingCompany(book);
```

---

\*　在编写这一节时,这个欢乐的时刻似乎还离这本书相当远。

```
    printer.Print();
    }
}
```

上述这段代码仅在处理普通纸质书籍时效果很好,但是如果想要"打印"一个电子书,该方法不接受一个 EBook 类型作为输入参数。如果我们编写 BookToPrinter 方法时,不使用固定的类型,采用了一个接口作为参数类型,那么我们的工作会简单许多,比如:

```
public void BookToPrinter(IWork book) {
    if (book.IsApproved()) {
    BookPrinter printer =
➤ ExternalCompanyManager.SelectPrintingCompany(book);
    printer.Print();
    }
}
```

此时,不能打印电子书,我们考虑生成书籍的实际"印刷"方式,如下所示:

```
public void ProduceWork(IWork work) {
    if (work.IsApproved()) {
     work.Produce();
    }
}
```

按照上述操作,我们就将实现细节抽象到 IWork 接口的派生类中,因为 ProduceWork 方法"不关心"书籍的媒体是纸质还是电子书。用实现逻辑改变实际对象内的状态是面向对象设计的一个重要原则,它能够使代码更具可读性和可维护性。有关这种观点与开/闭原则紧密联系的更多优秀讨论,请参阅 Robert C. Martin and Micah Martin 的 *Agile Principles*,*Patterns*,*and Practices in C#* (Prentice Hall,2006 年)。

接下来,首先从 GET/Flight 终端地址入手。我们知道程序的返回类型 (IActionResult),但是访问修饰符、名称和参数应该是什么呢? 由 ASP.NET 使用为反射方式使用该方法,因此访问修饰符应当为 public。对于名称,推荐命名终端地址方法的方式就是将 HTTP 操作(本例中为 GET)与实体(这里是 Flight)连接在一起,且在必要时把 GetFlight 改为复数形式:GetFlights。最后一步是输入参数了,但这里不需要输入参数。在 HTTP 规范中,GET 操作不允许传入任何数据给特定方法,因此这部分代码会看起来简单一些,如下面一段代码所示。

```
public IActionResult GetFlights() { … }
```

如要返回一些 JSON 数据,需要做什么呢? 正如我们在第 13.1 节提到的,在大多数情况下,不需要指定任何消息头信息,只需要实现状态码和主体数据就可以了。ASP. NET 库为我们提供了一个简单易用的 StatusCode 静态类,我们可以将其作为 IActionResult 进行返回和使用。这个类位于 Controller 基类,而我们的 FlightController 类正是从这个类派生出来的。乍一看(从它的名字来判断),您可能会认为 StatusCode 只允许返回一个状态码,不能带有任何主体,但是错了。为了说明这一点,从 GetFlights 方法返回一个 200(OK)的 HTTP 状态码,以及一个字符串 "Hello, World!",如下所示:

```
public IActionResult GetFlights() {
    return StatusCode(200, "Hello, World!");
}
```

上述代码通过编译,并返回了我们想要看到的内容。这里提示一下,与其使用魔法 (硬编码)数字 200 作为状态码,我更推荐使用 HttpStatusCode 枚举将它的值强制转换为一个整数。这虽然会使代码稍微长一点,但是它移除了魔法数字,如下面的示例所示。有关魔法数字及其更多信息,请翻看第 9.6.1 节。

```
public IActionResult GetFlights() {
    return StatusCode((int) HttpStatusCode.OK, "Hello, World!");
}
```

至此,我们已经实现了能够支持这个用途的服务层方法,并创建了 FlightView 类。遗憾的是,这段代码并不能满足我们的要求,我们需要从这个终端地址方法返回数据库中所有航班信息的集合。在 FlightController. GetFlights 方法中,我们希望调用服务层方法,并返回所需集合以及一个状态码 200(OK),如果出现问题,服务层将抛出一个 Exception,我们希望返回一个状态码 500(Internal Server Error),并且不返回任何主体数据。

在继续学习之前,我们添加一个单元测试,如代码示例 13-1 所示,它将验证我们的期望返回。

代码示例 13-1:第二版 GetFlights_Success 单元测试。

```
[TestMethod]
public void GetFlights_Success() {
    // ↓ 实例化一个 FlightController 实例
    FlightController controller = new FlightController();
    ObjectResult response =
    ➡ controller.GetFlights() as ObjectResult;
    // ↑ 模拟一个对 /Flight 的 HTTP GET 调用,并且将返回值捕获到 ObjectResult 中

    // ↓ 确保 HTTP 响应不为 null
    Assert.IsNotNull(response);
```

```
    // ↓ 验证 HTTP 响应是否具有 200 状态码
    Assert.AreEqual((int) HttpStatusCode.OK, response.StatusCode);
    // ↓ 验证 HTTP 响应中是否存在期望的主体
    Assert.AreEqual("Hello, World!", response.Value);
}
```

上述代码中,由于 FlightController. GetFlights 方法返回了一个 IActionResult 类型,并且不能直接通过接口访问状态码和主体的值,于是我们将响应转换为 ObjectResult 方法。ObjectResult 类实现了 IActionResult 接口,因此我们可以将返回值向下转型(downcast)到派生类中。当使用向下转型时,可以使用两个类之间的多态关系,并且将父类作为派生类,这与 Liskov 替换原则是相反的。

如要调整 GetFlights 方法中的逻辑,以便可以使用 FlightService 类获取数据库中所有航班的信息,我们需要访问一个 FlightService 实例,我们将再次使用依赖注入。

### 13.3.2 使用中间件将依赖项注入控制器

在前几章中,我们使用了依赖注入避免在各个类中实例化依赖。对于存储层,我们使用了依赖注入避免实例化 FlyingDutchmanAirlinesContext 类型的新实例,与此类似,在服务层中,我们注入了存储层类的实例,在本章实现的控制器中,我们还需要使用一个 FlightService 的注入实例。

但是这些上述的实例从哪里得来呢?此时,我们必须实际创建这些依赖实例,我们可以通过向所谓的中间件(middleware)添加逻辑实现。中间件是可以帮助处理 HTTP 请求的任何代码,可以将中间件看作是一堆独立中间片段的集合,它们在一个链条中相互串联,如图 13-7 所示。

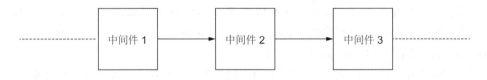

图 13-7  多个中间件集合

如图 13-7 所示,多个中间组件示例,这些中间组件会被线性执行,并且通常被串联在一起,以创建所需的处理过程。

在 HTTP 请求进入控制器(并沿着架构层向下处理)前,CLR 将执行我们提供的所有中间件,如图 13-8 所示。其中中间件的示例中包含路由(我们将在第 13.4 节中了解更多),身份验证(authentication)以及依赖注入。

如图 13-8 所示,中间件在接收到 HTTP 请求之后,在执行控制器(以及随后的服务和存储库)代码之前执行。

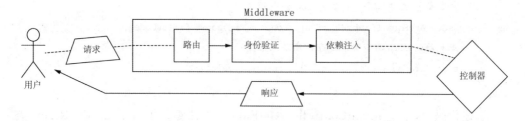

图 13 - 8　中间件被执行

通常,对于 ASP. NET 服务中,我们可以在 Startup 类中找到中间件代码。在本书第 5.2 节(以及代码示例 13 - 2)中,我们向 Startup 类添加了允许使用控制器和路由终端地址的代码,这些都是中间件代码的示例。

代码示例 13 - 2:Startup 类。

```
class Startup {
    public void Configure(IApplicationBuilder app,
    ➡ IWebHostEnvironment env) {
        app.UseRouting();
        app.UseEndpoints(endpoints => endpoints.MapControllers());
    }

    public void ConfigureServices(IServiceCollection services) {
        services.AddControllers();
    }
}
```

**注意**:在 C# 中,通过编写中间件进行依赖注入并不是实现依赖注入的唯一方式,还有很多的 C# 第三方(开源)依赖注入框架可以使用,比如 Autofac, Castle Windsor,以及 Ninject。有关这些外部框架的更多信息,请参阅 Mark Seemann 的 *Dependency Injection in . NET*(Manning, 2011 年)。

在 ConfigureServices 方法中,我们可以通过以下 3 种方式添加要注入的依赖:

(1) 单例模式(Singleton),一个实例贯穿服务的整个生命周期。

(2) 范围模式(Scoped),一个实例贯穿请求的生命周期。

(3) 瞬态模式(Transient),每次使用依赖时都注入一个新实例。

### 1. 使用单例依赖,确保每次都是同一个实例

使用单例模式选项添加注入依赖,模拟了单例设计模式。在单例设计模式中,每个应用程序只有一个实例,在您的程序运行期间,CLR 将重复使用这个实例,这个实例可能从一个空指针开始,但是在首次使用时,代码会初始化这个实例。

当我们使用单例进行依赖注入时,无论它是何时或者何地被注入,注入的实例总是相同的。比如,我们想要添加一个 BookingRepository 类型的注入单例,我们将在每次

请求通过服务时使用同一个实例[*]。

## 2. 使用范围依赖，确保每个请求内使用同一实例

当使用范围依赖时，每个 HTTP 请求都会实例化各自版本需要注入的依赖。ASP. NET 将在整个请求生命周期中使用这个实例，但是对于进入服务的每一个请求，它都将实例化一个新实例。

比如，我们想要实例化一个 FlightRepository 实例，并且我们将其注入到两个服务层类中，那么只要我们在处理同一个 HTTP 请求，这两个服务层类就会收到（并且操作）同一个 FlightRepository 实例。

## 3. 使用瞬态依赖，总是获取新实例

在依赖注入方面，瞬态依赖可能是处理依赖注入的最常见方式。当我们添加一个瞬态依赖后，每次依赖需要被注入时，ASP. NET 都会实例化一个新实例，这确保了程序总是工作在注入类的新副本上。

由于瞬态依赖是最常见的，也是使用最方便的依赖注入类型，因此在本书中我们将使用瞬态依赖。如要向 Startup 类的 ConfigureServices 方法中添加一个瞬态依赖，我们可以使用 services. dependencyType 语法。

下面看一下如何使用这个语法为 FlightController 类添加 FlightService 依赖：

```
public void ConfigureServices(IServiceCollection services) {
    services.AddControllers();
    services.AddTransient(typeof(FlightService), typeof(FlightService));
}
```

当使用 FlightService 类型作为 AddTransient 调用的两个参数，请求注入一个 FlightService 时，我们都希望有一个 FlightService 类型被添加到内部实例列表，这正是我们必须要做的。因为这样做才能确保 CLR 可以在我们需要的时候提供注入实例。当然，还可以添加 FlightService 类所需的 FlightRepository 和 AirportRepository 依赖，如下所示：

```
public void ConfigureServices(IServiceCollection services) {
    services.AddControllers();
    services.AddTransient(typeof(FlightService), typeof(FlightService));
    services.AddTransient(typeof(FlightRepository),
    ➥ typeof(FlightRepository));
    services.AddTransient(typeof(AirportRepository),
    ➥ typeof(AirportRepository));
```

---

[*] 有关单例模式的更多信息，请参阅 Robert C. Martin 和 Micah Martin 的 *Agile Principles*，*Patterns*，*and Practices in C#* 第 24 章，"Singleton and Monostate"（Prentice Hall，2006 年）；或者非常详细涵盖依赖注入相关知识的资源，Steven van Deursen 和 Mark Seemann 的 *Dependency Injection*：*Principles*，*Practices*，*and Patterns*（Manning，2019 年）。

}

接着，我们要为 FlightRepository 和 AirportRepository 类提供什么依赖呢？这两者都需要相同的依赖，一个 FlyingDutchmanAirlinesContext 类的实例，如下所示：

```
public void ConfigureServices(IServiceCollection services) {
    services.AddControllers();
    services.AddTransient(typeof(FlightService), typeof(FlightService));
    services.AddTransient(typeof(FlightRepository),
    ➡ typeof(FlightRepository));
    services.AddTransient(typeof(AirportRepository),
    ➡ typeof(AirportRepository));
    services.AddTransient(typeof(FlyingDutchmanAirlinesContext),
    ➡ typeof(FlyingDutchmanAirlinesContext));
}
```

我们现在可以将注入的依赖添加到 FlightController，并调用 FlightService，如下所示：

```
public class FlightController : Controller {
    private readonly FlightService _service;
    public FlightController(FlightService service) {
        _service = service;
    }

    ...

}
```

这里，我们在试图使用 GetFlights 完成什么呢？我们想要返回给调用者一段 JSON 响应，包含了所有航班的信息，如图 13-9 所示，对吗？让我们再次检查我们从 FlyTomorrow 获得的 OpenAPI 规范。这里，我们看到，对于 GET/Flight 终端地址，有以下 3 条返回路径：

（1）正常情况下，返回 HTTP 状态码 200 以及数据库中所有航班的信息。

（2）如果没有发现航班，返回状态码 404。

（3）如果出现其他任何错误，返回状态码 500。

图 13-9 是 OpenAPI 规范的截图，如代码示例 13-3 所示，我们首先处理成功的情况，使用注入的 FlightService，遍历 FlightService.GetFlights 方法返回的数据，并将其包装在 try-catch 代码块中，以便我们可以捕获任意可能抛出的错误。

代码示例 13-3：GetFlights 调用 FlightService。

```
public async Task<IActionResult> GetFlights() {
    try {
        // ↓创建一个 Queue<FlightView>来存放 FlightView 实例
        Queue<FlightView> flights = new Queue<FlightView>();
```

```
// ↓ 在每个 FlightView 从服务类返回时对其进行处理
await foreach (FlightView flight in _service.GetFlights()) {
    // ↓ 向队列添加航班
    flights.Enqueue(flight);
}

...

}
catch(FlightNotFoundException exception) {
    ...
} catch (Exception exception) {
    ...
}
}
```

图 13-9    GET/Flight 终端地址所需的响应

可以看出,由于 FlightService.GetFlights 方法返回了一个 IAsyncEnumerable,并使用了 yield return 关键字,因此我们不需要等待所有处理完成,就可以看到成果。当数据库返回航班,并且在服务层填充 FlightView 时,控制器就会接受 FlightView 实例,并将它们添加到一个 Queue 数据结构中。

如何构建 FlightView 实例队列,以便我们可以将它们的内容(以及 HTTP 状态码 200)返回给用户? ASP.NET、C# 以及.NET 使得这一操作极其容易。回忆一下前面我们是如何返回一个 HTTP 状态码 200 以及"Hello，World!"消息主体的。在第 13.3.1 节中，我们只是简单地向 StatusCode 构造器中添加了两个参数值就实现了这点。这里，可以重复这一过程，只需要把"Hello，World!"字符串修改为程序中的队列即可，如下所示：

```
public async Task<IActionResult> GetFlights() {
    try {
        // ↓ 创建一个 Queue<FlightView>，存放 FlightView 实例
        Queue<FlightView> flights = new Queue<FlightView>();
        // ↓ 在每个 FlightView 从服务类返回时对其进行处理
        await foreach (FlightView flight in _service.GetFlights()) {
            // ↓ 向队列添加航班信息
            flights.Enqueue(flight);
        }

        return StatusCode((int)HttpStatusCode.OK, flights);
    } catch(FlightNotFoundException) {
        ...
    } catch (Exception) {
        ...
    }
}
```

此时，应当更新我们的单元测试验证一下，为此，我们暂时添加一些返回值，这样 GetFlights 方法才能够编译成功。我将这个任务留给大家来做，返回值能够满足方法签名中的返回类型要求就可以了。

如要添加一个验证 FlightController.GetFlights 方法的单元测试，需要添加 FlightService 类的 mock（因此，我们还需要为 FlightService 类添加一个无参数构造器，并确保 FlightService.GetFlights 方法返回一个正确的响应）。首先，我们需要将 FlightService.GetFlights 设置为 virtual，这样 Moq 框架才能够覆盖它。但是如何返回一个 IAsyncEnumerable 类型的实例？不能简单地实例化这个类型，因为不能仅仅基于一个接口实例化类型。这里有个小技巧，在测试类中创建一个测试助手方法，该方法可以返回一个带有一些 mock 数据的 IAsyncEnumerable，如代码示例 13-4 所示。

代码示例 13-4：完成 GetFlights_Success 单元测试。

```
[TestClass]
public class FlightControllerTests {
    [TestMethod]
    public async Task GetFlights_Success() {
        // ↓ 创建一个 FlightService 的 mock 实例
        Mock<FlightService> service = new Mock<FlightService>();
```

```
// ↓ 定义 mock 中使用的 FlightView
List<FlightView> returnFlightViews = new List<FlightView>(2) {
    new FlightView("1932",
            ➥ ("Groningen", "GRQ"), ("Phoenix", "PHX")),
    new FlightView("841",
            ➥ ("New York City", "JFK"), ("London", "LHR"))
};

// ↓ 设置 mock,使之返回 FlightView 的列表
service.Setup(s =>
➥ s.GetFlights()).Returns(FlightViewAsyncGenerator(returnFlightViews));

FlightController controller = new FlightController(service.Object);
ObjectResult response =
➥ await controller.GetFlights() as ObjectResult;

Assert.IsNotNull(response);
Assert.AreEqual((int)HttpStatusCode.OK, response.StatusCode);

// ↓ 安全地将返回数据转换为 Queue<FlightView>,并检查 null 值以判断是否发生
了错误转换
Queue<FlightView> content = response.Value as Queue<FlightView>;
Assert.IsNotNull(content);

// ↓ 对于 FlightView 列表中的所有条目,检查是否返回数据中包含了该条目(LINQ)
Assert.IsTrue(returnFlightViews.All(flight =>
➥ content.Contains(flight)));
}

private async IAsyncEnumerable<FlightView>
➥ FlightViewAsyncGenerator(IEnumerable<FlightView> views) {
    foreach (FlightView flightView in views) {
        yield return flightView;
    }
}
}
```

太好了,测试通过了,现在我们要做的就是解决异常的情况。在本书前面部分,我们找出(并添加)了两个错误条件:服务层抛出 FlightNotFoundException 类型异常,以及服务层抛出其他异常。在查看 FlyTomorrow 的 OpenAPI 规范(图 13 – 10 所示)时,我们看到,在找不到航班时,应当返回一个 HTTP 状态码 404(Not Found),而在其他错误发生时,应当返回一个 HTTP 状态码 500(Internal Server Error)。

如下所示,我们从 404 开始,添加一个单元测试,并检查这种情况:

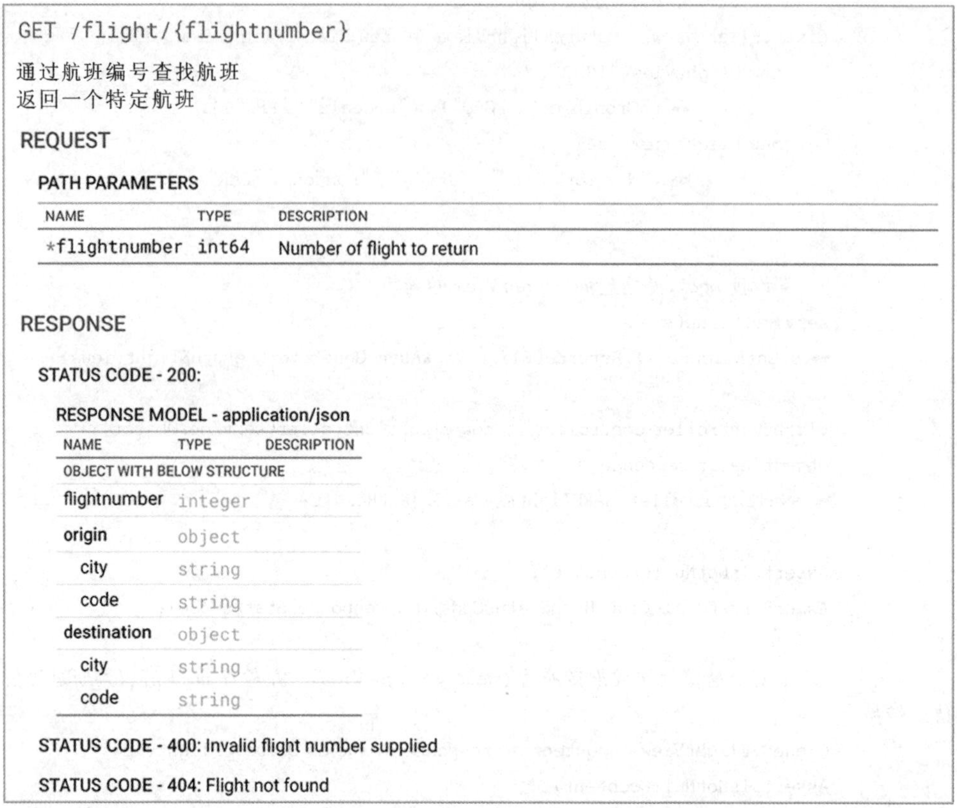

```
GET /flight/{flightnumber}
```

通过航班编号查找航班
返回一个特定航班

REQUEST

PATH PARAMETERS

| NAME | TYPE | DESCRIPTION |
| --- | --- | --- |
| *flightnumber | int64 | Number of flight to return |

RESPONSE

STATUS CODE - 200:

RESPONSE MODEL - application/json

| NAME | TYPE | DESCRIPTION |
| --- | --- | --- |
| OBJECT WITH BELOW STRUCTURE | | |
| flightnumber | integer | |
| origin | object | |
| city | string | |
| code | string | |
| destination | object | |
| city | string | |
| code | string | |

STATUS CODE - 400: Invalid flight number supplied

STATUS CODE - 404: Flight not found

图 13 - 10　GET/flight/{flightNumber}终端地址的 OpenAPI 规范

```csharp
[TestMethod]
public async Task GetFlights_Failure_FlightNotFoundException_404() {
    Mock<FlightService> service = new Mock<FlightService>();
    service.Setup(s => s.GetFlights())
    ➡ .Throws(new FlightNotFoundException());

    FlightController controller = new FlightController(service.Object);
    ObjectResult response = await controller.GetFlights() as ObjectResult;

    Assert.IsNotNull(response);
    Assert.AreEqual((int)HttpStatusCode.NotFound, response.StatusCode);
    Assert.AreEqual("No flights were found in the database",
    ➡ response.Value);
}
```

上面的 GetFlights_Failure_FlightNotFoundException_404 单元测试现在并不能通过。切记,在使用测试驱动开发时,我们通常希望在实现实际方法逻辑之前创建单元测试,这使得我们有机会思考如何进一步将新功能与代码库中的其他部分解耦。在示例中,我们希望添加一些逻辑,如下面的代码片段所示,在控制器捕获 FlightNotFound Exception 实例时返回恰当的 StatusCode 对象。

```
public async Task<IActionResult> GetFlights() {
    try {
        Queue<FlightView> flights = new Queue<FlightView>();
        await foreach (FlightView flight in _service.GetFlights()) {
            flights.Enqueue(flight);
        }

        return StatusCode((int)HttpStatusCode.OK, flights);
    } catch(FlightNotFoundException) {
        return StatusCode((int) HttpStatusCode.NotFound,
        ➥ "No flights were found in the database");
    } catch (Exception) {
        ...
    }
}
```

现在,我们的 GetFlights_Failure_FlightNotFoundException_404 单元测试就可以通过了。接下来要处理 500 错误的情况,我们模仿处理 404 的方式,添加一个单元测试,如下所示:

```
[TestMethod]
public async Task GetFlights_Failure_ArgumentException_500() {
    Mock<FlightService> service = new Mock<FlightService>();
    service.Setup(s => s.GetFlights())
    ➥ .Throws(new ArgumentException());

    FlightController controller = new FlightController(service.Object);
    ObjectResult response = await controller.GetFlights() as ObjectResult;

    Assert.IsNotNull(response);
    Assert.AreEqual((int)HttpStatusCode.InternalServerError,
    ➥ response.StatusCode);
    Assert.AreEqual("An error occurred", response.Value);
}
```

如要使 GetFlights_Failure_ArgumentException_500 单元测试通过,我们向 GetFlights 的 try-catch 代码块中添加适当的返回,如下所示:

```
public async Task<IActionResult> GetFlights() {
    try {
        Queue<FlightView> flights = new Queue<FlightView>();
        await foreach (FlightView flight in _service.GetFlights()) {
```

```
            flights.Enqueue(flight);
    }

        return StatusCode((int)HttpStatusCode.OK, flights);
    } catch(FlightNotFoundException) {
        return StatusCode((int) HttpStatusCode.NotFound,
        ➥ "No flights were found in the database");
    } catch (Exception) {
        return StatusCode((int) HttpStatusCode.InternalServerError,
        ➥ "An error occurred");
    }
}
```

现在,单元测试通过了,我们也就完成了 GET/Flight 终端地址的逻辑。当然,目前我们还不能从外部系统调用此终端地址,但是我们将在第 13.3.5 节中设置它的路由。

### 13.3.3　GET/Flight/{FlightNumber}终端地址实现

至此,大家已经学会了如何使用中间件进行依赖注入,以及如何在处理错误和提供单元测试时从控制器层调用服务层。在前第 13.3.2 节中,我们实现了 GET/Flight 终端地址。下面,我们继续学习实现 GET/Flight/{FlightNumber}终端地址。

这个终端地址将在给定航班编号的情况下返回特定航班的信息。为此,我们需要做以下 4 件事:

(1) 从路径参数中获取给定的航班编号。

(2) 调用服务层,请求有关该航班的信息。

(3) 处理服务层可能抛出的任何异常。

(4) 将正确信息返回给调用者。

如要获取路径参数的值,需要进行一些路由魔法,并将 FlightNumber 这一 URL 路径参数添加为方法参数。现在,我们 FlightController 创建一个名为 GetFlightByFlightNumber 的新方法,它需要一个代表航班编号的参数,如下所示:

```
public async Task<IActionResult> GetFlightByFlightNumber(int flightNumber){
    return StatusCode((int)HttpStatusCode.OK,"Hello from
    ➥ GetFlightByFlightNumber");
}
```

上述操作让我们为调用 FlightService 的 GetFlightByFlightByNumber 方法传入 flightNumber 参数做好了准备。我们回到测试驱动开发的路径上,添加一个单元测试,以便我们可以基于单元测试继续下面进程,如下所示:

```
[TestMethod]
public async Task GetFlightByFlightNumber_Success() {
```

```
    Mock<FlightService> service = new Mock<FlightService>();
    FlightController controller = new FlightController(service.Object);
    await controller.GetFlightByFlightNumber(0);
}
```

在当前状态下，GetFlightByFlightNumber_Success 单元测试顺利通过。但是，这个单元测试只检查了是否可以在 FlightController 类上调用一个名为 GetFlightByFlightNumber 的方法，并传入一个 integer 类型的输入参数。如要进一步实现我们的方法，要向单元测试添加以下预期：

```
public async Task GetFlightByFlightNumber_Success() {
    Mock<FlightService> service = new Mock<FlightService>();

    FlightView returnedFlightView = new FlightView("0", ("Lagos", "LOS"),
    ➥ ("Marrakesh", "RAK"));
    service.Setup(s =>
    ➥ s.GetFlightByFlightNumber(0))
    ➥ .Returns(Task.FromResult(returnedFlightView));

    FlightController controller = new FlightController(service.Object);

    ObjectResult response =
    ➥ await controller.GetFlightByFlightNumber(0) as ObjectResult;
    Assert.IsNotNull(response);
    Assert.AreEqual((int)HttpStatusCode.OK, response.StatusCode);

    FlightView content = response.Value as FlightView;
    Assert.IsNotNull(content);

    Assert.AreEqual(returnedFlightView, content);
}
```

现在，GetFlightByFlightNumber _ Success 单元测试无法通过了。Flight Controller. GetFlightByFlightNumber 方法调用返回的数据是不正确的，但是我们可以解决这个问题。对于实际方法的实现，我们可以使用与 GetFlights 方法相同的 try-catch 模式，并将调用（FlightService. GetFlights 返回的）IAsyncEnumerable 的异步 foreach 循环修改为调用服务的 GetFlightByFlightNumber 方法（并返回一个 FlightView 实例），如下面的代码片段所示：

```
public async Task<IActionResult> GetFlightByFlightNumber(int flightNumber){
    try {
        FlightView flight = await
        ➥ _service.GetFlightByFlightNumber(flightNumber);
        return StatusCode((int)HttpStatusCode.OK, flight);
```

```
    } catch (FlightNotFoundException) {
        return StatusCode((int)HttpStatusCode.NotFound,
        ➥ "The flight was not found in the database");
    } catch (Exception) {
        return StatusCode((int)HttpStatusCode.InternalServerError,
        ➥ "An error occurred");
    }
}
```

通过上述操作,我们再次运行 GetFlightByFlightNumber_Success 单元测试,将看到该测试通过。我们创建了一个全新的终端地址,并且为其准备了成功情况的单元测试以支持期望的功能,进展非常顺利,这里,我们添加两个失败情况,它们与 GetFlights 单元测试非常类似,如下所示:

```
[TestMethod]
public async Task
➥ GetFlightByFlightNumber_Failure_FlightNotFoundException_404() {
    Mock<FlightService> service = new Mock<FlightService>();
    service.Setup(s => s.GetFlightByFlightNumber(1))
    ➥ .Throws(new FlightNotFoundException());

    FlightController controller = new FlightController(service.Object);
    ObjectResult response =
    ➥ await controller.GetFlightByFlightNumber(1) as ObjectResult;

    Assert.IsNotNull(response);
    Assert.AreEqual((int)HttpStatusCode.NotFound, response.StatusCode);
    Assert.AreEqual("The flight was not found in the database",
    ➥ response.Value);
}


[TestMethod]
public async Task GetFlightByFlightNumber_Failure_ArgumentException_500() {
    Mock<FlightService> service = new Mock<FlightService>();
    service.Setup(s => s.GetFlightByFlightNumber(1))
    ➥ .Throws(new ArgumentException());

    FlightController controller = new FlightController(service.Object);
    ObjectResult response =
    ➥ await controller.GetFlightByFlightNumber(1) as ObjectResult;

    Assert.IsNotNull(response);
    Assert.AreEqual((int)HttpStatusCode.InternalServerError,
```

```
➡ response.StatusCode);
    Assert.AreEqual("An error occurred", response.Value);
}
```

此时,继续运行所有测试:全部通过。那么,我们还要为这个终端地址做些什么呢?快速看一眼 OpenAPI 规范(如图 13-10 所示),并且验证我们已经完成所有需要完成的工作。

通过查看 OpenAPI 规范,看到我们需要接受一个名为 flightNumber 的参数:检查通过! 另外,还看到这里应该有 3 种返回值:200 以及我们构建的 FlightView,在未发现航班时返回的 404 和提供无效航班参数时返回的 400。

此时,我们只需要将状态码 500(Internal Server Error)修改为 400(Bad Request),并验证传入的 flightNumber 是否为有效数字即可。一个有效的 flightNumber(在我们的示例中)应当是任何非负整数。

返回我们的单元测试位置,并进行如下更改:

```
[TestMethod]
[DataRow(-1)]
[DataRow(1)]
public async Task
➡ GetFlightByFlightNumber_Failure_ArgumentException_400(int
➡ flightNumber){
    Mock<FlightService> service = new Mock<FlightService>();
    service.Setup(s => s.GetFlightByFlightNumber(1))
    ➡ .Throws(new ArgumentException());

    FlightController controller = new FlightController(service.Object);
    ObjectResult response =
    ➡ await controller.GetFlightByFlightNumber(flightNumber) as ObjectResult

    Assert.IsNotNull(response);
    Assert.AreEqual((int)HttpStatusCode.BadRequest, response.StatusCode);
    Assert.AreEqual("Bad request", response.Value);
}
```

显然,这个单元测试不能够通过,我们还需要修改 FlightController.GetFlight ByFlightNumber 方法,如下所示:

```
public async Task<IActionResult> GetFlightByFlightNumber(int flightNumber){
    try {
        if (! flightNumber.IsPositiveInteger()) {
            throw new Exception();
        }

        FlightView flight = await
```

```
➡ _service.GetFlightByFlightNumber(flightNumber);
    return StatusCode((int)HttpStatusCode.OK, flight);
} catch (FlightNotFoundException) {
    return StatusCode((int)HttpStatusCode.NotFound,
➡ "The flight was not found in the database");
} catch (Exception) {
    return StatusCode((int)HttpStatusCode.BadRequest,
➡ "Bad request");
    }
}
```

总结一下,我们从中学到了什么呢? 要始终根据给定的规范仔细检查我们的代码和测试!

现在,我们在 FlightController 中有了 GetFlights 和 GetFlightByFlightNumber 方法,是时候将它们暴露到外部系统了,毕竟,代码不能使用,它就毫无价值。为此,我们需要让我们的服务接受传入的 HTTP 请求,并将请求路由至合适的控制器和方法。在下一节中,我们将探索如何具体做到这一点。

# 13.4 将 HTTP 请求路由至控制器和方法

至此,您拥有一堆存储库、服务和控制器。想要让它们做到的事情,但是怎么使用这些对象呢? 对于桌面应用程序,可以为业务逻辑提供 GUI,对于我们正在处理位于已部署环境的网络服务,应如何要求或告诉服务器做某些事情呢? 我们会使用 HTTP 请求。

我们的服务器如何接受请求呢? 对于飞翔荷兰人航空公司的服务,如果向它发送了一个 HTTP 请求,此时的服务系统并不知道如何处理,如果我们引入了路由的概念,如图 13-11 所示,事情就大不相同了。

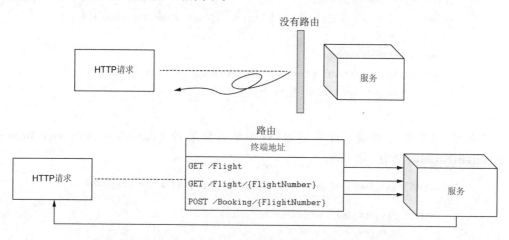

图 13-11 在有路由和无路由情况下,请求进入服务状态

如图 13-11 所示,HTTP 请求在有路由和无路由的情况下进入服务的状态,当我们没有设置任何路由时,HTTP 请求将被拦在服务器外面,无法被处理。如果我们将其路由至终端地址,那么服务器就可以执行适当的逻辑。

路由(Routing)允许我们将 URL 映射到特定的控制器和终端地址。请求与控制器终端地址之间的映射,使得 FlightController 中的 GET/Flight 方法在客户发送一个 HTTP GET 请求到[ServiceAddress]/flight 的 URL 时能够被执行。怎么让路由支持这个工作呢? 在第 12.3.2 节中,我们介绍了中间件,路由就是我们可以添加到服务中的另外一个中间件。

在第 5.2 节中,我们构建了一个内部路由表,其中包含一系列服务可以路由的终端地址。我们启动路由就是告诉 CLR 把请求路由到哪里,通常我们通过为终端地址方法和控制器提供"路由"做到这一点。如下所示,我们向 FlightController 类添加一个[Route]特性:

```
[Route("{controller}")]
public class FlightController : Controller { … }
```

[Route]特性可以接受硬编码路由或模板。在这里,我选择了"{controller}"模板。

**路由中的控制器名称**,在 route 特性中使用"{controller}"模板时,路由将被解析为您的控制器类的名称,因此,在我们的示例中,我们的类叫作 FlightController,对应的路由就是/Flight。

下一步,就是定义指定方法的路由,我们使用下面一系列特性,它们都会映射到对应的 HTTP 操作:

(1)[HttpGet]。

(2)[HttpPost]。

(3)[HttpPut]。

(4)[HttpDelete]。

(5)[HttpHead]。

(6)[HttpPatch]。

上述所有这些特性都会生成相应 HTTP 操作的路由。我们可以通过两种方式使用这些特性:① 按照原样;② 提供额外的路由。为了说明这一点,我们为 FlightController.GetFlights 方法添加[HttpGet]特性,如下所示:

```
[HttpGet]
public async Task<IActionResult> GetFlights() { … }
```

由上述可知,方法路由会被添加到控制器路由中。对 GetFlights 方法使用[HttpGet]特性,会为此方法生成一个 GET/Flight 的路由,这与 FlyTomorrow 提供的 OpenAPI 规范相吻合。如要测试我们的终端地址,可以使用 cURL 命令行工具(在 Windows,macOS 和 Linux 上可用)或者专门的 HTTP 工具(比如 Postman)。上述方法各有利弊,对于本书大多数的命令,我将在 Windows 上使用 cURL,其他平台上的

cURL 使用方法应该也是一样的(或者非常相似)。

如要抵达我们的终端地址,首先需要启动它。通常,我们会在本地 8080 端口上启动服务(本书提供的源代码也是这样),这适用于大多数情况,但有时会在该端口上发生冲突,此时就需要使用其他端口。如果您发现自己无法访问该服务,并且该服务使用的是 8080 端口,那么可以尝试在 Startup.cs 中将端口修改为其他数值,在本示例中,我使用了 8081 端口。要启动我们的服务,请打开一个命令行窗口,进入 Flying DutchmanAirlines 文件夹,并输入以下命令:

```
>\ dotnet run
```

一旦服务启动并运行(命令行会告诉我们是否启动),我们就可以使用 cURL 访问我们的终端地址。如要在单独的命令行窗口中访问一个终端地址,请使用[curl] —v [address]语法(—v 标志告诉 cURL 我们更多细节),如下所示:

```
\> curl - v http://localhost:8081/flight
```

如果您的服务器正在运行,您将收到一个响应,其中包含了数据库中的所有航班,如图 13-12 所示。

**图 13-12 服务对 GET HTTP/Flight 请求的响应**

如图 13-12 所示,我们的服务器对 GET HTTP/Flight 请求做出了响应,一段庞大的 JSON 数组,包含了数据库中的所有航班。FlyTomorrow 可以使用这些数据向客户展示飞翔荷兰人航空公司的所有航班。

正如我们在图 13 - 12 中所看到的那样,cURL 工具不会格式化返回的 JSON 信息。它展示了没有格式化的数据,非常难以阅读。在图 13 - 13 中,大家可以看到部分格式化的响应,就像在 Postman 中展示的那样(Postman 会格式化返回的 JSON)。好消息是我们的终端地址能够正常工作! 我们完成了从 HTTP 请求到数据库,再回到我们的命令行,我们在前几章中完成的所有艰苦工作终于得到了回报。

```json
[
    {
        "flightNumber": "0",
        "origin": {
            "city": "Groningen",
            "code": "GRQ"
        },
        "destination": {
            "city": "London",
            "code": "LHR"
        }
    },
    {
        "flightNumber": "1",
        "origin": {
            "city": "London",
            "code": "LHR"
        },
        "destination": {
            "city": "Groningen",
            "code": "GRQ"
        }
    },
```

**图 13 - 13　格式化部分 JSON 响应数据**

如图 13 - 13 所示,格式化的 JSON 可读性更高,并且我们可以轻松发现任何问题。

如何到达我们的另外一个终端地址:GET/Flight/{FlightNumber}? 毕竟,我们正在使用包含航班编号的路径参数。如下面代码所示,当使用 HttpAttribute 方法特性(比如[HttpGet])时,可以提供额外的路由指令。这在我们想要提供更多路由嵌套(比如,拥有一个前往/Flight/AmazingFlights/的终端地址,或接受类似于{flightNumber}的路径参数)时,非常有用。

```
[HttpGet("{flightNumber}")]
public async Task<IActionResult> GetFlightByFlightNumber(int flightNumber){
    ...
}
```

[HttpGet] 中有一部分指定了模板,将路径参数 {flightNumber} 指向 GetFlightByFlightNumber 方法的输入参数 flightNumber。现在,我们可以使用路径参数请求有关特定航班的信息。比如,我们可以使用如下 cURL 命令轻松获得有关 23 号航班(从 Salzburg 至 Groningen)的信息,如下所示:

```
\> curl - v http://localhost:8081/flight/23
```

这里,终端地址返回了 23 号航班对应 FlightView 的序列化(数据结构转换为二进制或 JSON 格式)版本。图 13-14 展示了响应数据,我们还可以在图 13-15 中看到我们传入无效航班编号(比如负数-1,或不存在于数据库的航班 93018)时所发生的事情。

```
C:\Users\Jort\Documents\rodenburg\code\Chapter 13>curl -v http://localhost:8081/flight/23
*   Trying ::1...
* TCP_NODELAY set
*   Trying 127.0.0.1...
* TCP_NODELAY set
* Connected to localhost (127.0.0.1) port 8081 (#0)
> GET /flight/23 HTTP/1.1
> Host: localhost:8081
> User-Agent: curl/7.55.1
> Accept: */*
>
< HTTP/1.1 200 OK
< Date: Sat, 06 Jun 2020 19:59:02 GMT
< Content-Type: application/json; charset=utf-8
< Server: Kestrel
< Transfer-Encoding: chunked
<
{"flightNumber":"23","origin":{"city":"Salzburg","code":"SLZ"},"destination":{"city":"Groningen","code":"GRQ"}}
```

**图 13-14  调用 GET/Flight/23 终端地址时服务返回的数据**

如图 13-14 所示,通过传入适当的航班参数值,我们就可以通过使用 GET/Flight/{FlightNumber}终端地址向服务查询 23 号航班的相关信息。

```
C:\Users\Jort\Documents\rodenburg\code\Chapter 13>curl -v http://localhost:8081/flight/-1
*   Trying ::1...
* TCP_NODELAY set
*   Trying 127.0.0.1...
* TCP_NODELAY set
* Connected to localhost (127.0.0.1) port 8081 (#0)
> GET /flight/-1 HTTP/1.1
> Host: localhost:8081
> User-Agent: curl/7.55.1
> Accept: */*
>                                        ──── HTTP 400 (Bad Request)
< HTTP/1.1 400 Bad Request ◄
< Date: Sat, 06 Jun 2020 20:10:44 GMT
< Content-Type: text/plain; charset=utf-8
< Server: Kestrel
< Transfer-Encoding: chunked
<
Bad request* Connection #0 to host localhost left intact
```
```
C:\Users\Jort\Documents\rodenburg\code\Chapter 13>curl -v http://localhost:8081/flight/93018
*   Trying ::1...
* TCP_NODELAY set
*   Trying 127.0.0.1...
* TCP_NODELAY set
* Connected to localhost (127.0.0.1) port 8081 (#0)
> GET /flight/93018 HTTP/1.1
> Host: localhost:8081
> User-Agent: curl/7.55.1
> Accept: */*
>                                        ──── HTTP 404 (Not Found)
< HTTP/1.1 404 Not Found ◄
< Date: Sat, 06 Jun 2020 20:10:52 GMT
< Content-Type: text/plain; charset=utf-8
< Server: Kestrel
< Transfer-Encoding: chunked
<
The flight was not found in the database* Connection #0 to host localhost left intact
```

**图 13-15  收到返回 HTTP 状态码 400 以及 HTTP 状态码**

图 13-15 对于 GET/Flight/{FlightNumber}终端地址的两种错误情况,我们分别收到了返回的 HTTP 状态码 400 以及 HTTP 状态码 404,这些错误有助于确定问题出现在客户端还是服务端。

总结一下：现在我们完整实现了 FlightController 及其单元测试。我们可以访问 GET/Flight 和 GET/Flight/{FlightNumber}终端地址，并成功从数据库取回数据。在下一章中，我们将结束我们的重构旅程，实现最后的 BookingController 控制器和 POST/Booking 终端地址。

# 13.5　练　习

练习 13-1

判断题：在存储/服务模式架构中，控制器是唯一应当接受来自外部系统 HTTP 请求的层。

练习 13-2

典型的 HTTP 响应应该包含哪 3 部分？

（1）发送方信息、路由信息、IP 目的地。

（2）发送方名称、服务所使用的编程语言、来源国家。

（3）状态码、消息头、消息主体。

练习 13-3

如要对 GET/Books/Fantasy 进行路由，需要实现哪个控制器？

（1）BookController

（2）FantasyController

（3）BookShopController

练习 13-4

判断题：中间件可以在任意终端地址方法逻辑之前被执行。

练习 13-5

哪种类型的依赖注入允许我们在每次调用时都能够生成新的依赖实例，无论我们是否仍在处理相同的 HTTP 请求？

（1）Singleton

（2）Scoped

（3）Transient

练习 13-6

哪种类型的依赖注入允许我们仅在 HTTP 请求的生命周期内使用相同的依赖实例？

（1）Singleton

（2）Scoped

（3）Transient

# 13.6 总 结

（1）控制器层是存储/服务模式架构的外层。控制器可以接受 HTTP 请求并与外部系统通信。如果我们不能接受或与外部系统沟通，那么就没有人能够使用我们的服务。

（2）一个 HTTP 请求始终包含消息头（跨域资源共享 CORS、身份验证等），有时还包含消息主体（JSON 或 XML）。

（3）一个 HTTP 响应始终包含消息头，HTTP 状态码（200 OK、404 Not Found 等），有时还包含消息主体。

（4）ASP. NET 的 IActionResult 接口允许我们轻松地从方法返回 HTTP 响应，这使得我们能够编写清晰简洁、每个人都可以理解的代码。

（5）对接口编程（coding to interface）是保持整洁代码原则之一，它促进了泛型构造的使用，而不再限制到具体的类，这使得我们能够遵循开/闭原则（Open/Closed Principle），在不修改现有类的情况下轻松扩展代码。

（6）中间件是我们在控制器的终端地址方法中处理给定 HTTP 请求之前执行的代码。我们可以使用中间件执行很多事情，比如身份验证检查、依赖注入和路由等。

（7）在中间件中进行依赖注入时，您可以选择 3 种类型的注入依赖：单例（singleton 依赖）、范围（scoped）依赖和瞬态（transient）依赖。单例依赖模仿单例设计模式，确保所有请求都对同一个注入的依赖实例进行操作；而在范围依赖中，注入的依赖仅在同一个请求中共享，而不会在多个请求中共享；瞬态依赖下，每次构造器请求依赖时，程序都会实例化一个新的依赖实例。

（8）如要将 HTTP 请求路由至终端地址，我们必须在中间件中设置路由，并为控制器类和方法添加路由特性，这允许我们对路由进行精细控制。

（9）对于最常见的 HTTP 操作，我们可以使用 HttpAttribute 路由方法特性。您可以直接使用它们，也可以提供额外的路由以及使用路径参数。

# 第 14 章　JSON 序列化/反序列化以及自定义模型的绑定

本章包含以下内容：

（1）序列化和反序列化 JSON 数据。

（2）使用[FromBody]参数特性反序列化 JSON 数据。

（3）使用 IModelBinder 接口实现自定义模型绑定器。

（4）在运行时动态生成 OpenAPI 规范。

这是最后的重构章节。在这本书中，教大家从零开始重构了现有的代码库，我们学习了测试驱动开发、如何编写整洁代码，以及 C# 的一些提示和技巧。图 14-1 展示了我们的学习进程。

在本章中，我们将学习实现最后的 BookingController 控制器（第 14.1 节），之后，我们将根据 FlyTomorrow 提供的 OpenAPI 规范进行一些手动测试和验收测试，另外，还将设置 Swagger 中间件，以动态生成一份 OpenAPI 规范（第 14.2 节），这是可选的，但是了解后会觉得非常有用的技术，Swagger 可以帮助我们进行验收测试。

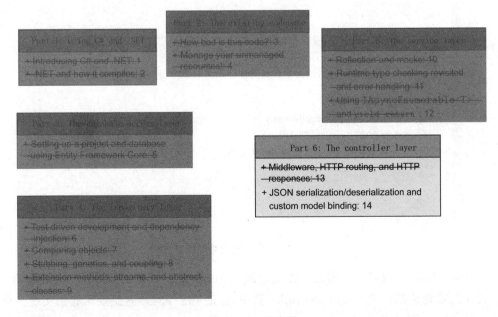

**图 14-1　进度图**

在之前的章节中，我们实现了数据库、存储和服务层访问，以及 FlightController

类。在本章中,我们将完成余下工作,并实现 BookingController 类。

# 14.1 BookingController 类的实现

在第 13 章中,我们学习了如何实现一个控制器(FlightController)以及添加一些 HTTP GET 方法(GET/Flight 和 GET/Flight/{FlightNumber})。在本节中,我们将在此基础上实现 BookingController。BookingController 是 FlyTomorrow 创建飞翔荷兰人航空公司预定的入口和途径,有了这个控制器,我们将完成我们重构的飞翔荷兰人航空公司服务。

我们再看看飞翔荷兰人航空公司与 FlyTomorrow 之间的合同,检查一下 BookingController 类应当具有什么终端地址,如图 14-2 所示。

正如大家所看到的,我们需要实现以下 3 个终端地址:

(1) GET/Flight。

(2) GET/Flight/{FlightNumber}。

(3) POST/Booking/{FlightNumber}。

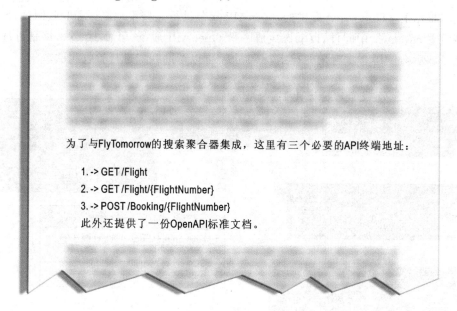

图 14-2 3 个必要的终端地址

在第 13 章中,我们已经实现了终端地址 1 和 2。现在只剩下第 3 个终端地址了,前两个终端地址都位于 FlightController 类中,但是第 3 个终端地址要求我们实现一个 BookingController 类。

前两个终端地址不要求我们处理任何给定的 JSON 主体。当然,我们在 GET/Flight/{FlightNumber}终端地址中有一个路径参数,但是它将航班编号数据限制到路径参数可以接受的内容。使用 POST 时,程序需要接受被发送到终端地址的数据,我们将在第 14.1.2 节中研究如何做到这一点。

在我们开始学习第 14 章内容之前,我们首先创建标准骨架类:BookingController。从第 13.3 节中我们了解了,CLR 需要将我们的控制器类作为一个可行的路由终端站点,因此需要使 BookingController 派生自 Controller 类,并为其添加[Route]类特性,如下所示:

```
[Route("{controller}")]
public class BookingController : Controller { }
```

## 14.1.1　数据反序列化简介

让我们阐明 POST/Booking/{flightNumber}终端地址的细节,看看我们期望传递到服务中的数据(图 14-3)。

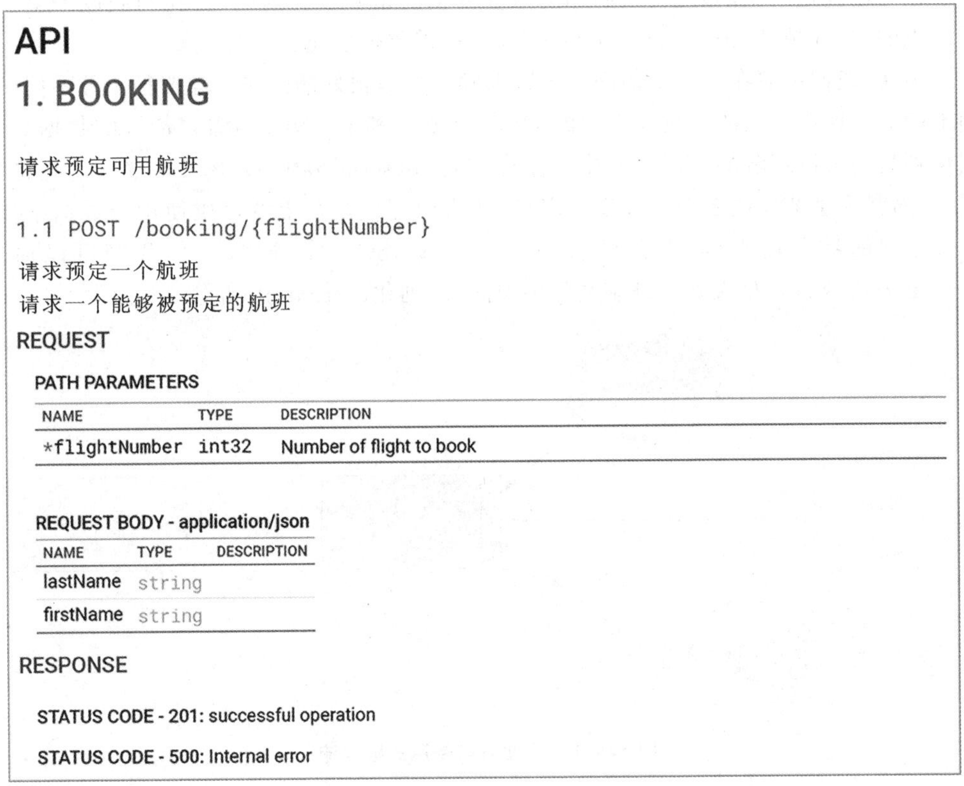

**API**

**1. BOOKING**

请求预定可用航班

1.1 POST /booking/{flightNumber}
请求预定一个航班
请求一个能够被预定的航班
REQUEST

PATH PARAMETERS

| NAME | TYPE | DESCRIPTION |
| --- | --- | --- |
| *flightNumber | int32 | Number of flight to book |

REQUEST BODY - application/json

| NAME | TYPE | DESCRIPTION |
| --- | --- | --- |
| lastName | string | |
| firstName | string | |

RESPONSE

STATUS CODE - 201: successful operation

STATUS CODE - 500: Internal error

图 14-3　POST/Booking/{flightNumber}终端地址接受一个 HTTP 主体

如 14-3 所示,图中的终端地址接受了一个 HTTP 主体包含了希望预订特定航班的客户的名和姓,它将返回一个 HTTP 状态码 201 或 500,这是生成的 OpenAPI 规范的截图。

POST/Booking/{flightNumber}结合了向控制器提供数据的两种方式：一个路径参数（flightNumber），另一个包含了两个字符串（分别代表名和姓）的 JSON 主体，我们可以为这个 JSON 格式的数据建立如下模型：

```
{
    "firstName" : "Frank",
    "lastName" : "Turner"
}
```

当然，没有什么好方法能避免用户填写错误字段，在这两个字段中提供全名，比如：

```
{
    "firstName" : "Pete Seeger",
    "lastName" : "Jonathan Coulton"
}
```

在数据发送给我们之前，我们无法检查数据的正确性。因此，让我们假设一个（非常理想的）验证规则：firstName 和 lastName 都需要被填充。

现在，我们如何在方法中访问此类数据呢？这是很好的问题。与路径参数不同，我们不能简单地向方法的参数列表中添加 firstName 和 lastName，需将传入的数据反序列化到我们可以理解的数据结构中。反序列化（deserialization）（图 14-4），就是将数据流（通常为字节集或者 JSON 字符串）转换为内存或硬盘上的可供使用的数据结构。这一过程的反向过程（将对象转换为字节集或 JSON 字符串，以便我们可以通过 HTTP 发送或将其写入到二进制文件中）称为序列化（serialization）。

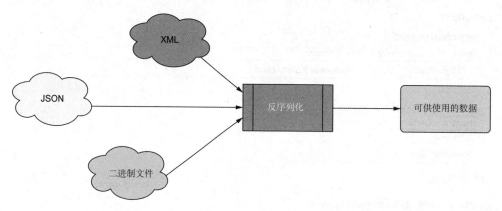

**图 14-4　反应列化使用的数据流**

如图 14-4 所示，反序列化会使用诸如 XML、JSON 以及二进制文件等的数据流，并将它们转换为可供使用的数据，通常将其存储到数据结构中，我们可以处理序列化数据。

由于传入的 HTTP 请求主体是序列化的（在我们的示例子中是作为 JSON 字符串传入的），并且我们需要访问它的主体信息，因此必须将主体反序列化到某种定义好的数据结构。

如要反序列化数据,我们将使用以下两个概念:

(1) 具有适当反序列化数据的数据结构(通常是一个类)。

(2) 使用[FromBody]参数特性进行模型绑定(模型绑定也被称为数据绑定)。

首先,我们为 ASP. NET 提供一个数据结构,用来反序列化给定的主体。要做到这一点的最好方法(因为它是最有组织的)就是创建一个类或者结构体以保存我们的数据。尽管我们只是想要存储数据,但是我们也希望能够对提供的数据进行一些验证,因此,我们使用类。我们将这个类存储到一个新文件夹(ControllerLayer/JsonData)中,并将文件命名为 BookingData. cs,如图 14 - 5 以及下面代码片段所示。

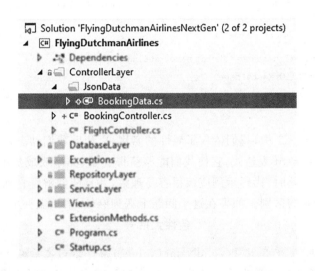

**图 14 - 5  BookingData 类被添加到 ControllerLayer 的新建 JsonData 文件夹中**

```
public class BookingData {
    public string FirstName { get; set; }
    public string LastName { get; set; }
}
```

在上面的操作完成之后,BookingData 类应当填充外部系统调用终端地址时提供的数据。我们对属性进行一些验证,如果提供的字符串为 null 或空,则不要将属性设置为提供的字符串,而是抛出一个 InvalidOperationException(ArgumentNull Exception 也很合适);另外,我们还可以设置一条消息,提示不能设置 FirstName 或者 LastName。与其重复两次相同的验证(每个属性设置器使用一次),不如创建一个专用的方法用于验证,程序只调用它就可以。如要向 setter 添加一个主体,为 getter 提供一个返回值,这导致还需要使用一个支持字段,如代码示例 14 - 1 所示。

代码示例 14 - 1:BookingData. cs。

```
// ↓FirstName 属性的支持字段
private string _firstName;
```

```
public string FirstName {
    // ↓返回支持字段的值
    get => _firstName;
    // ↓设置支持字段的值
    set => _firstName = ValidateName(value, nameof(FirstName));}
}

private string _lastName;
public string LastName {
    get => _lastName;
    set => _lasttName = ValidateName(value, nameof(LastName));}}

// ↓验证输入的值
private string ValidateName(string name, string propertyName) =>
    string.IsNullOrEmpty(name)
    ? throw new InvalidOperationException("could not set " + propertyName)
    : name;
```

在代码示例 14-1 中，我们传入了属性的名称，以帮助我们动态构造错误信息。为此，可以使用了 nameof 表达式，它使我们能够获得变量、类型或成员的名称，在编译时被解析为字符串。此时，代码示例应该很容易理解，并且能够解释自动属性与带支持字段的完整属性之间的区别。如果在这个问题上遇到麻烦，请重温一下第 3.3.3 节内容。

**条件大括号**

代码实例 14-1 中在 if(IsValidName(value))条件语句之后缺少大括号。在 C#中，如果在条件语句后面省略了大括号，CLR 会默认下一条语句就是条件语句的主体，并执行。注意，这仅限于一个可执行语句，如果有两个或两个以上的语句构成一个条件语句的主体，那么就需要使用大括号。

对于 BookingData 类，我们要做的最后一件事就是提供一些单元测试，验证有关我们刚刚实现的功能的假设。这些单元测试非常简单，大家应当能够很好地完成，如果遇到困难，可以参考以下代码实现（我们将测试文件添加到新建的 FlyingDutchman Airlines_Test/ControllerLayer/JsonData 文件夹）：

```
[TestClass]
public class BookingDataTests {
    [TestMethod]
    public void BookingData_ValidData() {
        BookingData bookingData = new BookingData {FirstName = "Marina",
        ➥ LastName = "Michaels"};
        Assert.AreEqual("Marina", bookingData.FirstName);
        Assert.AreEqual("Michaels", bookingData.LastName);
    }
```

```
[TestMethod]
[DataRow("Mike", null)]
[DataRow(null, "Morand")]
[ExpectedException(typeof(InvalidOperationException))]
public void BookingData_InvalidData_NullPointers(string firstName,
➥ string lastName) {
    BookingData bookingData = new BookingData { FirstName = firstName,
➥ LastName = lastName };
    Assert.AreEqual(firstName, bookingData.FirstName);
    Assert.AreEqual(lastName, bookingData.LastName);
}


[TestMethod]
[DataRow("Eleonor", "")]
[DataRow("", "Wilke")]
[ExpectedException(typeof(InvalidOperationException))]
public void BookingData_InvalidData_EmptyStrings(string firstName,
➥ string lastName) {
    BookingData bookingData = new BookingData { FirstName = firstName,
➥ LastName = lastName };
    Assert.AreEqual(firstName, bookingData.FirstName ?? "");
    Assert.AreEqual(lastName, bookingData.LastName ?? "");
}
}
```

如上所示,接收到一个 HTTP POST 请求之后,如何填充 BookingData 类呢? 这就用到[FromBody]特性了。

## 14.1.2　使用[FromBody]特性反序列化传入的 HTTP 数据

在第 14.1.1 节中,我们创建了一个数据结构,用以存储反序列化的信息。在 HTTP POST 请求的上下文中,我们通常可以期望符合 OpenAPI 规范的有效信息。在本示例中,若 POST 请求有效,JSON 数据需要被反序列化到 BookingData 类的 firstName 和 lastName 两个属性。如果程序最后得到了一个不完整的请求(BookingClass 的属性含有空指针),程序就会返回 HTTP 状态码 500。在此场景下,还可以返回 HTTP 状态码 400(Bad Request),这通常是正确的代码,但是这里我们还是坚持遵循 OpenAPI 规范(图 14-3)。

我们如何将数据反序列化到 BookingData 类? 我们不能仅将 BookingData 类型添加到参数列表,然后期望它自动生效。ASP. NET 的[FromBody]特性可以被应用于这个参数,其告诉 ASP. NET 我们想要对这个类型执行模型绑定。当 CLR 将有效载荷路由至带有这样参数的终端地址时,它会获取负载的 Body 元素,并试图将其反序列化至给定的数据类型。

如要将请求这个模型绑定,只需要简单地向方法的参数列表中添加"FromBody 类型参数名"就可以了(在我们的示例中,我们在 BookingController 类创建一个名为 CreateBooking 的新方法,并带有一个 HTTP 特性[HttpPost]),如下所示:

```
[HttpPost]
public async Task<IActionResult> CreateBooking([FromBody] BookingData body)
```

通过向 BookingData 类型添加[FromBody]方法特性,并使用 body 变量进行访问,就可以使用来自 HTTP 请求的数据了,如图 14-6 所示。

图 14-6 [FromBody]特性的使用

使用[FromBody]特性时,大家可以将 HTTP JSON 数据反序列化到一个特定的数据结构并访问。

有些人并不太喜欢在他们的代码库中使用这个"魔法",这也没关系。在默认情况下,ASP. NET 被设置为序列化 JSON 数据。如果想要使用 XML,必须向 global. asax. cs 文件(该文件包含了服务的全局配置细节)添加以下几行:

```
XmlFormatter xmlFormatter =
➥ GlobalConfiguration. Configuration. Formatters. XmlFormatter;
xmlFormatter.UseXmlSerializer = true;
```

### 14.1.3　自定义模型绑定器及其对应方法特性的使用

我们可以解开 ASP. NET"魔法"的面纱,实现我们自己的模型绑定器,而不是使用 [FromBody]特性来自动将 HTTP 数据绑定到数据结构。大家经常会反对使用 [FromBody]特性,因为它在内部完成了任务,但没有任何解释。本节旨在解释这种 "魔法"。

作为自定义模型绑定器,BookingModelBinder 包含了一些有关我们希望如何将给定数据绑定到类的信息。使用自定义模型绑定器可能有些烦琐,但是它可以帮助大家更好地控制数据绑定的过程。首先,添加一个新类作为我们的模型绑定器,如代码示例 14-2 所示。这个 BookingModelBinder 类,需要实现 IModelBinder 接口。IModel

Binder 接口使我们能够使用 BookingModelBinder 将数据绑定到模型,我们将在之后完成这件事。

代码示例 14 - 2:自定义模型绑定器的开头。

```
// ↓ 为了提供自定义模型绑定,我们需要实现 IModelBinder 接口
class BookingModelBinder : IModelBinder {
    // ↓ IModelBinder 接口要求我们实现 BindModelAsync
    public async Task BindModelAsync(ModelBindingContext bindingContext){
        throw new NotImplementedException();
    }
}
```

BookingModelBinder 类的实现包含以下 4 个主要部分,如图 14 - 7 所示:

(1) 验证 bindingContext 输入参数。

(2) 将 HTTP 主体读取为可分析的格式。

(3) 将 HTTP 主体数据绑定到 BookingData 类的属性。

(4) 返回绑定好的模型。

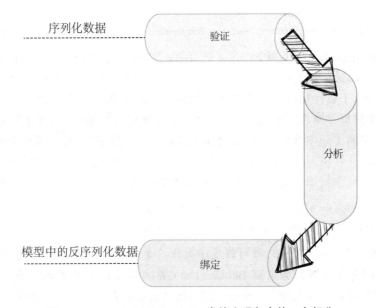

序列化数据

验证

分析

模型中的反序列化数据

绑定

图 14 - 7　Booking Mode Binder 类的实现包含的 4 个部分

图 14 - 7 在使用自定义模型绑定器反序列化数据时,我们需要验证、分析和绑定数据,然后通过绑定好的模型返回数据。这一流程使得我们能够精细控制反序列化过程。

第一步也是最简单的,我们只是想要确保 bindingContext 参数不是 null 值,如下所示:

```
public async Task BindModelAsync(ModelBindingContext bindingContext) {
```

```
        if (bindingContext == null) {
            throw new ArgumentException();
        }
    }
```

第二步,将 HTTP 主体读取为可分析的格式,我们需要访问,并处理 HTTP 的主体信息。

幸运的是,我们可以通过提供的 ModelBindingContext 示例访问我们所需的,有关传入 HTTP 请求的内容。我们正在寻找的类是 HttpContext 和 HttpRequest,它们包含了一些属性,这些属性对应了我们期望得到的所有元素(消息主体、消息头等)。Request 类为我们提供了一个 PipeReader,它能够访问序列化主体的元素,PipeReader 类是 System.IO.Pipelines 命名空间的一部分,System.IO.Pipelines 包含了一些有助于高性能输入/输出(input/output,IO)操作的类(最重要的就是 Pipe,PipeWriter 以及 PipeReader)。

如要取回并使用 PipeReader,以便我们能够更加接近主体数据,我们需要使用 Request.BodyReader 属性,并调用 ReadAsync 方法,如下所示:

```
ReadResult result = await
➥ bindingContext.HttpContext.Request.BodyReader.ReadAsync();
```

上述 ReadAsync 方法返回了一个 Task 实例。这个对象包含了 3 个属性:IsCompleted、IsCanceled 和 Buffer。前两个属性用于检查给定数据的读取过程是否完成或取消,第 3 个属性就是我们数据所在的地方。由于我们正在处理序列化数据以及异步过程,数据被存储在一个 ReadOnlySequence 类型的缓冲区中,这个缓冲区包含了代表主体数据的实际字节集。通常,缓冲区仅包含一个数据"片段",因此我们可以取回第一个 Span(一个 Span 代表一个连续数据块)。然后,我们需要将数据反序列化到一个可读的 JSON 字符串,通过使用 Encoding.UTF8 类可实现这一步,如下所示:

```
ReadOnlySequence<byte> buffer = result.Buffer;
string body = Encoding.UTF8.GetString(buffer.FirstSpan);
```

现在,有了 JSON 字符串,就可以反序列化这个 JSON 字符串到我们的模型了(第三步:将 HTTP 主体数据绑定到 BookingData 类的属性)。C# 可通过 System.Text.Json 命名空间提供一些可靠的 JSON 功能,该命名空间在.NET 5 中被引入(并且被默认安装)。如果要反序列化一个 JSON 字符串到 BookingData 结构体,需要调用 JsonSerializer.Deserialize,将我们想要反序列化的类型(BookingData)和我们想要反序列化的 JSON 字符串(body)作为泛型参数,如下所示:

```
BookingData data = JsonSerializer.Deserialize<BookingData>(body);
```

这会将 body 中的值反序列化为 BookingData 结构上相应属性的类型。

最后一步(第四步)就是返回已绑定的模型。大家可能已经注意到 BindModelAsync 方法的返回类型是 Task,不能将返回类型修改为 Task,因为我们必须实现

IModelBinder 接口。但是,还可通过使用 ModelBindingContext 类的 Result 属性将新的 BookingModel 实例转换为终端地址方法,如下所示:

```
bindingContext.Result = ModelBindingResult.Success(data);
```

如果把上面一行代码添加到我们方法的末尾,就可以放心地确定我们的 BookingData 被传递给控制器了,这是另一个魔法片段。随着工作推进,可能会不断遇到这样的魔法片段。

至此,BookingModelBinder 类就完成了,但是终端地址方法我们用什么代替呢? 我们可以向参数添加一个[ModelBinder(typeof([custom binder]))]特性,如下所示:

```
[HttpPost]
public async Task<IActionResult>
➡ CreateBooking([ModelBinder(typeof(BookingModelBinder))]
➡ BookingData body, int flightNumber)
```

尽管这肯定要比简单地使用[FromBody]特性复杂很多,但是我们能够通过[FromBody]的知识更好地理解这个参数特性,具体方法请参见代码示例 14 - 3。

代码示例 14 - 3:完成 BookingModelBinder 自定义模型绑定器类。

```
class BookingModelBinder : IModelBinder {
    public async Task BindModelAsync(ModelBindingContext bindingContext) {
        if (bindingContext == null) {
            throw new ArgumentException();
        }

        ReadResult result = await
        ➡ bindingContext.HttpContext.Request.BodyReader.ReadAsync();
        ReadOnlySequence<byte> buffer = result.Buffer;

        string bodyJson = Encoding.UTF8.GetString(buffer.FirstSpan);
        JObject bodyJsonObject = JObject.Parse(bodyJson);

        BookingData boundData = new BookingData {
            FirstName = (string) bodyJsonObject["FirstName"],
            LastName = (string) bodyJsonObject["LastName"]
        };

        bindingContext.Result = ModelBindingResult.Success(boundData);
    }
}
```

在后面的工作用中,并不需要(实际上也没有使用)在本节中展示的这些代码片断,尽管它们是一个很好的方法,但是对于本书的案例,使用它们有点大材小用。

### 14.1.4 CreateBooking 终端地址方法逻辑的实现

有了模型绑定(我们将继续使用[FromBody]特性)之后,现在可以调用必要服务方法以便在数据库中创建预定的逻辑,我们回顾一下创建预定的一般步骤,如图 14 - 8 所示。

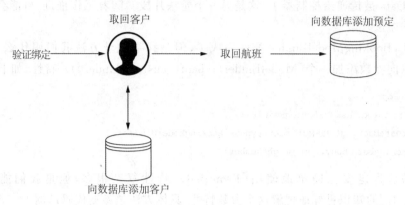

**图 14 - 8   创建预定的一般步骤**

如图 14 - 8 所示,在数据库中创建新预定,需要验证我们的模型绑定、取回(并在适当情况下添加)客户、检索航班,以及之后在数据库中创建预定。通过此工作流程操作,数据库中就会始终有我们所需的所有信息,具体如下:

(1) 验证我们的数据绑定。

(2) 确保给定的客户存在于数据库中。如果数据库中没有,则将该用户添加到数据库中。

(3) 确保有客户想要预定的航班信息。

(4) 在 Booking 表中请求插入包含新预定的条目。

由于我们已经实现了服务层和存储层方法,因此所有这些项目应该都很容易实现。我们先验证数据绑定。为了确保 BookingData 处于有效状态,首先需要定义"有效"意味着什么,如果 FirstName 和 LastName 属性都被设置为有效的非空字符串,那么该实例就被认为是有效的;如果实例不满足有效条件,我们不希望进行任何处理。在 BookingData 类中,已经有了确保我们只能向属性分配有效值的逻辑,如果传入的姓名无效,那么该属性就会保持未设置状态,我们不希望在这种情况下使用该实例。

ASP. NET 允许我们访问 IValidatableObject 接口。这一接口允许我们为 CLR 定义在创建实例时使用验证规则。如果违反验证规则,ASP. NET 就会把 ControllerBase 类的一个布尔属性:ModelState. IsValid 设置为 false。我们可以在控制器中检查这一属性,以确保我们正在使用的对象是有效的,如要实现 IValidatableObject 接口,需要做以下工作:

(1) 向 BookingData 类添加 IValidatableObject 接口。

(2) 实现所需的 Validate 方法以验证属性值并处理任何错误。

向类添加接口很容易,如下所示:

```
public class BookingData : IValidatableObject
```

由于 BookingData 类提示实现了 IValidatableObject 接口,因此也应当实现了这个接口。如要实现一个名为 Validate 的类,如下所示:

```
public IEnumerable<ValidationResult> Validate(ValidationContext validationContext){}
```

切记,当我们实现接口时,必须在实现类中实现接口的任何方法,这里不能修改方法的签名,而且需要实现接口中的所有方法。我们应该在 Validate 方法中做些什么呢? CLR 在对象被实例化时调用 Validate 方法,并(基于提供的验证规则)决定设置 ModelState.IsValid 属性,其返回值(IEnumerable)允许返回一个数据结构(实现了 IEnumerable 接口,包含一些 Validation – Result 实例),其中可能不包含错误,也有可能包含一个或多个错误,此时,我们可以在控制器中访问这些错误,并将它们返回给客户。

这里,我们需要实例化一个新的 IEnumerable 类型,验证我们的属性是否被设置为合适的值(我们已经使用属性的 setter 在模型绑定时检查过姓名是否有效,但是它们仍有可能为空值),并且在出现问题时向返回的数据结构中添加错误,然后返回错误列表,如代码示例 14 – 4 所示。

代码示例 14 – 4:BookingData 的 Validate 方法。

```
public IEnumerable<ValidationResult> Validate(ValidationContext
➥ validationContext){
    // ↓创建一个空的错误列表
    List<ValidationResult> results = new List<ValidationResult>();
    // ↓检查是否 FirstName 和 LastName 都是 null 值
    if (FirstName == null && LastName == null){
        // ↓如果两个属性都是 null 值,则向列表中添加一个错误
        results.Add(
        ➥ new ValidationResult("All given data points are null"));
    } else if (FirstName == null || LastName == null){
        // ↑如果它们两个并非都是 null 值,那么二者之中有可能只有一个为 null 值
        // ↓如果其中一个属性为 null 值,则向列表中添加一个错误
        results.Add(
        ➥ new ValidationResult("One of the given data points is null"));
    }

    // ↓返回包含错误(如果有的话)的列表
    return results;
}
```

在实际应用中,我们如何处理这些错误呢? 回到控制器方法中,我们应该添加一个检查,查看是否 ModelState.IsValid 属性被设置为 true。如果是 ture,那么可以继续我

们的工作；如果不是，我们需要返回一个 HTTP 状态码 500，以及发现的错误，如下所示：

```
[HttpPost]
public async Task<IActionResult>
➥ CreateBooking([FromBody] BookingData body) {
    if (ModelState.IsValid) {
        ...
    }

    return StatusCode((int) HttpStatusCode.InternalServerError,
    ➥ ModelState.Root.Errors.First().ErrorMessage);
}
```

如上所述，如果使用无效的 JSON 载荷查询 CreateBooking 终端地址，将得到一个 HTTP 状态码 500 以及发现的错误。现在将传入的 JSON 数据绑定到模型，并验证该模型的代码，接下来要做的就是在传入适当信息时，用 BookingService 创建预定。为此，首先需要添加一个支持字段以及一个 BookingService 类型的注入实例，并且设置中间件，使其在运行时为我们提供该注入实例。

首先，我们在 BookingController 中添加支持字段以及注入实例（通过构造器），如下所示：

```
[Route("{controller}")]
public class BookingController : Controller {
    private BookingService _bookingService;

    public BookingController(BookingService bookingService) {
        _bookingService = bookingService;
    }

    ...
}
```

现在，我们在 Startup 中添加依赖注入中间件。BookingService 类要匹配 BookingRepository、FlightRepository 和 CustomerRepository 类型的注入依赖。还好，我们已经有了一个 FlightRepository 类型的（瞬态）注入依赖，因此（除了 BookingService 之外）我们只需要向 Startup.ConfigureServices 方法中添加 BookingRepository 和 CustomerRepository 的瞬态实例，如下所示：

```
public void ConfigureServices(IServiceCollection services) {
    services.AddControllers();

    services.AddTransient(typeof(FlightService), typeof(FlightService));
```

```
services.AddTransient(typeof(BookingService), typeof(BookingService));
services.AddTransient(typeof(FlightRepository),
➥ typeof(FlightRepository));
services.AddTransient(typeof(AirportRepository),
➥ typeof(AirportRepository));
services.AddTransient(typeof(BookingRepository),
➥ typeof(BookingRepository));
services.AddTransient(typeof(CustomerRepository),
➥ typeof(CustomerRepository));
services.AddDbContext<FlyingDutchmanAirlinesContext>
➥ (ServiceLifetime.Transient);
services.AddTransient(typeof(FlyingDutchmanAirlinesContext),
➥ typeof(FlyingDutchmanAirlinesContext));
}
```

如下面的代码片段所示,在请求创建一个新预定之前,需要做的最后一件事就是处理终端地址的路径参数,这个参数被映射到 POST/Booking/{flightNumber}终端地址的{flightNumber}部分。

```
[HttpPost("{flightNumber}")]
public async Task<IActionResult> CreateBooking([FromBody] BookingData body,
➥ int flightNumber) {
    if (ModelState.IsValid) {
        ...
    }

    return StatusCode((int) HttpStatusCode.InternalServerError,
    ➥ ModelState.Root.Errors.First().ErrorMessage);
}
```

这里,也对 flightNumber 参数进行一些快速的输入验证,可以使用 IsPositive Integer 扩展方法确保航班编号不是负数,如下所示:

```
[HttpPost("{flightNumber}")]
public async Task<IActionResult> CreateBooking([FromBody] BookingData body,
➥ int flightNumber) {
    if (ModelState.IsValid && flightNumber.IsPositiveInteger()) {
        ...
    }

    return StatusCode((int) HttpStatusCode.InternalServerError,
    ➥ ModelState.Root.Errors.First().ErrorMessage);
}
```

此时,我们已经可以调用 BookingService. CreateBooking 方法,并在数据库中创建预定了,这里,只需要将 FirstName 和 LastName 连接在一起(中间使用空格隔开),因为 BookingService. CreateBooking 方法只有一个 string 类型参数代表了客户的姓名,在这里应使用字符串插值,在拼接之后,我们最终可以调用服务的 CreateBooking 方法了,如下所示:

```
[HttpPost("{flightNumber}")]
public async Task<IActionResult> CreateBooking([FromBody] BookingData body,
➡ int flightNumber) {
    if (ModelState.IsValid && flightNumber.IsPositiveInteger()) {
        string name = $"{body.FirstName} {body.LastName}";
        (bool result, Exception exception) =
        ➡ await _bookingService.CreateBooking(name, flightNumber);
    }


    return StatusCode((int) HttpStatusCode.InternalServerError,
    ➡ ModelState.Root.Errors.First().ErrorMessage);
}
```

由上述可知,BookingService. CreateBooking 方法返回了一个元组,其中布尔值代表预定是否创建成功,而 exception 值被设置为抛出的任何异常。基于这些返回值,我们可以确定我们要返回给客户的内容如下:

(1)如果布尔值为 true,并且 exception 为 null,则返回一个 HTTP 状态码 201 (Created)。

(2)如果布尔值为 false,并且 exception 不为 null,则返回一个 HTTP 状态码 500 或 404,具体取决于异常的类型。

(3)如果布尔值为 false,并且 exception 为 null,则返回一个 HTTP 状态码 500。

我们可以将上述这几条轻松地改写为如下的条件语句:

```
[HttpPost("{flightNumber}")]
public async Task<IActionResult> CreateBooking([FromBody] BookingData body,
➡ int flightNumber) {
    if (ModelState.IsValid && flightNumber.IsPositiveInteger()) {
        string name = $"{body.FirstName} {body.LastName}";
        (bool result, Exception exception) =
➡ await _bookingService.CreateBooking(name, flightNumber);

        if (result && exception == null) {
            return StatusCode((int)HttpStatusCode.Created);
        }


        return exception is CouldNotAddBookingToDatabaseException
```

```
        ? StatusCode((int)HttpStatusCode.NotFound):
        StatusCode((int)HttpStatusCode.InternalServerError,
        ➥ exception.Message);
    }

    return StatusCode((int) HttpStatusCode.InternalServerError,
    ➥ ModelState.Root.Errors.First().ErrorMessage);
}
```

由于 BookingService 在找不到航班时返回了 CouldNotAddBookingToDatabase Exception 类型的异常,因此,我们可以使用它将我们返回的状态码设置为 404。

至此,我们已经完成了飞翔荷兰人航空公司服务的重写!我们在编写过程中重点关注了许多现实世界的场景和决策。在下一节中,我们将进行一些验收测试,以验证我们的工作。

# 14.2  验收测试及添加 Swagger 中间件

有很多方法可以验证我们的代码是否按照预期工作。在整本书中,我们都使用单元测试检查某个特定功能是否按照预期执行。但是,当完成了所有的代码之后,如要验证整个系统,可以执行类似于自动化集成的测试(在编写代码库中运行整个工作流程的测试,它们通常是 CI/CD 系统的一部分,在每天晚上定时执行)。告诉大家一个简单的方法验证我们的代码是否能工作正常:验收测试(acceptance testing)。

验收测试将客户要求与我们的编写的功能进行匹配。我们是从用户那里得到了 OpenAPI 规范形式的要求,但是要求还可以有其他多种形式(用户故事 user story 是另外一种值得注意的要求格式)。因此,在本节中,将通过以下两种方式进行验收测试:

(1) 我们使用 FlyTomorrow 提供的 OpenAPI 规范,手动测试我们的终端地址(第 14.2.1 节)。

(2) 在我们的服务中添加一个可选的 Swagger 中间件,动态生成一份 OpenAPI 规范,将这份生成的规范与提供的规范进行比较,它们应当是匹配的(第 14.2.2 节)。

在将产品交给客户之前进行验收测试是极其重要且有用的。大家可能想提前发现错误或者不正确的功能,以避免交付的客户端出现问题。由于我们正在针对生产(已部署)数据库*进行测试,因此我们只能测试路径(happy path)以及无数据库参与的异常情景。我们不希望产生在运行环境中强行测试失败情况,这就是我们为何要在单元测试中测试失败路径的原因,因为我们可以在保证安全的情况下判断它们能否正常工作。

---

\* 大家通常不想对生产数据库进行测试。我们在本书中这样做的原因是,这样我可以提供一个公开的已部署数据库供大家使用。

### 14.2.1　OpenAPI 的手动验收测试

在开始测试之前,我们提出一种方法和一些测试步骤,我们可以遵循这些方法和步骤测试所有终端地址。我们希望所有功能都能够正常工作,而在前面,每次实现代码之后也确实都进行了测试,但是我们不能确定功能都不会出问题。对于手动测试,我建议使用以下步骤:

(1) 确定输入要求。

(2) 确定路径以及无数据库参与的异常情景。

(3) 测试!

我们需要测试的终端地址如下:

(1) GET/flight。

(2) GET/flight/{flightNumber}。

(3) POST/booking/{flightNumber}。

如图 14-9 所示,我们从 GET/flight 终端地址开始测试,如果查看 OpenAPI 规范,可以看到这个终端地址可以返回 200(以及 flightView 数据)、404 和 500 3 种 HTTP 状态。

图 14-9　GET/flight 终端地址的 OpenAPI 规范

图 14-9 所示为 GET/fight 终端地址用于获取数据库中所有航班的信息,这是生成的 OpenAPI 规范的截图。

由于这只是一个 GET 调用,并且没有路径参数或其他输入需要验证,因此即没有与数据库无关的异常情况需要测试。如果我们查询 GET/flight 终端地址,应该可得到数据库中每个航班的详细信息,如图 14-10 所示。

```
curl -v http://localhost:8081/flight
*   Trying ::1...
* TCP_NODELAY set
*   Trying 127.0.0.1...
* TCP_NODELAY set
* Connected to localhost (127.0.0.1) port 8081 (#0)
> GET /flight HTTP/1.1
> Host: localhost:8081
> User-Agent: curl/7.55.1
> Accept: */*
>
< HTTP/1.1 200 OK
< Date: Sat, 06 Jun 2020 19:40:47 GMT
< Content-Type: application/json; charset=utf-8
< Server: Kestrel
< Transfer-Encoding: chunked
<
[{"flightNumber":"0","origin":{"city":"Groningen","code":"GRQ"},"destination":{"city":"London","code":"LHR"}},{"flightNumber":"
1","origin":{"city":"London","code":"LHR"},"destination":{"city":"Groningen","code":"GRQ"}},{"flightNumber":"2","origin":{"ci
ty":"Groningen","code":"GRQ"},"destination":{"city":"Prague","code":"PRG"}},{"flightNumber":"3","origin":{"city":"Prague","cod
e":"PRG"},"destination":{"city":"Groningen","code":"GRQ"}},{"flightNumber":"4","origin":{"city":"Groningen","code":"GRQ"},"des
tination":{"city":"Basel","code":"MLH"}},{"flightNumber":"5","origin":{"city":"Basel","code":"MLH"},"destination":{"city":"Gro
ningen","code":"GRQ"}},{"flightNumber":"6","origin":{"city":"Groningen","code":"GRQ"},"destination":{"city":"Paris","code":"CD
G"}},{"flightNumber":"7","origin":{"city":"Paris","code":"CDG"},"destination":{"city":"Groningen","code":"GRQ"}},{"flightNumbe
r":"8","origin":{"city":"Groningen","code":"GRQ"},"destination":{"city":"Cardiff","code":"CWL"}},{"flightNumber":"9","origin":
{"city":"Cardiff","code":"CWL"},"destination":{"city":"Groningen","code":"GRQ"}},{"flightNumber":"10","origin":{"city":"Gronin
gen","code":"GRQ"},"destination":{"city":"Edinburgh","code":"EDI"}},{"flightNumber":"11","origin":{"city":"Edinburgh","code":"
EDI"},"destination":{"city":"Groningen","code":"GRQ"}},{"flightNumber":"12","origin":{"city":"Groningen","code":"GRQ"},"destin
ation":{"city":"Cork","code":"ORK"}},{"flightNumber":"13","origin":{"city":"Cork","code":"ORK"},"destination":{"city":"Groning
en","code":"GRQ"}},{"flightNumber":"14","origin":{"city":"Groningen","code":"GRQ"},"destination":{"city":"Oslo","code":"OSL"}}
,{"flightNumber":"15","origin":{"city":"Oslo","code":"OSL"},"destination":{"city":"Groningen","code":"GRQ"}},{"flightNumber":"
16","origin":{"city":"Groningen","code":"GRQ"},"destination":{"city":"Berlin","code":"BER"}},{"flightNumber":"17","origin":{"c
ity":"Berlin","code":"BER"},"destination":{"city":"Groningen","code":"GRQ"}},{"flightNumber":"18","origin":{"city":"Groningen"
,"code":"GRQ"},"destination":{"city":"Lyon","code":"LYS"}},{"flightNumber":"19","origin":{"city":"Lyon","code":"LYS"},"destina
tion":{"city":"Groningen","code":"GRQ"}},{"flightNumber":"20","origin":{"city":"Groningen","code":"GRQ"},"destination":{"city"
:"Luxembourg","code":"LUX"}},{"flightNumber":"21","origin":{"city":"Luxembourg","code":"LUX"},"destination":{"city":"Salzburg","code":"SLZ"
}},{"flightNumber":"22","origin":{"city":"Groningen","code":"GRQ"},"destination":{"city":"Salzburg","code":"SLZ"
}},{"flightNumber":"23","origin":{"city":"Salzburg","code":"SLZ"},"destination":{"city":"Groningen","code":"GRQ"}},{"flightNum
ber":"24","origin":{"city":"Groningen","code":"GRQ"},"destination":{"city":"Milan","code":"MXP"}},{"flightNumber":"25","origin
":{"city":"Milan","code":"MXP"},"destination":{"city":"Groningen","code":"GRQ"}},{"flightNumber":"26","origin":{"city":"Gronin
gen","code":"GRQ"},"destination":{"city":"Copenhagen","code":"CPH"}},{"flightNumber":"27","origin":{"city":"Copenhagen","code"
:"CPH"},"destination":{"city":"Groningen","code":"GRQ"}},{"flightNumber":"28","origin":{"city":"Groningen","code":"GRQ"},"dest
ination":{"city":"Belfast","code":"BFS"}},{"flightNumber":"29","origin":{"city":"Belfast","code":"BFS"},"destination":{"city":
"Groningen","code":"GRQ"}},{"flightNumber":"30","origin":{"city":"Groningen","code":"GRQ"},"destination":{"city":"Sorvag","cod
e":"FAE"}},{"flightNumber":"31","origin":{"city":"Sorvag","code":"FAE"},"destination":{"city":"Groningen","code":"GRQ"}},{"fli
ghtNumber":"32","origin":{"city":"Groningen","code":"GRQ"},"destination":{"city":"Norwich","code":"NWI"}},{"flightNumber":"33"
,"origin":{"city":"Norwich","code":"NWI"},"destination":{"city":"Groningen","code":"GRQ"}},{"flightNumber":"34","origin":{"cit
y":"Groningen","code":"GRQ"},"destination":{"city":"Liverpool","code":"LPL"}},{"flightNumber":"35","origin":{"city":"Liverpool
","code":"LPL"},"destination":{"city":"Groningen","code":"GRQ"}},{"flightNumber":"36","origin":{"city":"Groningen","code":"GRQ
"},"destination":{"city":"Toulouse","code":"TLS"}},{"flightNumber":"37","origin":{"city":"Toulouse","code":"TLS"},"destination
":{"city":"Groningen","code":"GRQ"}},{"flightNumber":"38","origin":{"city":"Groningen","code":"GRQ"},"destination":{"city":"Ca
en","code":"CFR"}},{"flightNumber":"39","origin":{"city":"Caen","code":"CFR"},"destination":{"city":"Groningen","code":"GRQ"}}
]* Connection #0 to host localhost left intact
```

图 14-10  查询 GET/flight 终端地址所返回的数据

图 14-10 中,数据库中的所有航班均以 JSON 形式返回,这会允许用户快速处理数据。

大家可以看到,终端地址返回了包含数据库中所有航班信息的冗长列表,这说明 GET/flight 终端地址能够正常工作,接下来,我们继续测试下一个(更有趣的)终端地址:GET/flight/{flightNumber},其规范如图 14-11 所示。

我们可以看到,GET/flight/{flightNumber} 使用了一个路径参数,可以返回 200 (以及一些数据)、400 和 404 3 个 HTTP 状态码。我们可以通过请求一个有效航班,请求一个无效航班编号以及请求一个有效但是不存在于数据库中的航班编号,测试所有这些情况,如表 14-1 所列。

表 14 - 1    人工测试 GET/flight/{flightNumber}时返回的数据

| 航班编号 | 返回状态 | 返回数据 |
|---|---|---|
| 19 | 201 | `{ "flightNumber":"19",`<br>`    "origin":{"city":"Lyon","code":"LYS"},`<br>`    "destination":{"city":"Groningen",`<br>`                    "code":"GRQ"}`<br>`}` |
| −1 | 400 | (Bad Request) N/A |
| 500 | 404 | (Flight Not Found) N/A |

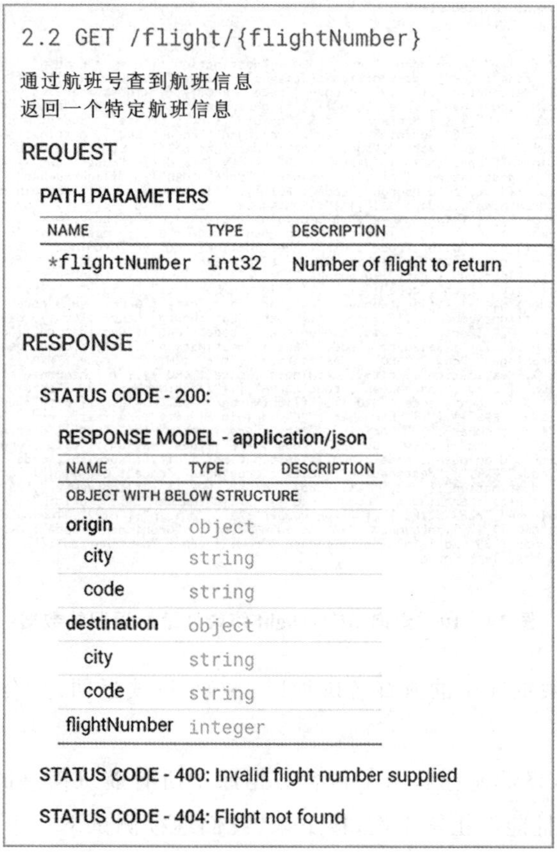

## 2.2 GET /flight/{flightNumber}

通过航班号查到航班信息
返回一个特定航班信息

**REQUEST**

**PATH PARAMETERS**

| NAME | TYPE | DESCRIPTION |
|---|---|---|
| *flightNumber | int32 | Number of flight to return |

**RESPONSE**

**STATUS CODE - 200:**

**RESPONSE MODEL - application/json**

| NAME | TYPE | DESCRIPTION |
|---|---|---|
| OBJECT WITH BELOW STRUCTURE | | |
| origin | object | |
| city | string | |
| code | string | |
| destination | object | |
| city | string | |
| code | string | |
| flightNumber | integer | |

**STATUS CODE - 400:** Invalid flight number supplied

**STATUS CODE - 404:** Flight not found

图 14 - 11    GET/flight/{flightNumber}终端地址的 OpenAPI 规范

图 14 - 11 所示的此终端地址允许用户在给定航班编号时获取特定航班的信息,这是生成的 OpenAPI 规范的截图。

可以看出,终端地址返回的所有数据都展示在了表 14 - 1 中,我们又手动测试通过了一个终端地址。现在,我们准备测试最后一个终端地址 POST/booking/{flightNumber},其规范如图 14 - 12 所示。

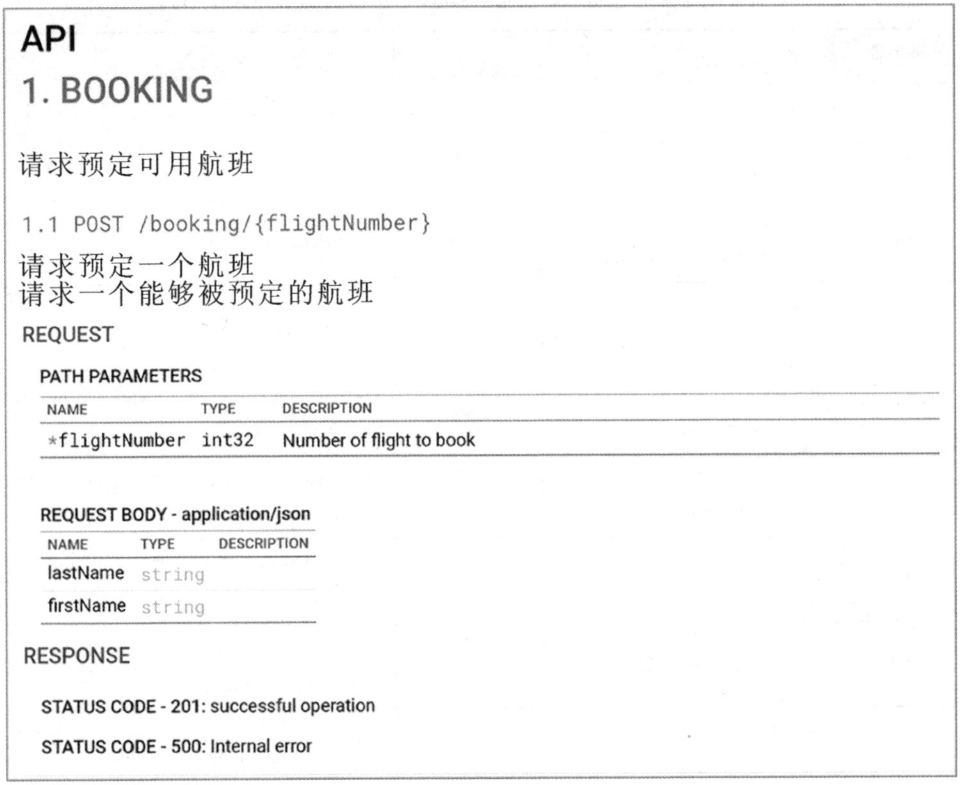

```
API
1. BOOKING

请求预定可用航班

1.1 POST /booking/{flightNumber}
请求预定一个航班
请求一个能够被预定的航班
REQUEST

PATH PARAMETERS

| NAME | TYPE | DESCRIPTION |
|---|---|---|
| *flightNumber | int32 | Number of flight to book |


REQUEST BODY - application/json

| NAME | TYPE | DESCRIPTION |
|---|---|---|
| lastName | string | |
| firstName | string | |

RESPONSE

STATUS CODE - 201: successful operation

STATUS CODE - 500: Internal error
```

**图 14 - 12　POST/booking/{flightNumber}终端地址的 OpenAPI 规范**

图 14 - 12 中的终端地址允许客户通过提供姓名和航班编号来预定航班。这是生成 OpenAPI 规范的截图。

通常,POST/booking/{flightNumber}只有两个可能的返回状态(201 和 500),但是这里存在一些误导性,可以通过以下方式强制终端地址出现错误:

（1）传入一个带有空字符串作为姓名的 JSON 主体。

（2）传入一个缺失一个或两个所需属性(firstName 和 lastName)的 JSON 主体。

（3）使用一个无效的航班编号。

（4）使用一个有效但是不存在于数据库中的航班编号。

表 14 - 2 展示了我们的输入以及 GET/flight/{flightNumber}终端地址的输出。由表 14 - 2 中的数据,可以看出我们的所有手动测试都通过了,没有任何意外的输出,我们可以安全地继续最后一个测试:基于我们的服务动态生成一份 OpenAPI 文件,并将其于 FlyTomorrow 提供的版本进行对比。

表 14 - 2 POST/booking/{flightNumber}的所有成功和失败响应

| 终端地址<br>航班编号 | 主 体 | 返回状态 | 返回数据 |
|---|---|---|---|
| 1 | firstName : "Alan"<br>lastName: "Turing" | 201 | (Created) N/A |
| —1 | firstName : "Alan"<br>lastName: "Turing" | 400 | (Bad Request) N/A |
| 999 | firstName : "Alan"<br>lastName: "Turing" | 404 | (Not Found) N/A |
| 1 | firstName : "Alan"<br>lastName: "" | 500 | (Internal Server Error) "One of the given data points is null" |
| 1 | firstName : ""<br>lastName: "Turing" | 500 | (Internal Server Error) "One of the given data points is null" |
| 1 | firstName : "Alan" | 500 | (Internal Server Error) "One of the given data points is null" |
| 1 | lastName: "Turing" | 500 | (Internal Server Error) "One of the given data points is null" |
| 1 | firstName : "".<br>lastName: "" | 500 | "All given data points are null" |
| 1 | N/A | 500 | "All given data points are null" |

## 14.2.2 生成 OpenAPI 规范

在第 13.3 节中,我们讨论了中间件以及如何使用中间件,而且查看了路由和依赖注入。我们可以通过一个 Swagger 中间件选项(Swagger 是 OpenAPI 的前体)生成一份 OpenAPI 规范,因为 CLR 通过 ASP. NET 在运行时创建此 OpenAPI 规范,因此它始终能够反应终端地址的最新和最优状态。本节的目标即是动态生成这样一个 OpenAPI 规范,并将其与我们从 FlyTomorrow 处得到的 OpenAPI 规范做对比。

**注意**:本节是可选内容,并且需要安装第三方 C#库以便于学习。对于大多数应用,生成 OpenAPI 规范并不属于要求的功能,大家可以跳过这个章节,然后在总结部分再次阅读。

由于. NET5 并没有附带添加 Swagger 中间件的功能,因此我们必须安装一个名为 Swashbuckle 的第三方库。可以通过 NuGet 包管理器安装 Swashbuckle. AspNetCore 包(参见前面第 5.2.1 节),安装完成 Swashbuckle. AspNetCore 包之后,就可以添加中间件配置了。

接着,我们通过修改 Configure 和 ConfigureServices 方法,向 Startup. cs 添加中间件。设置非常简单,开箱即用,如代码示例 14 - 5 所示。

代码示例 14 - 5：带有 Swashbuckle 中间件的 Startup 类。

```
class Startup {
    public void Configure(IApplicationBuilder app, IWebHostEnvironment env) {
        app.UseRouting();
        app.UseEndpoints(endpoints => { endpoints.MapControllers(); });
        // ↓ 在默认位置生成一个 Swagger 文件
        app.UseSwagger();
        // ↓ 显示一个交互式 GUI,指向生成的 Swagger 文件
        app.UseSwaggerUI(swagger =>
            swagger.SwaggerEndpoint("/swagger/v1/swagger.json",
            "Flying Dutchman Airlines"));
    }

    public void ConfigureServices(IServiceCollection services) {
        services.AddControllers();

        services.AddTransient(typeof(FlightService),
            typeof(FlightService));
        services.AddTransient(typeof(BookingService),
            typeof(BookingService));
        services.AddTransient(typeof(FlightRepository),
            typeof(FlightRepository));
        services.AddTransient(typeof(AirportRepository),
            typeof(AirportRepository));
        services.AddTransient(typeof(BookingRepository),
            typeof(BookingRepository));
        services.AddTransient(typeof(CustomerRepository),
            typeof(CustomerRepository));

        services.AddDbContext<FlyingDutchmanAirlinesContext>
            (ServiceLifeTime.Transient);

        services.AddTransient(typeof(FlyingDutchmanAirlinesContext),
            typeof(FlyingDutchmanAirlinesContext));
        // ↓ 向中间件添加 Swagger
        services.AddSwaggerGen();
    }
}
```

通过在 ConfigureServices 和 Configure 方法中添加 Swagger 设置,CLR 在启动时就执行扫描服务,并基于这些信息生成一个 Swagger 文件。如要测试这点,我们要做的就是启动服务,并导航至 SwaggerUI 的终端地址:[service]/swagger。

在图 14-13 中,我们会看到由 Swagger 中间件生成的 Swagger UI。

**图 14-13　自动生成的飞翔荷兰人航空公司服务的 OpenAPI 规范**

我们可以使用 OpenAPI 规范仔细检查我们的工作是否符合 FlyTomorrow 的 OpenAPI 规范。从表面看,看起来相当不错。我们进一步看看是否缺少了任何信息。通过展开 GET/{controller}/{flightNumber}部分,可以在图 14-14 中看到,它只生成了状态码 200 的返回信息。

这里有一个问题,那就是我们为这些终端地址方法添加的逻辑中,不仅是能够返回 200 状态码。大家可能会经常遇到这种情况,CLR 都无法自动确定所有的返回状态码,我们可以向对应的方法添加方法特性,如下所示:

```
[HttpGet("{flightNumber}")]
[ProducesResponseType(StatusCodes.Status2000K)]
[ProducesResponseType(StatusCodes.Status404NotFound)]
[ProducesResponseType(StatusCodes.Status400BadRequest)]
public async Task<IActionResult> GetFlightByFlightNumber(int flightNumber) { … }
```

图 14-14 此处展开了 GET/Flight/{FlightNumber}终端地址的部分,这里似乎缺

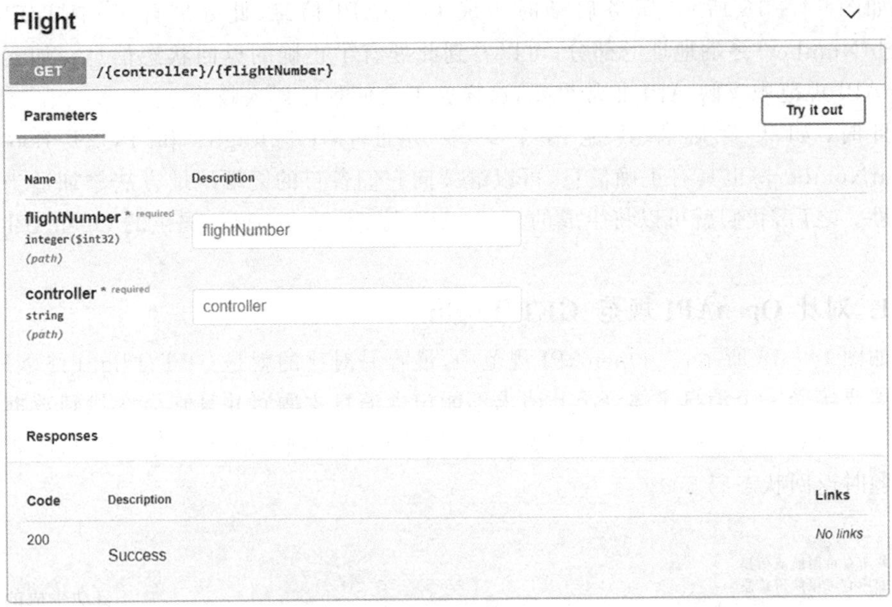

## Flight

图 14 - 14　服务启动时生成的 OpenAPI 信息(缺少返回信息)

少了一些返回信息,我们将其添加到控制器。

　　如果现在再次编译,并启动服务,会看到 Swagger UI 已经发生更改,如图 14 - 15 所示。

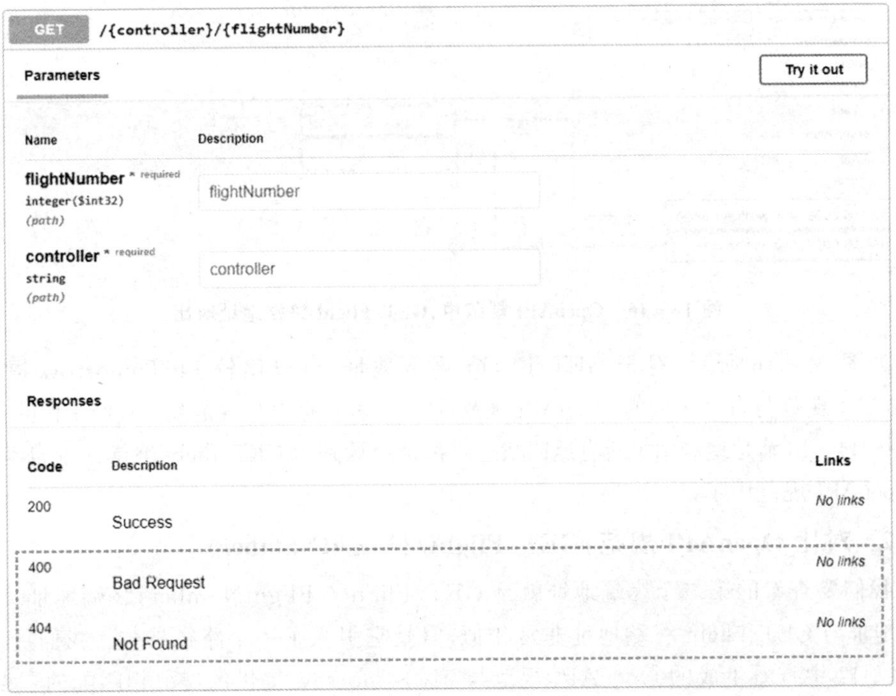

图 14 - 15　服务启动时生成的 OpenAPI 信息(包括正确的返回信息)

如图 14 - 15 所示，服务启动时生成 OpenAPI 信息，此处展开了 GET/Flight/{FlightNumber}终端地址的部分，可以看到此处有了正确的返回状态信息。如实的在 OpenAPI 规范中反映 API 非常重要，这样就不会使程序误入歧途。

此时，如果要确保其他两个终端地址（GET/Flight 和 POST/Booking/{flightNumber}）也具有正确信息，可以继续向它们各自的终端地址方法添加适当的方法特性。之后，我们就可以将生成的 OpenAPI 与 FlyTomorrow 提供的 OpenAPI 进行对比。

### 1. 对比 OpenAPI 规范：GET/Flight

如图 14 - 16 所示，在 OpenAPI 规范中，最容易对比的就是 GET/Flight 终端地址。它不需要接受一个消息主体（GET 请求不能包含消息主题），并且它会在找到数据时返回状态码 200 以及它能找到的任何数据，在没有发现数据时返回状态码 404，或者在遇到问题时返回状态码 500。

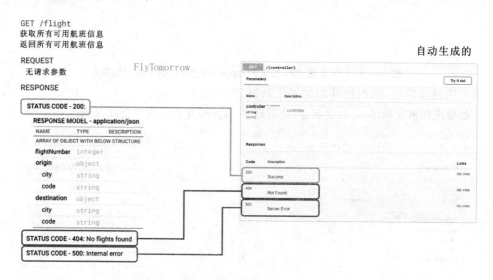

**图 14 - 16　OpenAPI 规范中，GET/Flight 终端地址对比**

如图 14 - 16 所示，对于 GET/Flight 终端地址，可以比较 FlyTomorrow 提供的 OpenAPI 规范与自动生成的 OpenAPI 规范，这是一种根据客户规范验证我们工作的方法。

图 14 - 16 清楚地展示了所有返回状态码都被统计到为 GET/flight 终端地址自动生成的 OpenAPI 规范中了。

### 2. 对比 OpenAPI 规范：GET/Flight/{FlightNumber}

我们要查看的第二个终端地址就是 GET/Flight/{FlightNumber}终端地址。这个终端地址与 GET/Flight 终端地址非常相似，但是它引入了一个路径参数。我们可以在图 14 - 17 中查看生成的 OpenAPI 规范与 FlyTomorrow 提供的规范相匹配的程度。

如图 14 - 17 所示，对于 GET/Flight/{FlightNumber}，比较 FlyTomorrow 提供的 OpenAPI 规范与自动生成的 OpenAPI 规范，我们可以确信我们的工作完成得很好。

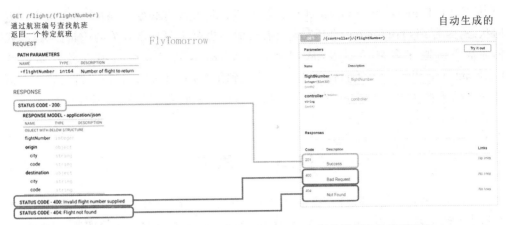

图 14 - 17　查看 OpenAPI 规范与 FlyTomorrow 提供的规范的匹配程度

可以看出,FlyTomorrow 提供的 OpenAPI 规范与自动生成的 OpenAPI 规范似乎具有相同的返回状态码。这太好了,接着,我们查看最后一个终端地址。

## 3. 对比 OpenAPI 规范:POST/Booking/{flightNumber}

我们要实现的最后一个终端地址就是 POST/Booking/{flightNumber}。这个终端地址包含了带有消息主体的 POST 请求和一个路径参数。这个终端地址方法要求对进出服务的数据执行 JSON 反序列化和序列化操作,如图 14 - 18 所示。

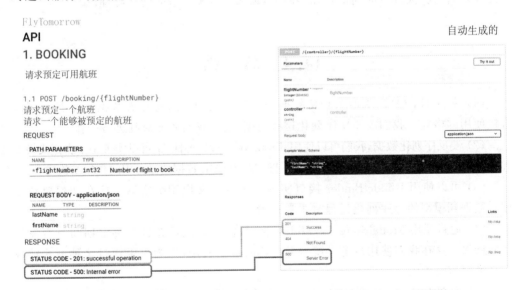

图 14 - 18　基于 POST/Booking/{flightNumber},对比 FlyTomorrow 提供的
OpenAPI 规范与自动生成的 OpenAPI 规范

如果我们不比较这两个规范,可能就会忽视 404 Not Found 的问题,并将错误的代码发送给客户。

图 14 - 18 中的内容令人开心,但是并不完全是我们在现阶段所希望看到的。大家可以看到,201 和 500 状态码确实能够正确映射,但是还额外实现了 404 状态码的返

347

回，根据 FlyTomorrow 的 OpenAPI 规范，此返回值并没有必要。现在，先保留这个返回状态，因为 FlyTomorrow 的开发人员有可能会想要实现与之有关的逻辑。另外，我们通常严格遵守客户的要求，从这个方面来说，本书的最后一项任务就是修改 BookingController，使其不再返回 404（如果遇到困难，请参阅源代码）。给大家一个额外的挑战任务：描述 Swagger 指定返回状态码，请大家研究并实现这一挑战。

## 14.3　结束语

至此，本书到了结尾阶段。我希望您非常喜欢这本书，并且学到了一新知识。如果您想要继续学习 C# 相关内容，建议看看 Jon Skeet 的 *C# in Depth* 第四版（Manning，2019 年），Dustin Metzgar 的 *.NET Core in Action*（Manning，2018 年），Andrew Lock 的 *ASP.NET Core in Action* 第二版（Manning，2021 年），以及 Jeffrey Richter 的 *CLR via C#* 第 4 版（Microsoft Press，2012 年）。附录 E 是本书推荐的各种资源（书籍、网站、文章）列表。

最后，我想留给大家一句话，来自著名的 Donald Knuth[*]：

如果您发现自己把很多时间花在理论学习上，那么请分配一些时间进行实践。如果您发现自己把大部分时间都花在实践上，那么请分配一些时间学习理论。

## 14.4　总　结

（1）来自 HTTP 请求地 JSON 数据是已序列化的。这意味着数据不是我们可以直接使用的格式。我们需要反序列化这些数据，之后我们才能对其进行操作。

（2）要反序列化数据，我们可以使用[FromBody]参数特性，也可以实现一个自定义模型绑定器。反序列化数据允许我们将传入的 JSON 或 XML 数据放进可用的数据结构中。

（3）可以使用 IModelBinder 接口实现一个自定义模型绑定器。这在您想要精细控制数据到模型的反序列化过程时非常有用。

（4）通过使用 ModelState.IsValid 检查，我们可以验证在模型绑定期间是否发生任何错误。这在我们使用自定义模型绑定器时最为有用，因为可以通过这种方式精确定义模型何时无效。

（5）通过向配置中添加 Swagger 中间件，就可以在启动时为服务生成一份 OpenAPI 规范，这有助于进行验收测试，并且确保正在实现正确的终端地址。

---

[*] Donald Knuth 是一位美国计算机科学家，以著作 *The Art of Computer Programming* 系列丛书而闻名。他是 1974 年 ACM 图灵奖（在计算机学界相当于奥斯卡奖/普利策奖/诺贝尔奖）的获得者，其在渐进符号（asymptotic notation）的普及方面发挥了重要作用，是斯坦福大学的名誉教授。他的（优秀的）个人网站是：https://www-cs-faculty.stanford.edu/knuth/ 。

# 附录 A 练习答案

此附录提供了本书的练习答案以及答案的解释。

## 第 2 章

| 练习编号 | 答 案 | 解 释 |
|---|---|---|
| 2.1 | d | AmigaOS 最初是为 Amiga PC 开发的操作系统。它的前一次发布是在 2016 年,.NET 没有对它提供支持。 |
| 2.2 | c | |
| 2.3 | d | |
| 2.4 | a | |
| 2.5 | b、a | |
| 2.6 | e | |
| 2.7 | c | |
| 2.8 | a | |

## 第 4 章

| 练习编号 | 答 案 | 解 释 |
|---|---|---|
| 4.1 | False | 特性可以被应用于方法、类、类型、属性和字段。 |
| 4.2 | True | |
| 4.3 | False | 枚举器可以通过 enum 关键字创建。 |
| 4.4 | a、d | |
| 4.5 | b | |
| 4.6 | a | |
| 4.7 | c | |
| 4.8 | True | |
| 4.9 | False | |

## 第 5 章

| 练习编号 | 答案 | 解释 |
|---|---|---|
| 5.1 | b | |
| 5.2 | a | |
| 5.3 | a,d | Tomcat 是 Java Servlet 的一个开源实现（与 WebHost 类似）；JVM 是 Java Virtual Machine（与 CLR 类似）。 |
| 5.4 | True | |
| 5.5 | 参见表格下方的答案 | |
| 5.6 | 每个数据库实体一个 | |

练习 5.5 答案：可以在一行之内完成这个练习。大家可以选择各种访问修饰符、方法名以及变量名。但是，其中一定要满足两个要求：返回值应是 integer 类型，并且我们需要返回两个整数输入参数的乘积，如下所示：

```
public int Product(int a, int b) => a * b;
```

## 第 6 章

| 练习编号 | 答案 | 解释 |
|---|---|---|
| 6.1 | c | 答案 B（"不要在两个独立的地方执行相同的逻辑"）只是描述了不要重复自己（Don't Repeat Yourself，DRY）原则。 |
| 6.2 | True | 在本书中，我们使用了 TDD-light，有时打破了这个规则。 |
| 6.3 | False | 测试类必须有一个 public 访问修饰符，才能被测试运行器使用。 |
| 6.4 | c | |
| 6.5 | False | LINQ 允许我们通过使用类 SQL 的语句和方法对集合执行查询。 |
| 6.6 | a | |
| 6.7 | b | |
| 6.8 | True | |
| 6.9 | a | |
| 6.10 | True | |

第 6.2.8 节中练习的解决方案：

```
[TestMethod]
public async Task CreateCustomer_Success()
{
    CustomerRepository repository = new CustomerRepository();
    Assert.IsNotNull(repository);

    bool result = await repository.CreateCustomer("Donald Knuth");
```

```
    Assert.IsTrue(result);
}


[TestMethod]
public async Task CreateCustomer_Failure_NameIsNull()
{
    CustomerRepository repository = new CustomerRepository();
    Assert.IsNotNull(repository);

    bool result = await repository.CreateCustomer(null);
    Assert.IsFalse(result);
}


[TestMethod]
public async Task CreateCustomer_Failure_NameIsEmptyString()
{
    CustomerRepository repository = new CustomerRepository();
    Assert.IsNotNull(repository);

    bool result = await repository.CreateCustomer(string.Empty);
    Assert.IsFalse(result);
}


[TestMethod]
[DataRow('#')]
[DataRow('$')]
[DataRow('%')]
[DataRow('&')]
[DataRow('*')]
public async Task CreateCustomer_Failure_NameContainsInvalidCharacters(char
    invalidCharacter)
{
    CustomerRepository repository = new CustomerRepository();
    Assert.IsNotNull(repository);

    bool result = await repository.CreateCustomer("Donald Knuth" +
    invalidCharacter);
    Assert.IsFalse(result);
}
```

## 第 7 章

| 练习编号 | 答 案 | 解 释 |
|---|---|---|
| 7.1 | 编写一个单元测试,使用方法特性捕获这个异常 | |
| 7.2 | b | |
| 7.3 | Exception | 可以从继承了 Exception 类的其他 Exception(自定义或非自定义)派生一个自定义异常。 |
| 7.4 | c | A 和 B 都是基础类型构成的集合的默认值,因此在某些情况下它们也是正确的。 |
| 7.5 | c | 比较数值类型时,等价运算符会比较它们其中的值。 |
| 7.6 | a | 比较引用类型时,等价运算符会比较它们的内存地址。 |
| 7.7 | True | |
| 7.8 | a | 进行运算符重载时,还需要重载它的逆向运算符。 |
| 7.9 | False | 计算中不存在完美的随机性。 |
| 7.10 | False | 计算中不存在完美的随机性。 |
| 7.11 | True | |

## 第 8 章

| 练习编号 | 答 案 | 解 释 |
|---|---|---|
| 8.1 | c | |
| 8.2 | False | 两个类彼此严重依赖对方,代表其紧密耦合。 |
| 8.3 | a | |
| 8.4 | c | |
| 8.5 | False | 字符串是不可变的,对字符串进行的每一次更改实际上都在重新分配内存,并将新字符串存储到那里。 |
| 8.6 | False | 必须 override(覆盖)基类的方法。 |
| 8.7 | a | DRY 原则代表"不要重复自己"(Don't Repeat Yourself)原则,Phragmén-Lindelöf 定理可处理全纯函数在无界域上的有界性。 |
| 8.8 | b | |
| 8.9 | c | |
| 8.10 | False | 泛型可被用于类、方法和集合。 |
| 8.11 | False | |
| 8.12 | False | |
| 8.13 | True | |
| 8.14 | b | |
| 8.15 | False | 如果没有在 switch 语句中声明一个 default 情况,并且没有其他情况匹配成功,那么 switch 语句中没有操作会被执行。 |

## 第 9 章

| 练习编号 | 答　案 | 解　释 |
|---|---|---|
| 9.1 | b | |
| 9.2 | a | |
| 9.3 | False | 可以使用[DataRow]提供任意数量的数据点。 |
| 9.4 | b | |
| 9.5 | False | |
| 9.6 | False | 抽象类可以包含抽象方法和常规方法。 |
| 9.7 | False | |
| 9.8 | True | |

## 第 10 章

| 练习编号 | 答　案 | 解　释 |
|---|---|---|
| 10.1 | b | |
| 10.2 | False | 在使用 ORM 时,存储库层通常通过数据库访问层与数据库进行交互。 |
| 10.3 | True | |
| 10.4 | True | |
| 10.5 | a | |
| 10.6 | c | 我们不应在不考虑副作用的情况下删除代码。当遇到注释掉的代码时,请尽力找到它存在的原因。除非有非常好的理由,否则请把它删掉。在大多数的情况下,可以删除这些注释掉的代码,而不会出现任何问题。 |
| 10.7 | d | |
| 10.8 | a | |
| 10.9 | True | |
| 10.10 | c | |
| 10.11 | True | 虽然控制器和存储库之间仍然有一些耦合,但是与控制器直接调用存储库相比,这是更加宽松的耦合。 |
| 10.12 | False | 这是 stub 的功能。 |
| 10.13 | False | InternalsVisibleTo 允许向其他不同的程序集暴露当前程序集的内部元素。 |
| 10.14 | c | |
| 10.15 | True | |
| 10.16 | b | |
| 10.17 | a | [MethodImpl(MethodImplOptions. NoInlining)]仅可用于方法。 |

## 第 11 章

| 练习编号 | 答 案 | 解 释 |
|---|---|---|
| 11.1 | False | |
| 11.2 | c | |
| 11.3 | a | 我们只允许服务调用存储库，而存储库不应调用另一个存储库。 |
| 11.4 | True | |
| 11.5 | b | |
| 11.6 | False | 丢弃运算符仍然会导致内存分配。 |
| 11.7 | a | 会进入第一个 catch 块，因为 ItemSoldOutException 可以被用作 Exception 类型。 |
| 11.8 | a | |

## 第 12 章

| 练习编号 | 答 案 | 解 释 |
|---|---|---|
| 12.1 | True | |
| 12.2 | False | 我们需要实现 InventoryService 类。 |
| 12.3 | b | |
| 12.4 | a | |
| 12.5 | Yes | Dragonfruit 类可以设置 IsFruit 属性，因为 IsFruit 属性有一个 protected 访问修饰符。protected 访问修饰符仅允许当前类及派生类访问其修饰的属性，而 Dragonfruit 类派生自 Food 类。 |
| 12.6 | True | |
| 12.7 | True | |
| 12.8 | False | 当向结构体添加构造器时，需要设置结构体中所有的属性，否则编译器将不会编译您的代码。 |

## 第 13 章

| 练习编号 | 答 案 | 解 释 |
|---|---|---|
| 13.1 | True | |
| 13.2 | c | |
| 13.3 | a | |
| 13.4 | True | |
| 13.5 | c | |
| 13.6 | b | |

# 附录 B　整洁代码检查表

当遇到不熟悉的代码或者需要编写新代码时,可以使用下面这个简短的清单。这份表并不是最详尽无遗的,只供大家参考。

**1. 通　用**

(1) 我们编写的代码应具有可读性,我们是为人服务,而不是为机器编写代码。

(2) 只在必要的地方为代码添加注释,我们的代码本就应当能够让其他人轻松理解。

(3) 我们需要提供关于如何建立和释放代码库的明确说明。如果可以,可以提供能够直接使用的脚本/制作文件(makefiles)或者 CI/CD 设置说明。

(4) 我们会尽可能使用代码原生的功能,而不是实现自己的库。

(5) 我们编写的代码在设计模式、文档和命名习惯方面要始终保持一致,不应在开发中改变这些内容,或者建立不同的模式。

(6) 向自己的应用程序中添加日志,因此自己或者其他开发者可以在出现问题的时候进行调试和修复漏洞。

**2. 类**

(1) 类应具有尽可能严格的访问修饰符。

(2) 类应具有准确的命名。

(3) 类只对一个特定对象执行操作,即坚持单一职责原则(Single Responsibility Principle)。

(4) 类应位于项目的正确的文件夹中。

(5) 如果纠结于如何实现一个类,请退后一步,首先简短描述这个类及其需要实现的功能,这样会帮助我们专注于编写更加整洁的代码。如果我们的类需要做很多事情,那么我会将其拆开。

**3. 方　法**

(1) 方法应具有尽可能严格的访问修饰符。

(2) 方法应被准确地命名,并且正确地描述内部的逻辑(不遗漏任何东西)。

(3) 方法应只执行一个通用的操作或者从其他与操作相关的方法中收集信息,即坚持单一职责原则。

(4) 如果方法具有公共(public)访问修饰符,那么我不应在该方法中执行任何操作。公共方法应当用以调用其他较小的方法,并组织输出。

(5) 为方法准备单元测试,单元测试应当覆盖主要的逻辑分支(成功和失败)。

### 4. 变量-字段和属性(Varibles Fields Properties)

(1)我们的 VFP 类型应尽可能抽象。如果可以使用接口代替具体的类型,那么请使用接口,这会促进多态性以及 Liskov 替换原则的使用。

(2)请不要将任何"魔法数字"赋值给变量。

(3)应尽可能使 VFP 具有最严格的访问修饰符。如果一个 VFP 可以被设置为只读,那么应将把它设置为只读。如果一个 VFP 可以被设置为常量,那么就将把它设置为常量。

(4)要验证我们的输入参数。这可以避免遇到不希望见到的空指针异常以及避免在无效状态下对数据进行操作。

(5)在合适的时候,应使用枚举和常量替代字符串文本。

### 5. 测 试

(1)应为代码提供适当的单元测试。

(2)应尽可能遵循测试驱动开发。

(3)大家不应将精力放在代码覆盖方面,在测试的目标是防止出现意外的副作用,并验证根据要求提出的假设与现有代码是否相符。

(4)如果我们的某个修改打破了测试,可以修复代码以通过这个测试。

(5)建议大家编写能够满足所有测试的最小代码,任何额外的代码行都会增加代码的维护成本。

# 附录 C 安装指南

此附录包含了以下工具的快速安装指南：

（1）.NET Framework 4.x。

（2）.NET 5。

（3）Visual Studio。

（4）Visual Studio for Mac。

（5）Visual Studio Code。

## 1. .NET FRAMEWORK 4.X(仅限 Windows)

.NET Framework 仅支持 Windows 平台，如要安装最新版本的.NET Framework 4，请访问 https://dotnet.microsoft.com/download/dotnet-framework，在发布列表中选择最上面的选项。请注意，支持运行本书提供的源代码的.NET Framework 最低版本为 4.8，当您点击一个发布的版本时，会被转到该发布版本的下载链接页，点击"Download.NET Framework 4.[您选择的版本]Developer Pack"，将下载一个安装程序，您可以运行这个程序，并在计算机上安装.NET Framework。

## 2. .NET 5 (WINDOWS, LINUX, AND MACOS)

.NET 5 支持 Windows、Linux 和 macOS(仅 64 位)平台，如要安装最新版本的.NET 5，请访问 https://dotnet.microsoft.com/download/dotnet/5.0，并选择最新的 SDK 发布版本。在我编写本书时，最新的发布版本为 SDK 5.0.203。当点击适当的发布版本时，可能会被转到特定版本的下载页面。这里大家还可以选择为特定平台下载二进制文件，运行下载好的安装程序，以将.NET 5 安装到您的平台上。

## 3. VISUAL STUDIO (WINDOWS)

Visual Studio 是在 Windows 上开发 C# 的首选 IDE，Visual Studio 有以下 3 个版本：

（1）社区版(Community)。

（2）专业版(Professional)。

（3）企业版(Enterprise)。

其中，社区版是免费的，大家可以开发(商业)软件。上述 3 个版本之间存在一些功能差异，我们在本书中进行的所有操作都可以使用 Visual Studio Community 完成。

如要下载 Visual Studio Community，请访问 https://visualstudio.microsoft.com/vs/ 并从"下载 Visual Studio"的下拉列表中选择"Visual Studio Community"。请确保下载的版本至少为 Visual Studio 2019 v16.7，因为，.NET 5 不能在 Visual Studio

的旧版本(包括前几年的发布版本,比如 Visual Studio 2017)中正确运行。当启动安装程序时,可能会看到很多 Visual Studio 的安装选项,这些选项被称为"工作负载"(workloads),对于这本书内容的学习,需要安装以下两个选项:

(1) ASP. NET 与网络开发。

(2) . NET Core 跨平台开发。

当选择工作负载之后,右下角的下载按钮就会被启用,单击这个按钮,程序就会安装带有所选工作负载的 Visual Studio。请注意,安装 Visual Studio 通常需要超过 8GB 的空间。

### 4. VISUAL STUDIO FOR MAC

Visual Studio for Mac 是不同于 Visual Studio 的独立产品,微软视图将 Visual Studio 的体验带到 macOS 上。如要安装 Visual Studio for Mac,请访问 https://visualstudio. microsoft. com/vs/mac/。单击"下载 Visual Studio for Mac"按钮,并运行下载好的安装程序,现在,已经准备好使用 Download Visual Studio for Mac 了,macOS 上一些其他常用的 IDE 包括 VS Code 和 JetBrains 的 Rider,请确保您总是在使用最新版本的 Visual Studio for Mac。

### 5. VISUAL STUDIO CODE (WINDOWS, LINUX, MACOS)

在本书中或在您的日常工作中,并不是必须要使用 Visual Studio。从理论上讲,可以使用任何文本编辑器编写 C# 代码,然后通过命令行进行编译。实际上,这样使用这个编辑器有些痛苦。微软已经开发出一款 Visual Studio 的轻量级版本替代它,它名为 Visual Studio Code,而且它是免费的,功能更像是一个文本编辑器,而不是一个非常完整的 IDE。如要下载 Visual Studio Code,请访问 https://code. visualstudio. com/,点击"Download for [您的平台]"按钮,之后运行安装程序,之后 Visual Studio Code 就可以使用了。

当大家首次使用 Visual Studio 编写 C# 代码(或打开一个 C# 解决方案)时,它会提醒您下载一个 C# 包,大家要接受这个提示,然后您就可以在 Visual Studio Code(简称 VS Code)中使用 C# 了。

### 6. 在您的本地计算机上运行飞翔荷兰人航空公司数据库

如果不想(或不能)使用本书中提供的,已部署的飞翔荷兰人航空公司数据库,可以在 SQL 服务器的本地实例中运行该 SQL 数据库。

为此,需要安装以下应用:

(1) SQL Server Developer Edition。

(2) Microsoft SQL Server Management Studio。

如要下载 SQL Server,请访问 https://www. microsoft. com/en-us/sql-server/sql-server-downloads,并下载 SQL Server 的开发者(Developer)版本。安装了 SQL Server 之后,就可以访问 https://docs. microsoft. com/enus/sql/ssms/download-sql-server-managementstudio-ssms? view = sql-server-ver15,然后安装 Microsoft SQL

Server Management Studio(SSMS)。SQL Server 开发者版本和 SSMS 都是免费的。

SSMS 安装完成后,需要为我们的本地数据库做准备。我们需要通过 SQL Server 创建一个新的本地 SQL Server 实例。如要安装一个新的本地 SQL Server 实例,请打开与 SQL Sever 开发者版本应用程序一起安装的 SQL Sever Installation Center,然后在安装中心(Installation Center)里,点击 Installation > "New SQL Server Stand-alone Installation"或"Add Features to an Existing Installation"。

跟随上述安装向导,记录为 SQL Server 实例设置的登陆凭据,因为需要此信息才能连接到 SQL Server 实例。

现在启动 SSMS,会看到一个连接对话框,就可以通过浏览寻找 SQL 实例,并填写连接信息。在连接之后,会看到 SSMS 的主界面,在 Object Explorer(对象浏览器)中,右键单击数据库(Database),然后选择"Import Data-Tier Application"(导入数据库层应用)。

点击"Import Data-Tier Application"上下文菜单选项会弹出一个向导,允许您导入本书提供的飞翔荷兰人航空公司数据库,然后在"Import Settings"(导入设置)窗口,选择"Import from Local Disk"(从本地磁盘导入),并找到数据库文件(FlyingDutchmanAirlinesDatabase. bacpac)。在之后的窗口中,大家可以根据自己的喜好重命名数据库。向导流程结束后,数据库应已被导入,并且可以与本书中的代码一同使用了。

提示一下,您的数据库导入过程也有可能会失败。这通常是由于微软 Azure 中包含的数据库设置与 SSMS 不匹配。如果导入失败了,请对 SQL 实例的主数据库(自动生成的数据库)运行以下命令:

```
sp_configure 'contained database authentication', 1; GO RECONFIGURE; GO;
```

使用 GO 关键字的语法有时会出现问题,如果运行上面一条命令出现问题,那么可以换成下面这条命令:

```
EXEC sp_configure 'contained database authentication', 1; RECONFIGURE;
```

最后,提示大家:在本书中,每当您遇到一个连接字符串时,请确保将其替换为本地 SQL 实例中的副本数据库的连接字符串。

# 附录 D  OpenAPI

此附录中的 OpenAPI 规范就是我们从 FlyTomorrow 处收到的 OpenAPI 规范。这一 OpenAPI 规范在整本书中指导了飞翔荷兰人航空公司服务的重构和重写。

```
OpenAPI FlyTomorrow.com
openapi: 3.0.1
info:
    title: FlyTomorrow required endpoints
    description: This OpenAPI file specifies the required endpoints as per the contract
    between FlyTomorrow.com and Flying Dutchman Airlines
    version: 1.0.0
servers:
- url: https://zork.flyingdutchmanairlines.com/v1
tags:
- name: flight
  description: Access to available flights
- name: booking
  description: Request bookings for available flights
paths:
  /flight:
    get:
      tags:
       - flight
      summary: Get all available flights
      description: Returns all available flights
      operationId: getFlights
      responses:
        200:
          description: ""
          content:
            application/json:
              schema:
                type: array
                items:
                  $ ref: '#/components/schemas/Flight'
        404:
          description: No flights found
```

```
        content：{}
      500：
        description：Internal error
        content：{}
/flight/{flightNumber}：
  get：
    tags：
    - flight
    summary：Find flight by flight number
    description：Returns a single flight
    operationId：getFlightByFlightNumber
    parameters：
    - name：flightNumber
      in：path
      description：Number of flight to return
      required：true
      schema：
      type：integer
      format：int32
    responses：
      200：
        description：""
        content：
          application/json：
            schema：
              $ref：'#/components/schemas/Flight'
      400：
        description：Invalid flight number supplied
        content：{}
      404：
        description：Flight not found
        content：{}
/booking/{flightNumber}：
  post：
    tags：
    - booking
    summary：requests a booking for a flight
    description：Request for a flight to be booked
    operationId：bookFlight
    parameters：
    - name：flightNumber
      in：path
      description：Number of flight to book
```

```yaml
          required: true
          schema:
            type: integer
            format: int64
      requestBody:
        content:
          application/json:
            schema:
              $ref: '#/components/schemas/Customer'
        required: true
      responses:
        201:
          description: successful operation
        500:
          description: Internal error
          content: {}
components:
  schemas:
    Airport:
      type: object
      properties:
        city:
          type: string
        code:
          type: string
    Customer:
      type: object
      properties:
        firstName:
          type: string
        lastName:
          type: string
    Flight:
      type: object
      properties:
        flightNumber:
          type: integer
          format: int32
        origin:
          $ref: '#/components/schemas/Airport'
        destination:
          $ref: '#/components/schemas/Airport'
```

# 附录 E  阅读列表

**. NET CORE**

• Metzgar，Dustin，. NET Core in Action（Manning，2018）.

**. NET STANDARD**

• . NET Standard specification. The latest version of this document can be found at github. com/dotnet/standard/tree/master/docs/versions.

**ASP. NET**

• Lock，Andrew，ASP. NET in Action（2nd edition；Manning，2020）.

**C#**

• Standard ECMA-334 C # Language Specification. The ECMA standard specification is always a couple of versions behind the latest released language version. It can be found at ecma-international. org/publications/standards/Ecma-334. htm.

• Wagner，Bill，Effective C#（2nd edition；Microsoft Press，2016）.

• Skeet，Jon，C# In-Depth（4th edition；Manning，2019）.

**COM/INTEROP**

• Clark，Jason，Calling Win32 DLLs in C# with P/Invoke（MSDN Magazine；July 2003）. https://docs. microsoft. com/en-us/archive/msdn-magazine/2003/july/net-column-calling-win32-dlls-in-csharp-with-p-invoke.

• Clark，Jason，P/Invoke Revisited（MSDN Magazine；October 2004）. https://docs. microsoft. com/en-us/archive/msdn-magazine/2004/october/net-column-p-invoke-revisited.

**COMMON LANGUAGE RUNTIME（CLR）**

• Richter，Jeffrey，CLR Via C#（4th edition；Microsoft Press，2012）.

**COMPILERS**

• Aho，Alfred V. ，Monica S. Lam，Ravi Sethi，and Jeffrey D. Ullman，Compilers：Principles，Techniques，and Tools（2nd edition；Pearson Education，2007）.

**CONCURRENT PROGRAMMING**

• Duffy，Joe，Concurrent Programming on Windows（Addison-Wesley，2008）.

**DATABASES AND SQL**

• Cornell University，Relational Databases Virtual Workshop athttps://cvw. cac. cornell. edu/databases/.

- Takahashi, Mana, Shoko Azumas, and Trend-Pro Co., Ltd., The Manga Guide to Databases (No Starch Press, 2009).
- Hunt, Andrew, and Dave Thomas, The Pragmatic Programmer (Addison Wesley, 1999).

## DEPENDENCY INJECTION

- Fowler, Martin, Inversion of Control Containers and the Dependency Injection Pattern(https://www.martinfowler.com/articles/injection.html).
- Martin, Robert C., OO Design Quality Metrics, An Analysis of Dependencies (https://groups.google.com/forum/"1"! msg/comp.lang.c++/KU-LQ3hINks/ouRSXPUpybkJ).
- Van Deursen, Steven, and Mark Seemann, Dependency Injection Principles, Practices, and Patterns (2nd edition; Manning, 2019).

## DESIGN PATTERNS

- Gamma, Eric, Richard Helm, Ralph Johnson, and John Vlissides, Design Patterns: Elements of Reusable Object-Oriented Software (Addison-Wesley, 1994).
- Martin, Robert C., and Micah Martin, Agile Principles, Patterns, and Practices in C# (Prentice Hall, 2006).
- Freeman, Eric, Elisabeth Robson, Kathy Sierra, and Bert Bates, Head First: Design Patterns (O'Reilly, 2004).

## ENIAC

- Dyson, George, Turing's Cathedral: The Origins of the Digital Universe (Vintage, 2012).

## GENERICS

- Skeet, Jon, C# In-Depth (4th edition; Manning, 2019).

## GRAPH THEORY

- Trudeau, Richard J., Introduction to Graph Theory (2nd edition; Dover Publications, 1994).

## HASHING

- Wong, David, Real-World Cryptography (Manning, 2021).
- Knuth, Donald, The Art of Computer Programming Volume 3: Sorting and Searching (2nd edition; Addison-Wesley, 1998).

## HTTP

- Pollard, Barry, HTTP/2 in Action (Manning, 2019).
- Berners-Lee, Tim, Information Management: A Proposal (French Conseil Européen pour la Recherche Nucléaire; CERN, 1990).

• Berners-Lee, Tim, Roy Fielding, and Henrik Frystyk, Hypertext Transfer Protocol—HTTP/1.0 (Internet Engineering Task Force; IETF, 1996).

## KUBERNETES AND DOCKER

• Lukša, Marko, Kubernetes in Action (2nd edition; Manning, 2021).

• Stoneman, Elton, Learn Docker in a Month of Lunches (Manning, 2020).

• Davis, Ashley, Bootstrapping Microservices with Docker, Kubernetes, and Terraform (Manning, 2020).

## MATHEMATICS

• Knuth, Donald, The Art of Computer Programming, Volume 1: Fundamental Algorithms (Addison Wesley Longman, 1977).

• Hofstadter, Douglas R., Gödel, Escher, Bach: An Eternal Golden Braid (Basic Books, 1977).

• Alama, Jesse, and Johannes Korbmacher, The Stanford Encyclopedia of Philosophy, The Lambda Calculus (https://plato.stanford.edu/entries/lambda-calculus/).

• Conery, Rob, The Imposter's Handbook: A CS Primer for Self-Taught Programmers (Rob Conery, 2017).

## MATLAB

• Hamming, Richard, Numerical Methods for Scientists and Engineers (Dover Publications, 1987).

• Gilat, Amos, MATLAB: An Introduction with Applications (6th edition; Wiley, 2016).

## MICROSERVICES

• Gammelgaard, Christian Horsdal, Microservices in .NET Core (Manning, 2020).

• Newman, Sam, Building Microservices: Designing Fine-Grained Systems (O'Reilly Media, 2015).

• Richardson, Chris, Microservices Patterns (Manning, 2018).

• Siriwardena, Prabath, and Nuwan Dias, Microservices Security in Action (Manning, 2019).

## OPCODES AND ASSEMBLY

• BBC Bitesize: Computer Science—Binary and Data Representation (instructions) athttps://www.bbc.co.uk/bitesize/guides/z2342hv/revision/1.

## RED-BLACK TREES

• Cormen, Thomas H., Charles E. Leiserson, Ronald L. Rivest, and Clifford Stein, Introduction to Algorithms, chapter 13, "Red-Black Trees" (3rd edition;

Massachusetts Institute of Technology，2009）.

• Galles，David，red/black tree visualizations；https：//www. cs. usfca. edu/～galles/visualization/RedBlack. html（University of San Francisco）.

• Wilt，Nicholas，Classic Algorithms in C＋＋：With New Approaches to Sorting，Searching，and Selecting（Wiley，1995）.

## REFACTORING

• Fowler，Martin，Refactoring：Improving the Design of Existing Code（Addison-Wesley，1999）.

## SEPARATION OF CONCERNS

• Dijkstra，Edsger，The Role of Scientific Thought in Selected Writings on Computing：A Personal Perspective（Springer-Verlag，1982）.

• Martin，Robert C.，Clean Code：A Handbook of Agile Software Craftsmanship（Prentice-Hall，2008）.

• Constantine，Larry，and Edward Yourdon，Structured Design：Fundamentals of a Discipline of Computer Program and System Design（Prentice-Hall，1979）.

## THE SINGLE-RESPONSIBILITY PRINCIPLE

• Martin，Robert C.，The Single-Responsibility Principle（https：//blog. cleancoder. com/uncle bob/2014/05/08/SingleReponsibilityPrinciple. html）.

## THE LISKOV PRINCIPLE

• Liskov，Barbara H.，and Jeannette M. Wing，A Behavioral Notion of Subtyping（ACM Transactions on Programming Languages and Systems [TOPLAS]，1994）.

## UNIT TESTING

• Khorikov，Vladimir，Unit Testing Principles，Practices，and Patterns（Manning，2020）. [*]

• Osherove，Roy，The Art of Unit Testing（2nd edition；Manning，2013）.

• Kaner，Cem，James Bach，and Bret Pettichord，Lessons Learned in Software Testing：A Context-Driven Approach（Wiley，2008）.

## VISUAL STUDIO

• Johnson，Bruce，Professional Visual Studio 2017（Wrox，2017）.

• Essential Visual Studio 2019：Boosting Development Productivity with Containers，Git，and Azure Tools（Apress，2020）. [**]

---

[*] 该作者是 Vladimir Khorikov*"Unit Testing Principles，Practices，and Patterns"*一书的技术评论员。

[**] 该作者是 Bruce Johnson*"Essential Visual Studio 2019：Boosting Development Productivity with Containers，Git，and Azure Tools"*（Apress，2020 年）一书的技术评论员。